Diesel- und Treibgasmotoren

Taschenbuch für Praktiker

von

Obering. Franz Weber

Linz

2. verbesserte Auflage

München und Berlin 1943

Verlag von R. Oldenbourg

Vorwort zur zweiten Auflage.

Das Vorwort der ersten Auflage enthält die allgemeinen Gesichts-punkte, welche bei Abfassung des vorliegenden Werkes maßgebend waren. Die gute Aufnahme der ersten Auflage hat gezeigt, daß der vor-gezeichnete Weg richtig war und das Buch den beabsichtigten Zweck erreicht hat.

Bei Bearbeitung der zweiten Auflage wird versucht, die Arbeit noch mehr wie früher den Bedürfnissen der Praxis anzupassen, um so einen jederzeit bereiten Ratgeber zu schaffen. Zur Erreichung dieses Zieles wurde eine gründliche Umarbeitung vorgenommen und der Schwerpunkt auf praktische Fragen und gute Übersicht gelegt. Außer verschiedenen Ergänzungen wird auf die tabellarische Zusammenfassung von Motorstörungen und deren Behebung hingewiesen. Ferner wurde der Abschnitt Treib- und Generatorgasanlagen erweitert und durch die Behandlung des Dieselgas-Verfahrens ergänzt.

Wie auch früher wünsche und hoffe ich, daß die dem Werk zu-grunde gelegte Absicht erreicht ist und danke bei dieser Gelegenheit allen Firmen, welche meine Arbeit unterstützten.

Der Verfasser.

Inhaltsübersicht.

I. Allgemeines.

1. Maße und Zahlentafeln.

Metrisches Maßsystem. Das metrische Maßsystem ist eingeführt in allen europäischen Ländern (ausgenommen Großbritannien), außerdem in Ägypten, Afghanistan, Argentinien, Bolivien, Brasilien, Chile, China, Dominikanische Republik, Guatemala, Japan, Marokko, Mexiko, Paraguay, Persien, Peru, Siam, Uruguay, Venezuela.

In Großbritannien, Kanada und den Vereinigten Staaten ist das metrische Maßsystem neben dem Zollsystem zugelassen.

Länge. Die Einheit der Länge ist das Meter. Es ist fast genau der 40millionste Teil des (über die beiden Erdpole gemessenen) Erdumfanges.

Maße. Die Einheit der Maße ist das Kilogramm. 1 kg entspricht der Masse von 1 Liter Wasser bei 4^0 C.

Raummaß. Die Einheit hierfür ist das Kubikdezimeter oder Liter. Das Liter ist der Raum von 1 kg Wasser größter Dichte.

Technisches Maßsystem. Die Grundlagen des technischen Maßsystems sind Länge (in m), Kraft (in kg) und Zeit (in s). Aus diesen Einheiten und Beziehungsgleichungen werden die anderen Einheiten wie z. B. die für Arbeit (aus Arbeit = Kraft × Weg = kg × m = mkg u. a.) abgeleitet.

Vorzeichen zur Bezeichnung von Vielfachen.

10^9 = 1 000 000 000 = Milliarde (Mrd)
10^6 = 1 000 000 = Million (Mio)
10^3 = 1 000 = Tausend (Tsd)
10^2 = 100 = Hundert
10^1 = 10 = Zehn
10^{-1} = 0,1 = Zehntel
10^{-2} = 0,01 = Hundertstel
10^{-3} = 0,001 = Tausendstel
10^{-6} = 0,000001 = Millionstel
10^{-9} = 0,000000001 = Milliardstel.

Das griechische Alphabet.

$A\,\alpha$	$B\,\beta$	$\Gamma\,\gamma$	$\Delta\,\delta$	$E\,\varepsilon$	$Z\,\zeta$	$H\,\eta$	$\Theta\,\vartheta$
Alpha	Beta	Gamma	Delta	Epsilon	Zeta	Eta	Theta

$I\,\iota$	$K\,\varkappa$	$\Lambda\,\lambda$	$M\,\mu$	$N\,\nu$	$\Xi\,\xi$	$O\,o$	$\Pi\,\pi$	$P\,\varrho$
Iota	Kappa	Lambda	My	Ny	Xi	Omikron	Pi	Rho

$\Sigma\,\sigma$	$T\,\tau$	$Y\,\upsilon$	$\Phi\,\varphi$	$X\,\chi$	$\Psi\,\psi$	$\Omega\,\omega$
Sigma	Tau	Ypsilon	Phi	Chi	Psi	Omega.

Einheitszeichen.

m	Meter	kg	Kilogramm	Wh	Wattstunde
km	Kilometer	g	Gramm	kWh	Kilowattstunde
dm	Dezimeter	mg	Milligramm		
cm	Zentimeter	t	Tonne	at	technische Atmosphäre
mm	Millimeter			ata	Atmosphäre absolut
		h	Stunde	atü	„ Überdruck
m²	Quadratmeter	min	Minute	atu	„ Unterdruck
km²	Quadratkilometer	s	Sekunde	kgcm²	Kilogramm auf den Quadratzenti-meter
dm²	Quadratdezimeter				
cm²	Quadratzentimeter	kcal	Kilokalorie	PS	Pferdestärke
mm²	Quadratmillimeter	cal	Kalorie	PSe	effektive PS
a	Ar	°	Celsiusgrad	PSi	indizierte PS
ha	Hektar			PSh	Pferdekraftstunde
		A	Ampere		
m³	Kubikmeter	mA	Milliampere	mkg	Meterkilogramm
dm³	Kubikdezimeter	V	Volt	mkg/s	Meterkilogramm in der Sekunde
cm³	Kubikzentimeter	mV	Millivolt		
mm³	Kubikmillimeter	kV	Kilovolt	m/s	Meter in der Sekunde
l	Liter	kVA	Kilovoltampere	km/h	Kilometer in der Stunde
hl	Hektoliter	W	Watt	l/s	Liter in der Sekunde
dl	Deziliter	kW	Kilowatt	g/cm³	Gramm auf ein Kubikzentimeter
		Ω	Ohm	kg/m³	Kilo auf ein Kubikmeter
		Ah	Amperestunde	kcal/h	Kilokalorien in der Stunde
				U'/min	Umdrehungen in der Minute

Mechanische Maßeinheiten.

Größe (Formelzeichen)	Techn. Einheit	Englischer bzw. amerikanischer Ausdruck	Französischer Ausdruck
Länge (l)	m	Length	Longueur
Weg (s)	m	Distance	Distance
Fläche (F)	m², cm²	Area	Surface
Raum (Volumen) (V)	m³	Volume	Volume
Winkel (α, β)	1	Angle	Angle
Zeit (t)	s	Time	Temps
Geschwindigkeit (v)	m/s	Velocity, speed	Vitesse
Kraft (P)	kg	Force	Force
Gewicht (G)	kg	Weight	Poids
Einheits-Gewicht (γ)	g/cm³	Specific gravity	Poids spécifique
Druck (p)	kg/cm²	Pressure	Pression
Drehmoment (M)	mkg	Torque, torsional moment	Moment de torsion
Spannung (Belastung) (σ, τ)	kg/cm²	Stress, tension	Tension
Dehnung (ε)	1	Elongation	Dilatation, allongement
Arbeit (A)	mkg	Work	Energie, travail
Leistung (N)	mkg/s	Power	Puissance
Wirkungsgrad (η)	1	Efficiency	Rendement
Wärmemenge (Q)	kcal	Heat-quantity	Quantité de chaleur

Mathematische Zeichen

· × mal, multipliziert mit
= gleich
≈ nahezu gleich, rund, etwa
+ plus, mehr
− minus, weniger

% Hundertstel, Prozent
%₀ Tausendstel, Promille

∽ ähnlich, proport.
< kleiner als
> größer als
∞ unendlich

... bis z. B. 2...5
° Grad
′ Minute
″ Sekunde

Englisch-amerikanische Einheiten.

Engl.-amerik. Abkürzung	Engl.-amerik. Einheit	Deutsche Übersetzung
Länge		
in. (oder ″)	inch	Zoll
ft. (oder ′)	foot	Fuß
yd.	yard	Yard (Elle)
fath.	fathom	Faden
stat. mile	statute mile	Landmeile
naut. mile	nautical mile	Seemeile
Fläche		
sq. in	square inch	Quadrat-Zoll
sq. ft.	square foot	Quadrat-Fuß
sq. yd.	square yard	Quadrat-Yard
sq. rod	square rod	Quadrat-Rute
sq. mile	square mile	Quadrat-Meile
Raum		
cu. in.	cubic inch	Kubik-Zoll
cu. ft.	cubic foot	Kubik-Fuß
cu. yd.	cubic yard	Kubik-Yard
Imp. gall.	Imperial gallon	Englische Gallone
US-gall.	US-gallon	Amerikanische Gallone
Reg. ton.	register ton	Registertonne
Gewicht		
fl. oz.	fluid ounce	Flüssigkeitsunze
oz.	ounce	Unze
lb.	pound (libre)	Pfund
cwt.	hundredweight	Zentner
dwt.	pennyweight	Gewichtseinh.
Leistung, Arbeit, Energie		
HP	horsepower	Pferdestärke
HPh	horsepower hour	Pferdekraftstunde
ft. lb.	foot-pound	Fußpfund
BThU	British Thermal Unit	Wärmeeinheit
Verschiedenes		
h	hour	Stunde
CV	calorific value	Heizwert
RPM	revolutions per minute	Umdr. in der Minute
mph	miles per hour	Meilen in der Stunde
fps	feet per second	Fuß in der Sekunde
F	degree Fahrenheit	Grad Fahrenheit
£	pound Sterling	Pfund Sterling
s	shilling	Schilling
d	pence	Pence
$	dollar	Dollar
c	cent	Cent

Französische Einheiten.

Franz. Abkürz.	Französische Einheit	Deutsche Übersetzung
CV	cheval vapeur	Pferdestärke
ch. h.	cheval-heure	Pferdekraftstunde

Zoll — Millimeter.

Umrechnungswert = 25,4 mm.

Zoll – Echter Bruch	Dez.-Bruch	mm	Zoll – Echter Bruch	Dez.-Bruch	mm
1/64	.016	0,397	33/64	.516	13,097
1/32	.031	0,794	17/32	.531	13,494
3/64	.047	1,191	35/64	.547	13,891
1/16	.062	1,588	9/16	.563	14,288
5/64	.078	1,984	37/64	.578	14,684
3/32	.094	2,381	19/32	.594	15,081
7/64	.109	2,778	39/64	.609	15,478
1/8	.125	3,175	5/8	.625	15,875
9/64	.141	3,572	41/64	.641	16,272
5/32	.156	3,969	21/32	.656	16,669
11/64	.172	4,366	43/64	.672	17,066
3/16	.187	4,763	11/16	.687	17,463
13/64	.203	5,159	45/64	.703	17,859
7/32	.219	5,556	23/32	.719	18,256
15/64	.234	5,953	47/64	.734	18,653
1/4	.250	6,350	3/4	.750	19,050
17/64	.266	6,747	49/64	.766	19,447
9/32	.281	7,144	25/32	.781	19,844
19/64	.297	7,541	51/64	.797	20,241
5/16	.312	7,938	13/16	.812	20,638
21/64	.328	8,334	53/64	.828	21,034
11/32	.344	8,731	27/32	.844	21,431
23/64	.359	9,128	55/64	.859	21,828
3/8	.375	9,525	7/8	.875	22,225
25/64	.391	9,922	57/64	.891	22,622
13/32	.406	10,319	29/32	.906	23,019
27/64	.422	10,716	59/64	.922	23,416
7/16	.437	11,113	15/16	.937	23,813
29/64	.453	11,509	61/64	.953	24,209
15/32	.469	11,906	31/32	.969	24,606
31/64	.484	12,303	63/64	.984	25,003
1/2	.500	12,700	1	1.000	25,400

Zoll—Millimeter.

Die Umrechnungswerte gelten für 1″ = 25,4 mm.

Genau ist: 1″ engl. = 25,399956 mm; 1″ amerik. = 25,40005 mm.

Zoll	0	$\frac{1}{16}$	$\frac{1}{8}$	$\frac{3}{16}$	$\frac{1}{4}$	$\frac{5}{16}$	$\frac{3}{8}$	$\frac{7}{16}$	Zoll
0		1,588	3,175	4,763	6,350	7,938	9,525	11,113	0
1	25,401	26,989	28,576	30,164	31,751	33,339	34,926	36,514	1
2	50,802	52,389	53,977	55,565	57,152	58,740	60,327	61,915	2
3	76,203	77,790	79,378	80,966	82,553	84,141	85,728	87,316	3
4	101,60	103,19	104,78	106,37	107,95	109,54	111,13	112,72	4
5	127,00	128,59	130,18	131,77	133,36	134,94	136,53	138,12	5
6	152,41	153,99	155,58	157,17	158,76	160,34	161,93	163,52	6
7	177,81	179,39	180,98	182,57	184,16	185,74	187,33	188,92	7
8	203,21	204,80	206,38	207,97	209,56	211,15	212,73	214,32	8
9	228,61	230,20	231,78	233,37	234,96	236,55	238,13	239,72	9
10	254,01	255,60	257,18	258,77	260,36	261,95	263,53	265,12	10
11	279,41	280,90	282,59	284,17	285,77	287,35	288,94	290,52	11
12	304,81	306,40	307,99	309,57	311,16	312,75	314,34	315,92	12
13	330,21	331,80	333,39	334,98	336,56	338,15	339,74	341,33	13
14	355,61	357,20	358,79	360,38	361,96	363,55	365,14	366,73	14
15	381,01	382,60	384,19	385,78	387,36	388,95	390,54	392,13	15
16	406,42	408,00	409,59	411,18	412,77	414,35	415,94	417,53	16
17	431,82	433,40	434,99	436,58	438,17	439,75	441,34	442,93	17
18	457,22	458,80	460,39	461,98	463,57	465,15	466,74	468,33	18
19	482,62	484,21	485,79	487,38	488,97	490,56	492,14	493,73	19
20	508,02	509,61	511,19	512,78	514,37	515,96	517,54	519,13	20
21	533,42	535,01	536,60	538,18	539,77	541,36	542,95	544,53	21
22	558,82	560,41	562,00	563,58	565,17	566,76	568,35	569,93	22
23	584,22	585,81	587,40	588,98	590,57	592,16	593,75	595,33	23
24	609,62	611,21	612,80	614,39	615,97	617,56	619,15	620,74	24
25	635,02	636,61	638,20	639,79	641,37	642,96	644,55	646,14	25

Zoll—Millimeter.

Zoll	1/2	9/16	5/8	11/16	3/4	13/16	7/8	15/16	Zoll
0	12,700	14,288	15,876	17,463	19,051	20,638	22,226	23,813	0
1	38,101	39,689	41,277	42,864	44,452	46,039	47,627	49,214	1
2	63,502	65,090	66,678	68,265	69,853	71,440	73,028	74,615	2
3	88,903	90,491	92,078	93,666	95,254	96,841	98,429	100,02	3
4	114,30	115,89	117,48	119,07	120,65	122,24	123,83	125,42	4
5	139,71	141,29	142,88	144,47	146,06	147,64	149,23	150,82	5
6	165,11	166,69	168,28	169,87	171,46	173,04	174,63	176,22	6
7	190,51	192,09	193,68	195,27	196,86	198,44	200,03	201,62	7
8	215,91	217,50	219,08	220,67	222,26	223,85	225,43	227,02	8
9	241,31	242,90	244,48	246,07	247,66	249,25	250,83	252,42	9
10	266,71	268,30	269,89	271,47	273,06	274,65	276,24	277,82	10
11	292,11	293,70	295,29	296,87	298,46	300,05	301,64	303,22	11
12	317,51	319,10	320,69	322,27	323,86	325,45	327,04	328,62	12
13	342,91	344,50	346,09	347,68	349,26	350,85	352,44	354,03	13
14	368,31	369,90	371,49	373,08	374,66	376,25	377,84	379,43	14
15	393,71	395,30	396,89	398,48	400,07	401,65	403,24	404,83	15
16	419,12	420,70	422,29	423,88	425,47	427,05	428,64	430,23	16
17	444,52	446,10	447,69	449,28	450,87	452,45	454,04	455,63	17
18	469,92	471,51	473,00	474,68	476,27	477,86	479,44	481,03	18
19	495,32	496,91	498,49	500,08	501,67	503,26	504,84	506,43	19
20	520,72	522,31	523,89	525,48	527,07	528,66	530,24	531,83	20
21	546,12	547,71	549,30	550,88	552,47	554,06	555,65	557,23	21
22	571,52	573,11	574,70	576,28	577,87	579,46	581,05	582,63	22
23	596,92	598,51	600,10	601,69	603,27	604,86	606,45	608,04	23
24	622,32	623,91	625,50	627,09	628,67	630,26	631,85	633,44	24
25	647,72	649,31	650,90	652,49	654,07	655,66	657,25	658,84	25

Millimeter—Zoll.

mm	0,0	0,1	0,2	0,3	0,4	0,5	0,6	0,7	0,8	0,9
0	.000	.004	.008	.012	.016	.020	.024	.028	.031	.035
1	.039	.043	.047	.051	.055	.059	.063	.067	.071	.075
2	.079	.083	.087	.091	.094	.098	.102	.106	.110	.114
3	.118	.122	.126	.130	.134	.138	.142	.146	.150	.154
4	.157	.161	.165	.169	.173	.177	.181	.185	.189	.193
5	.197	.201	.205	.209	.213	.217	.220	.224	.228	.232
6	.236	.240	.244	.248	.252	.256	.260	.264	.268	.272
7	.276	.280	.283	.287	.291	.295	.299	.303	.307	.311
8	.315	.319	.323	.327	.331	.335	.339	.343	.346	.350
9	.354	.358	.362	.366	.370	.374	.378	.382	.386	.390

Beispiel: 2,3 mm = 0,091"

Längenmaße (Gegenüberstellung).

Einheit[1])	in.	ft.	yd.	stat. mile	naut. mile	link	fath.	rod	chain	furlong	mm	m	km
1 in. =	1	0,083	0,028	—	—	0,126	0,014	0,005	—	—	25,4	0,025	—
1 ft. =	12	1	0,333	—	—	1,515	0,167	0,061	—	—	304,8	0,305	—
1 yd. =	36	3	1	—	—	4,545	0,50	0,182	0,045	—	914,4	0,914	—
1 stat. mile =	—	5280	1760	1	0,869	8000	880	320	80	8	—	1609	1,609
1 naut. mile =	—	6080	2027	1,152	1	9212	1013	368,4	92,12	9,212	—	1853	1,853
1 link =	7,92	0,66	0,22	—	—	1	0,11	0,040	0,010	0,001	201,2	0,201	—
1 fathom =	72	6	2	—	—	9,091	1	0,364	0,091	0,009	1829	1,829	—
1 rod =	198	16,5	5,5	—	—	25	2,75	1	0,25	0,025	5029	5,029	0,005
1 chain =	792	66	22	0,012	0,011	100	11	4	1	0,100	—	20,12	0,020
1 furlong =	7920	660	220	0,125	0,109	1000	110	40	10	1	—	201,2	0,201
1 mm =	0,039	0,003	0,001	—	—	0,005	—	—	—	—	1	0,001	—
1 m =	39,37	3,281	1,094	—	—	4,975	0,547	0,199	0,05	0,005	1000	1	0,001
1 km =	—	3281	1094	0,621	0,540	4975	546,8	198,8	50	4,971	—	1000	1

1 deutsche Seemeile = 1852 m, 1 Knoten = 1 engl. Seemeile (admiralty knot) = 1853,2 m, 1 deutsche Landmeile = 7500 m, 1 geographische Meile = 7420,4 m, 1 admiralty mile = 1855,1 m

[1]) Einheitszeichen siehe Seite 8 und 10.

Gewichte (Gegenüberstellung).

Einheit¹)		dram	oz.	lb.	stone	ton		cwt.		g	kg	t
						US²	engl.³)	US	engl.			
1 dram	=	1	0,0625	0,0039	—	—	—	—	—	1,772	—	—
1 oz.	=	16	1	0,0625	0,0045	—	—	—	—	28,35	0,0284	—
1 lb.	=	256	16	1	0,0714	—	—	0,01	0,0089	453,6	0,4536	—
1 stone	=	3584	224	14	1	0,007	0,0063	0,14	0,125	6350	6,35	—
1 US-ton²)	=	—	32000	2000	142,8	1	0,893	20	17,858	—	907,2	0,9072
1 engl. ton³)	=	—	35840	2240	160	1,12	1	22,4	20	—	1016,1	1,0161
1 US-cwt.	=	—	1600	100	7,14	0,05	0,045	1	0,893	—	45,36	0,0454
1 engl. cwt.	=	—	1792	112	8	0,056	0,05	1,12	1	—	50,81	0,0508
1 g	=	0,5640	0,0353	0,0022	—	—	—	—	—	1	—	—
1 kg	=	564	35,3	2,2046	0,1575	—	—	0,022	0,0197	1000	1	—
1 t	=	—	—	2204,6	157,5	1,102	0,9842	22,05	19,7	—	1000	1

¹) Einheitszeichen siehe Seite 8 und 10

²) short ton

³) long ton

15

Druckmaße (Gegenüberstellung).

Einheit¹)	mm WS bei 4°C kg/m²	g/cm²	mm QS bei 0°C Torr	m WS	at kg/cm²	b	lb./sq. ft.	lb./sq. in.	engl. ton/sq. in.	US-ton/sq. in.
1 mm WS bei 4°C	1	0,098	0,074	0,001	0,0001	—	0,205	—	—	—
1 kg/m²	1	0,098	0,074	0,001	0,0001	—	0,205	—	—	—
1 g/cm²	10,2	1	0,750	0,010	0,001	0,001	2,089	0,0145	—	—
1 mm QS bei 0°C²)	13,6	1,333	1	0,0136	0,00136	0,00133	2,785	0,019	—	—
1 Torr	13,6	1,333	1	0,0136	0,00136	0,00133	2,785	0,019	—	—
1 m WS	1000	98,07	73,56	1	0,1	0,098	204,8	1,422	—	—
1 at (techn. Atmosph.)	10000	980,7	735,6	10	1	0,981	2048	14,22	0,0063	0,0071
1 kg/cm²	10000	980,7	735,6	10	1	0,981	2048	14,22	0,0063	0,0071
1 b (absol. Atmosph.)	10197	1000	750,1	10,2	1,020	1	2088	14,50	0,0065	0,0072
1 lb./sq. ft.	4,883	0,480	0,366	0,0049	0,000489	—	1	0,007	—	—
1 lb./sq. in.	703,3	68,94	51,7	0,705	0,0703	0,069	144	1	—	0,0005
1 engl. ton/sq. in.	—	—	—	1575	157,48	154,5	—	2240	1	1,12
1 US-ton/sq. in.	—	—	—	1406,1	140,61	137,94	—	2000	0,8929	1

1 ata = 1 at absoluter Druck } absoluter Druck = Überdruck + Luftdruck

1 atü = 1 at Überdruck } Überdruck = absoluter Druck — Luftdruck

¹) Einheitszeichen siehe Seite 8 und 10

²) Das Einheitsgewicht des Quecksilbers ist angenommen zu 13,6 g/cm³

Flächenmaße (Gegenüberstellung).

Einheit[1]		sq. in.	sq. ft.	sq. yd.	sq. mile	sq. link	sq. rod	sq. chain	rood	acre	cm²	dm²	m²	ar	ha	km²
1 sq. in.	=	1	—	—	—	0,0159	—	—	—	—	6,452	0,0645	—	—	—	—
1 sq. ft.	=	144	1	0,111	—	2,296	0,0037	—	—	—	929,2	9,292	0,0929	—	—	—
1 sq. yd.	=	1296	9	1	—	20,66	0,033	—	—	—	8363	83,63	0,8363	0,0084	—	—
1 sq. mile	=	—	—	—	1	—	—	6400	2560	640	—	—	—	—	258,8	2,59
1 sq. link	=	62,73	0,436	0,048	—	1	0,0016	0,0001	—	—	404,7	4,047	0,0405	—	—	—
1 sq. rod	=	39204	272,3	30,25	—	625	1	0,0625	0,025	—	—	2529	25,29	0,2529	0,0025	—
1 sq. chain	=	—	4356	484	156	10000	16	1	0,4	0,1	—	—	404,7	4,047	0,0405	—
1 rood	=	—	10890	1210	390	25000	40	2,5	1	0,25	—	—	1012	10,12	0,1012	—
1 acre	=	—	43560	4840	—	100000	160	10	4	1	—	—	4047	40,47	0,4047	—
1 cm²	=	0,155	0,0011	—	—	0,0025	—	—	—	—	1	0,01	—	—	—	—
1 dm²	=	15,5	0,1076	0,02	—	0,25	—	—	—	—	100	1	0,01	—	—	—
1 m²	=	1550	10,76	1,196	—	25	0,0395	—	—	—	10000	100	1	0,01	—	—
1 ar	=	—	1076	119,6	—	2500	3,95	0,2470	0,099	0,0247	—	10000	100	1	0,01	—
1 ha	=	—	—	—	0,0039	—	395	24,70	9,88	2,471	—	—	10000	100	1	0,01
1 km²	=	—	—	—	0,386	—	—	2470	988	247,1	—	—	—	10000	100	1

[1]) Einheitszeichen siehe Seite 8 und 10

Raummaße (Gegenüberstellung).

Einheit¹)		cu. in.	cu. ft.	cu. yd.	dry pint*)	liquid pint*)	liquid quart	US-gallon	Imp. gallon	US-fl. oz.	Brit. fl. oz.	cm³	dm³ (l)	m³
1 cu. in.	=	1	—	—	0,030	0,0346	0,0173	0,0043	0,0036	0,5534	0,5773	16,39	0,0164	—
1 cu. ft.	=	1728	1	0,037	51,43	59,84	29,92	7,481	6,234	956,7	997,6	—	28,32	0,028
1 cu. yd.	=	—	27	1	1390	1616	837,9	202,0	168,3	—	—	—	764,5	0,765
1 dry pint*)	=	33,60	0,019	—	1	1,163	0,5813	0,145	0,121	18,59	19,40	550,6	0,551	—
1 liquid pint*)	=	28,87	0,0167	—	0,859	1	0,5	0,125	0,104	16	16,67	473,2	0,473	—
1 liquid quart	=	57,75	0,0334	0,0012	1,718	2	1	0,250	0,208	32	33,35	946,4	0,946	—
1 US-gallon	=	231	0,1336	0,0049	6,872	8	4	1	0,833	128	133,4	3785	3,785	0,004
1 Imp. gallon	=	277,3	0,1604	0,0059	8,253	9,602	4,801	1,200	1	153,6	160,1	4544	4,5435	0,005
1 Us-fl. oz.	=	1,805	0,001	—	0,054	0,063	0,031	0,008	0,007	1	1,042	29,57	0,0296	—
1 Brit. fl. oz.	=	1,732	0,001	—	0,052	0,060	0,030	0,007	0,006	0,960	1	28,4	0,0284	—
1 cm³	=	0,061	—	—	0,002	0,002	0,001	—	—	0,034	0,035	1	0,001	—
1 dm³ (l)	=	61,02	0,035	0,001	1,822	2,115	1,085	0,264	0,220	33,82	35,21	1000	1	0,001
1 m³	=	—	35,31	1,308	1822	2115	1058	264,4	220	—	—	—	1000	1

*) Amerik. Maß. In England ist 1 liquid pint = 1 dry pint = 568 cm³

1 barel (Bierfaß) = 31¹/₂ US-gallons = 119,2 l

1 barel (Petroleumfaß) = 42 US-gallons = 158,981

1 dry quart = 2 dry pint = 1,1011

1 US-bushel = 64 dry pint = 35,261

1 Reg. ton = 100 cu. ft. = 2,832 m³

1 bushel (engl.) = 36,371

1 cord = 128 cu. ft. = 3,625 m³

1 gill = 0,1181

¹) Einheitszeichen siehe Seite 8 und 10

Arbeits- und Leistungsmaße (Gegenüberstellung).

Arbeit[2]		ft. lb.	m/kg	PSh (ch. h.)	HPh	kWh	kcal	BThU
1 ft. lb.	=	1	0,1383	$0,512 \cdot 10^{-6}$	$0,505 \cdot 10^{-6}$	$0,376 \cdot 10^{-6}$	$0,324 \cdot 10^{-3}$	$1,287 \cdot 10^{-3}$
1 mkg	=	7,229	1	$3,7 \cdot 10^{-6}$	$3,65 \cdot 10^{-6}$	$2,72 \cdot 10^{-6}$	$2,34 \cdot 10^{-3}$	$9,30 \cdot 10^{-3}$
1 PSh (ch. h.)[1]	=	$1,953 \cdot 10^6$	$0,27 \cdot 10^6$	1	0,986	0,736	632	2509
1 HPh	=	$1,982 \cdot 10^6$	$0,28 \cdot 10^6$	1,014	1	0,746	641,2	2544
1 kWh	=	$2,211 \cdot 10^6$	$0,367 \cdot 10^6$	1,36	1,34	1	860	3417
1 kcal.	=	$3,088 \cdot 10^3$	427	$1,58 \cdot 10^{-3}$	$1,56 \cdot 10^{-3}$	$1,16 \cdot 10^{-3}$	1	3,97
1 BThU	=	$1,055 \cdot 10^3$	107,65	$0,399 \cdot 10^{-3}$	$0,393 \cdot 10^{-3}$	$0,29 \cdot 10^{-3}$	0,252	1

Vorzeichen zur Bezeichnung von Vielfachen und Teilen siehe Seite 7

Leistung[2]		Watt	mkg/s	PS (CV)	HP	kW	kcal/s	BThU/s
1 Watt	=	1	0,102	$1,36 \cdot 10^{-3}$	$1,34 \cdot 10^{-3}$	10^{-3}	$239 \cdot 10^{-6}$	$948 \cdot 10^{-6}$
1 mkg/s	=	9,81	1	$13,3 \cdot 10^{-3}$	$13,1 \cdot 10^{-3}$	$9,81 \cdot 10^{-3}$	$2,34 \cdot 10^{-3}$	$9,30 \cdot 10^{-3}$
1 PS (CV)[1]	=	736	75	1	0,986	0,736	0,176	0,702
1 HP	=	746	76	1,0139	1	0,746	0,178	0,710
1 kW	=	1000	102	1,36	1,34	1	0,239	0,953
1 kcal/s.	=	4187	427	5,69	5,61	4,19	1	3,97
1 BThU/s.	=	1055,2	107,65	1,43	1,41	1,05	0,252	1

[1] Französische Einheit
[2] Einheitszeichen siehe Seite 8

Einheitsgewichte γ (spezifische Gewichte).

Unter dem Einheitsgewicht eines Körpers versteht man die Zahl, welche angibt, wieviel g 1 cm³, wieviel kg 1 dm³ und wieviel t 1 m³ des Körpers wiegt. Man erhält das Gewicht eines Körpers in g, wenn man seinen Rauminhalt in cm³ mit seinem Einheitsgewichte multipliziert. Beispiel: Einheitsgewicht von Gasöl = 0,86; 500 cm³ Gasöl wiegen: 500 × 0,86 = 430 g.

Metalle

Aluminium	2,7
Antimon	6,7
Blei	11,3...11,4
Bronze (Rotguß)	7,4... 8,9

Eisen:

Roheisen, grau	7,0... 7,2
Roheisen, weiß	7,6... 7,7
Gußeisen	7,0... 7,2
Stahlformguß	7,8
Flußstahl	7,7... 7,9
Schweißstahl	7,6... 7,8
Schnellschneidstahl	8,5... 9,2
Eisendraht	7,7
Stahldraht	7,9
Kupfer	8,8... 9,0

Messing:

Gelbguß	8,2... 8,7
Draht	8,7
Phosphorbronze	8,8

Weißmetall:

(Lagermetall)	7,0... 7,5

Zink:

Gegossen	6,9
Gewalzt	7,2
Zinn	7,2

Baustoffe (im Mittel)

Beton	1,8...2,4
Granit	2,5...3,0
Kalksteine	2,5...2,8
Sandsteine	1,9...2,4

Ziegel, Klinker	1,5...2,3
Ziegel, Mauer	1,4...2,2

Hölzer (lufttrocken) i. M.

Birke	0,6	Pockholz	1,3
Eiche	0,9	Rotbuche	0,7
Erle	0,5	Rottanne	0,6
Esche	0,7	Weißbuche	0,7
Kiefer	0,5	Weißtanne	0,5

Hilfsstoffe (im Mittel)

Asbest, verarbeitet	1,2
Fette	0,9
Glas	2,5
Graphit	2,1
Gummi, verarbeitet	1,5
Korundschmirgel	4,0
Leder	0,9...1,1
Papier	0,7...1,2
Steinkohle	1,2...1,5
Vulkanfiber	1,3

Flüssigkeiten bei 15° C

Benzin	0,68...0,72
Benzol	0,88
Dieselöl	0,88
Gasöl	0,86

Mineralöle:

Spindelöle	0,89...0,90
Maschinenöle	0,90...0,93
Petroleum	0,79...0,82
Wasser, destilliert	1,00

1 m³ geschichtet wiegt kg im Mittel

Beton mit Ziegelbrocken	1800

Braunkohlen in

Stücken	650 ... 780
Erde, Lehm	1800
Eichenholz in Scheiten	420
Fichtenholz in Scheiten	320
Granit	2700
Kalk, gebrannt	900...1100

Kalk und Bruchsteine	2000
Koks	360 ... 470
Mörtel (Kalk, Sand)	1700...1800
Weißtannenholz in Scheiten	340

Portlandzement:

eingelaufen	1400
eingerüttelt	1950
Ziegelsteine	1800...1900

Potenzen, Kreisumfang und Kreisinhalt.

n	n^2	n^3	$\dfrac{100}{n}$	πn	$\dfrac{\pi n^2}{4}$	n	n^2	n^3	$\dfrac{100}{r}$	πn	$\dfrac{\pi n^2}{4}$
						50	2500	125000	2,00	157,1	1963
1	1	1	100	3,142	0,785	51	2601	132651	1,96	160,2	2043
2	4	8	50	6,283	3,142	52	2704	140608	1,92	163,4	2124
3	9	27	33,3	9,425	7,069	53	2809	148877	1,89	166,5	2206
4	16	64	25,0	12,57	12,57	54	2916	157464	1,85	169,6	2290
5	25	125	20,0	15,71	19,63	55	3025	166375	1,82	172,8	2376
6	36	216	16,7	18,85	28,27	56	3136	175616	1,79	175,9	2463
7	49	343	14,3	21,99	38,48	57	3249	185193	1,75	179,1	2552
8	64	512	12,5	25,13	50,27	58	3364	195112	1,72	182,2	2642
9	81	729	11,1	28,27	63,62	59	3481	205379	1,69	185,3	2734
10	100	1000	10,0	31,42	78,54	60	3600	216000	1,67	188,5	2827
11	121	1331	9,09	34,56	95,03	61	3721	226981	1,64	191,6	2922
12	144	1728	8,33	37,70	113,1	62	3844	238328	1,61	194,8	3019
13	169	2197	7,69	40,84	132,7	63	3969	250047	1,59	197,9	3117
14	196	2744	7,14	43,98	153,9	64	4096	262144	1,56	201,1	3217
15	225	3375	6,67	47,12	176,7	65	4225	274625	1,54	204,2	3318
16	256	4096	6,25	50,26	201,1	66	4356	287496	1,52	207,3	3421
17	289	4913	5,88	53,41	227,0	67	4489	300763	1,49	210,5	3526
18	324	5832	5,56	56,55	254,5	68	4624	314432	1,47	213,6	3632
19	361	6859	5,26	59,60	283,5	69	4761	328509	1,45	216,8	3739
20	400	8000	5,00	62,83	314,2	70	4900	343000	1,43	219,9	3848
21	441	9261	4,76	65,97	346,4	71	5041	357911	1,41	223,0	3959
22	484	10648	4,55	69,11	380,1	72	5184	373248	1,39	226,2	4071
23	529	12167	4,35	72,26	415,5	73	5329	389017	1,37	229,3	4185
24	576	13824	4,17	75,40	452,4	74	5476	405224	1,35	232,5	4301
25	625	15625	4,00	78,54	490,9	75	5625	421875	1,33	235,6	4418
26	676	17576	3,85	81,68	530,9	76	5776	438976	1,32	238,8	4536
27	729	19683	3,70	84,82	572,6	77	5929	456533	1,30	241,9	4657
28	784	21952	3,57	87,96	615,8	78	6084	474552	1,28	245,0	4778
29	841	24389	3,45	91,11	660,5	79	6241	493039	1,27	248,2	4902
30	900	27000	3,33	94,25	706,9	80	6400	512000	1,25	251,3	5027
31	961	29791	3,23	97,39	754,8	81	6561	531441	1,23	254,5	5153
32	1024	32768	3,13	100,5	804,2	82	6724	551368	1,22	257,6	5281
33	1089	35937	3,03	103,7	855,3	83	6889	571787	1,20	260,7	5411
34	1156	39304	2,94	106,8	907,9	84	7056	592704	1,19	263,9	5542
35	1225	42875	2,86	110,0	962,1	85	7225	614125	1,18	267,0	5674
36	1296	46656	2,78	113,1	1018	86	7396	636056	1,16	270,2	5809
37	1369	50653	2,70	116,2	1075	87	7569	658503	1,15	273,3	5945
38	1444	54872	2,63	119,4	1134	88	7744	681472	1,14	276,5	6082
39	1521	59319	2,56	122,5	1195	89	7921	704969	1,12	279,6	6221
40	1600	64000	2,50	125,7	1257	90	8100	729000	1,11	282,7	6362
41	1681	68921	2,44	128,8	1320	91	8281	753571	1,10	285,9	6504
42	1764	74088	2,38	131,9	1385	92	8464	778688	1,09	289,0	6648
43	1849	79507	2,33	135,1	1452	93	8649	804357	1,08	292,2	6793
44	1936	85184	2,27	138,2	1521	94	8836	830584	1,06	295,3	6940
45	2025	91125	2,22	141,4	1590	95	9025	857375	1,05	298,4	7088
46	2116	97336	2,17	144,5	1662	96	9216	884736	1,04	301,6	7238
47	2209	103823	2,13	147,6	1735	97	9409	912673	1,03	304,7	7390
48	2304	110592	2,08	150,8	1810	98	9604	941192	1,02	307,9	7543
49	2401	117649	2,04	153,9	1886	99	9801	970299	1,01	311,0	7698

21

Flächenberechnung.

	Flächeninhalt $= F$	Lage des Schwerpunktes S
Dreieck	$F = \dfrac{b \cdot h}{2}$	$A N = C N$ $S N = \dfrac{B N}{3}$
Quadrat	$F = a \cdot a$ $= a^2$	Schnittpunkt der Diagonalen
Trapez	$F = \dfrac{a + b}{2} \cdot h$	$S N = \dfrac{h \cdot a + 2 b}{3 a + b}$
Kreis	$F = \dfrac{\pi \cdot d^2}{4};$ $= \pi \cdot r^2$ Umfang $U = \pi \cdot d$	im Mittelpunkt
Halbkreis	$F = \dfrac{\pi \cdot r^2}{2}$	$S N = \dfrac{4 r}{3 \pi} = 0{,}4244\, r$
Kreisausschnitt	$F = \dfrac{b \cdot r}{2};$ $= \dfrac{\varphi}{360} \cdot \pi \cdot r^2$	$S N = \dfrac{2}{3} \dfrac{r \cdot s}{b}$
Kreisabschnitt	$F = \dfrac{s \cdot h + r \cdot (b - s)}{2}$	$S N = \dfrac{s^3}{12 F}$ (F = Flächeninhalt)
Kreisring	$F = \dfrac{\pi \cdot D^2}{4} - \dfrac{\pi \cdot d^2}{4};$ $= \pi \cdot (R^2 - r^2)$	im Mittelpunkt
Ellipse	$F = \dfrac{\pi \cdot a \cdot b}{4}$	Schnittpunkt der Achsen

22

Körperberechnung.

	Oberfläche $= O$ Mantelfläche $= M$	Rauminhalt $= J$	Lage des Schwerpunktes $= S$
Würfel 	$O = 6\,a^2$	$J = a^3$	Schnittpunkt der Diagonalen
Prisma 	$O = 2\,a \cdot b$ $+ 2\,h \cdot (a + b)$	$J = a \cdot b \cdot h$	Schnittpunkt der Diagonalen
Pyramide 	$O =$ Grundfläche plus Summe der begrenzen-den Dreiecke	$J = \dfrac{h}{3} \cdot$ Grundfläche	$SN = \dfrac{h}{4}$
Abgestumpfte Pyramide 	$O =$ obere plus untere Grundfläche plus Summe der begrenzen-den Trapeze	$J = \dfrac{h}{3} \cdot (F + f + \sqrt{F\,f})$ $f =$ obere Grundfläche $F =$ untere »	$SN = \dfrac{h}{4}$ $\times \dfrac{F + 2 \cdot \sqrt{F\,f} + 3\,f}{F + \sqrt{F\,f} + f}$

Körperberechnung.

	Oberfläche = O Mantelfläche = M	Rauminhalt = J	Lage des Schwerpunktes = S
Kugel	$O = 4\pi \cdot r^2$; $= \pi \cdot d^2$	$J = \dfrac{4}{3}\pi \cdot r^3$; $= \dfrac{\pi \cdot d^3}{6}$	im Mittelpunkt
Kugelabschnitt	$M = 2\pi \cdot r \cdot h$; $= \dfrac{\pi}{4} \cdot (s^2 + 4h^2)$	$J = \pi \cdot h^2 \cdot \left(r - \dfrac{h}{3}\right)$ $= \pi h \left(\dfrac{s^2}{8} + \dfrac{h^2}{6}\right)$	$SN = \dfrac{3}{4} \cdot \dfrac{(2r-h)^2}{3r-h}$
Kugelzone	$M = 2r \cdot \pi \cdot h$	$J = \dfrac{\pi \cdot h}{6}$ $\times (3a^2 + 3b^2 + h^2)$	$SN = h_1 + \dfrac{h}{2}$
Faß	Durch einfache Formeln nicht anzugeben	angenähert $J = \dfrac{\pi \cdot l}{15}$ $\times (2D^2 + Dd$ $+ 0{,}75 \cdot d^2)$	$SN = \dfrac{D}{2}$

		M	J	SN
Zylinder		$M = 2\pi \cdot r \cdot h;$ $= \pi \cdot d \cdot h$	$J = \pi \cdot r^2 \cdot h;$ $= \dfrac{\pi \cdot d^2}{4} \cdot h$	$SN = \dfrac{h}{2}$
Schief ab-geschnitt. Zylinder		$M = \pi \cdot r \cdot (h + h_1)$	$J = \pi \cdot r^2 \cdot \dfrac{h + h_1}{2}$	$SN = \dfrac{h + h_1}{4}$ $+ \dfrac{1}{4} \dfrac{r^2 \, \mathrm{tg}^2 \, \alpha}{h + h_1}$
Hohl-zylinder		$M =$ innerer $+$ äußerer Mantel $= 2\pi \cdot h \cdot (R + r)$	$J = \pi \cdot h \cdot (R^2 - r^2)$ $= h \cdot \left(\dfrac{\pi \cdot D^2}{4} - \dfrac{\pi \cdot d^2}{4} \right)$	$SN = \dfrac{h}{2}$
Kegel		$M = \pi \cdot r \cdot s$ $= \pi \cdot r \cdot \sqrt{r^2 + h^2}$	$J = \dfrac{h}{3} \pi \cdot r^2$	$SN = \dfrac{h}{4}$
Abgestumpfter Kegel		$M = \pi \cdot s \cdot (r + r_1)$	$J = \dfrac{\pi \cdot h}{3}$ $\times (r^2 + r_1^2 + r \cdot r_1)$	$SN = \dfrac{h}{4}$ $\times \dfrac{r^2 + 2 r \cdot r_1 + 3 r_1^2}{r^2 + r \cdot r_1 + r_1^2}$

Guldinsche Regel.

Inhalt einer Umdrehungsfläche F_1
= Länge der gedrehten Linie l
$\times$ Weg ihres Schwerpunktes S.

$$F_1 = l \cdot 2\,R\pi$$

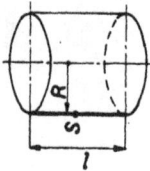

Rauminhalt J eines Umdrehungskörpers
= Flächeninhalt F der Umdrehungsfläche
$\times$ Weg ihres Schwerpunktes S.

$$J = F \cdot 2\,R\pi$$

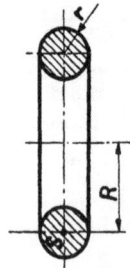

Beispiel: Kreisring

$$F = 4 \cdot \pi^2 \cdot R \cdot r$$
$$J = 2\pi^2 \cdot R \cdot r^2$$

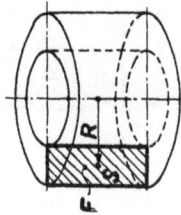

Whitworth-Gewinde nach DIN 11.

Äußerer Gewinde-Durchmesser des Bolzens		Kern-durch-messer	Ge-winde-tiefe	Gang-zahl	Schlüs-selweite	über Eck Maß Φ	Kopf-Höhe	Unter-lag-scheibe Φ	Bolzen Φ	Loch Φ (mittel)	Splint Φ und Länge	Zulässige Belastung bei 480 kg/cm²
engl. Zoll	mm	mm	mm	auf 1''	mm	mm	mm	mm	mm	mm	mm	kg
1/4	6,35	4,72	0,81	20	11	12,7	5	14	6,5	7,4	2×8	85
5/16	7,94	6,13	0,90	18	14	16,2	6	18	8	9,5	3×10	140
3/8	9,52	7,49	1,02	16	17	19,6	7	22	10	10,5	4×12	210
(7/16)	11,1	8,79	1,16	14	19	21,9	8	24	12	13	4×15	290
1/2	12,7	9,99	1,36	12	22	25,4	9	28	13	15	5×15	375
5/8	15,9	12,9	1,48	11	27	31,2	11	34	16	18	5×20	630
3/4	19,1	15,8	1,63	10	32	36,9	13	40	19	22	6×22	940
7/8	22,2	18,6	1,81	9	36	41,6	16	45	23	25	6×28	1300
1	25,4	21,3	2,03	8	41	47,3	18	52	26	28	7×30	1720
1 1/8	28,6	23,9	2,32	7	46	53,1	20	58	29	32	7×35	2160
1 1/4	31,8	27,1	2,32	7	50	57,7	22	62	32	35	8×40	2770
1 3/8	34,9	29,5	2,71	6	55	63,5	24	68	35	38	9×40	3280
1 1/2	38,1	32,7	2,71	6	60	69,3	27	75	39	42	9×45	4030
1 5/8	41,3	34,8	3,25	5	65	75,0	30	80	42	45	10×45	4560
1 3/4	44,5	37,9	3,25	5	70	80,8	32	85	45	48	10×50	5430
(1 7/8)	47,6	40,4	3,61	4½	75	86,5	34	92	48	52	10×55	6150
2	50,8	43,6	3,61	4½	80	92,4	36	98	51	55	10×55	7160
2 1/4	57,2	49,0	4,07	4	85	98	40	105	58	62	—	9060
2 1/2	63,5	55,4	4,07	4	95	110	45	120	64	68	—	11560
2 3/4	69,9	60,6	4,65	3½	105	121	49	130	70	74	—	13800
3	76,2	66,9	4,65	3½	110	127	53	140	76	82	—	16850
3 1/2	88,9	78,9	5,01	3¼	130	150	62	160	89	95	—	23500
4	101,6	90,8	5,42	3	145	167	71	180	102	108	—	31050

Die eingeklammerten Gewinde sind möglichst zu vermeiden!

Withworth-Rohrgewinde nach DIN 259.

Nenn- ϕ	Rohrdurchmesser		Außen- gewinde ϕ	Kern- ϕ	Gangzahl
	Innerer Rohr- ϕ	Äußerer Rohr- ϕ			
	gerundet		gerundet		
engl.''	mm	mm	mm	mm	auf 1''
$^1/_8$	3	10	9,7	8,6	28
$^1/_4$	6,5	13	13,2	11,4	19
$^3/_8$	9,5	17	16,7	15,0	19
$^1/_2$	13	21	21,0	18,6	14
$^5/_8$	16	23	22,9	20,6	14
$^3/_4$	19	26	26,4	24,2	14
$^7/_8$	22	30	30,2	27,9	14
1	25,5	33	3?,3	30,3	11
$(1^1/_8)$	28	38	37,9	34,9	11
$1^1/_4$	32	42	41,9	39,0	11
$(1^3/_8)$	35	44	44,3	41,4	11
$1^1/_2$	38	48	47,8	44,8	11
$1^3/_4$	44	54	53,7	50,8	11
2	51	60	59,6	56,7	11
$2^1/_4$	57	66	65,7	62,8	11
$2^1/_2$	63	75	75,2	72,2	11
$2^3/_4$	70	82	81,5	78,8	11
3	76	88	87,9	84,9	11
$3^1/_4$	83	94	94,0	91,0	11
$3^1/_2$	89	100	100,3	97,4	11
$3^3/_4$	95	107	106,7	103,7	11
4	102	113	113,0	110,1	11
$4^1/_2$	114	126	125,7	122,8	11
5	127	138	138,4	135,5	11
$5^1/_2$	140	151	151,1	148,2	11
6	152	164	163,8	160,9	11
7	178	189	189,2	186,0	10
8	203	215	214,6	211,4	10
9	229	240	240,0	236,8	10
10	254	265	265,4	262,2	10
11	280	291	290,8	286,8	8
12	305	316	316,2	312,2	8
13	330	347	347.5	343,4	8
14	356	373	372,9	368,8	8
15	381	398	398,3	394,2	8
16	406	424	423,7	419,6	8
17	432	449	459,0	445,0	8
18	457	474	474,5	470,4	8

Die eingeklammerten We te werden nur bei Kupfer-Rohren für hohen Druck und deren Armaturen verwendet und sind sonst möglichst zu vermeiden.

Metrisches Feingewinde nach DIN 241, 242, 243.

Metrisches Feingewinde 3									Metrisches Feingewinde 2			Metrisches Feingewinde 1		
Gew. d mm	Kern-ϕ mm	Stei-gung mm	Gew. d mm	Kern-ϕ mm	Stei-gung mm	Gew. d mm	Kern-ϕ mm	Stei-gung mm	Gew. d mm	Kern-ϕ mm	Stei-gung mm	Gew. d mm	Kern-ϕ mm	Stei-gung mm
1	0,722	0,20	35	32,916	1,5	82	79,222	2	24	21,222	2	154	145,666	6
1,2	0,922	0,20	38	35,916	1,5	84	81,222	2	30	27,222	2	159	150,666	6
1,4	1,122	0,20	40	37,916	1,5	86	83,222	2	38	31,832	3	164	155,666	6
2	1,722	0,20	41	38,916	1,5	88	85,222	2	42	37,832	3	169	160,666	6
3	2,514	0,35	44	41,916	1,5	90	87,222	2	45	40,832	3	174	165,666	6
3,5	3,014	0,35	46	43,916	1,5	92	89,222	2	48	43,832	3	179	170,666	6
4	3,514	0,35	48	45,916	1,5	94	91,222	2	52	47,832	3	184	175,666	6
4,5	3,806	0,5	50	47,916	1,5	96	93,222	2	56	50,444	4	189	180,666	6
5	4,306	0,5	51	48,916	1,5	98	95,222	2	60	54,444	4	194	185,666	6
5,5	4,806	0,5	52	49,916	1,5	100	97,222	2	64	58,444	4	199	190,666	6
6	4,958	0,75	54	51,222	2	105	100,832	3	68	62,444	4	204	195,666	6
8	6,958	0,75	56	53,222	2	110	105,832	3	72	66,444	4	209	200,666	6
9	7,610	1	58	55,222	2	115	110,832	3	76	70,444	4	219	210,666	6
10	8,610	1	60	57,222	2	120	115,832	3	80	74,444	4	229	220,666	6
11	9,610	1	62	59,222	2	125	120,832	3	84	78,444	4	239	230,666	6
12	9,916	1,5	64	61,222	2	130	125,832	3	94	88,444	4	249	240,666	6
14	11,916	1,5	66	63,222	2	135	130,832	3	104	98,444	4	259	250,666	6
16	13,916	1,5	68	65,222	2	140	135,832	3	114	108,444	4	269	260,666	6
18[1]	15,916	1,5	70	67,222	2	150	145,832	3	124	118,444	4	279	270,666	6
22	19,916	1,5	72	69,222	2	160	155,832	3	134	128,444	4	289	280,666	6
25	22,916	1,5	74	71,222	2	170	165,832	3	144	138,444	4	299	290,666	6
28	23,916	1,5	76	73,222	2	180	175,832	3	154	148,444	4	309	300,666	6
30	27,916	1,5	78	75,222	2	190	185,832	3	164	158,444	4	319	310,666	6
34	31,916	1,5	80	77,222	2	200	195,444	4	174	168,444	4	329	320,666	6

[1] Zündkerzengewinde!

Metrisches Gewinde nach DIN 13 und 14.

Gewinde-ϕ mm	Kern-ϕ mm	Steigung in mm	Gewinde-ϕ mm	Kern-ϕ mm	Steigung in mm	Gewinde-ϕ mm	Kern-ϕ mm	Steigung in mm
1	0,652	0,25	(7)	5,610	1	33	28,138	3,5
1,2	0,852	0,25	8	6,264	1,25	36	30,444	4
1,4	0,984	0,3	(9)	7,264	1,25	39	33,444	4
1,7	1,214	0,35	10	7,916	1,5	42	35,750	4,5
2	1,444	0,4	(11)	8,916	1,5	45	38,750	4,5
2,3	1,744	0,4	12	9,570	1,75	48	41,054	5
2,6	1,974	0,45	14	11,222	2	52	45,054	5
3	2,306	0,5	16	13,222	2	56	48,380	5,5
3,5	2,666	0,6	18	14,528	2,5	60	52,380	5,5
4	3,028	0,7	20	16,528	2,5	64	55,666	6
(4,5)	3,458	0,75	22	18,528	2,5	68	59,666	6
5	3,888	0,8	24	19,832	3	72	63,666	6
(5,5)	4,250	0,9	27	22,832	3	76	67,666	6
6	4,610	1	30	25,138	3,5	80	71,666	6

Die eingeklammerten Gewinde sind möglichst zu vermeiden.

Profileisen

Gleichschenkelige L-Eisen nach DIN 1028

Bezeichnung L	Abmessungen b mm	d min. mittl. max. mm	Gewicht G kg/m
15·15·3	15	3	0,64
15·15·4		4	0,82
20·20·3	20	3	0,88
20·20·4		4	1,14
25·25·3	25	3	1,12
25·25·4		4	1,45
30·30·4	30	4	1,78
30·30·5		5	2,18
35·35·4	35	4	2,10
35·35·6		6	3,04
40·40·4	40	4	2,42
40·40·5		5	2,97
40·40·6		6	3,52
45·45·5	45	5	3,38

Bezeichnung L	Abmessungen b mm	d min. mittl. max. mm	Gewicht G kg/m
45·45·7	45	7	4,60
50·50·5	50	5	3,77
50·50·7		7	5,15
50·50·9		9	6,47
55·55·6	55	6	4,95
55·55·8		8	6,46
55·55·10		10	7,90
60·60·6	60	6	5,42
60·60·8		8	7,09
60·60·10		10	8,60
65·65·7	65	7	6,83
65·65·9		9	8,62
65·65·11		11	10,3
70·70·7	70	7	7,08

Bezeichnung L	Abmessungen b mm	d min. mittl. max. mm	Gewicht G kg/m
70·70·9	70	9	9,34
70·70·11		11	11,2
75·75·8	75	8	9,03
75·75·10		10	11,1
75·75·12		12	13,11
80·80·8	80	8	9,66
80·80·10		10	11,9
80·80·12		12	14,1
90·90·9	90	9	12,2
90·90·11		11	14,7
90·90·13		13	17,1
100·100·10	100	10	15,1
100·100·12		12	17,8
100·100·14		14	20,6

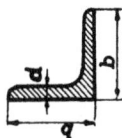

Normal-Längen 3—12 m

I-Eisen nach DIN 1025.

Bezeich-nung	Abmessungen h mm	b mm	d mm	t mm	Gewicht G kg/m
8	80	42	3,9	5,9	5,95
9	90	46	4,2	6,3	7,07
10	100	50	4,5	6,8	8,32
11	110	54	4,8	7,2	9,66
12	120	58	5,1	7,7	11,20
13	130	62	5,4	8,1	12,64
14	140	66	5,7	8,6	14,40
15	150	70	6,0	9,0	16,01
16	160	74	6,3	9,5	17,90
17	170	78	6,6	9,9	19,78
18	180	82	6,9	10,4	21,90
19	190	86	7,2	10,8	24,02
20	200	90	7,5	11,3	26,30
21	210	94	7,8	11,7	28,57
22	220	98	8,1	12,2	31,10
23	230	102	8,4	12,6	33,52
24	240	106	8,7	13,1	36,2
25	250	110	9,0	13,6	39,01
26	260	113	9,4	14,1	41,9
27	270	116	9,7	14,7	44,9
28	280	119	10,1	15,2	48,0
29	290	122	10,4	15,7	50,95
30	300	125	10,8	16,2	54,20
32	320	131	11,5	17,3	61,1
34	340	137	12,2	18,3	68,1
36	360	143	13,0	19,5	76,20
38	380	149	13,7	20,5	84,00
40	400	155	14,4	21,6	92,60
42½	425	163	15,3	23,0	104,0
45	450	170	16,2	24,3	115,0
47½	475	178	17,1	25,6	128,0
50	500	185	18,0	27,0	141,0
55	550	200	19,0	30,0	167,0

Normal-Längen 4—12 m

U-Eisen nach DIN 1026.

Bezeich-nung	Abmessungen h mm	b mm	d mm	t mm	Gewicht G kg/m
3	30,0	33,0	5,0	7,0	4,27
4	40,0	35,0	5,0	7,0	4,87
5	50,0	38,0	5,0	7,0	5,59
6½	65,0	42,0	5,5	7,5	7,09
8	80,0	45,0	6,0	8,0	8,64
10	100,0	50,0	6,0	8,5	10,60
12	120,0	55,0	7,0	9,0	13,4
14	140,0	60,0	7,0	10,0	16,0
16	160,0	65,0	7,5	10,5	18,8
18	180,0	70,0	8,0	11,0	22,0
20	200,0	75,0	8,5	11,5	25,3
22	220,0	80,0	9,0	12,5	29,4
24	240,0	85,0	9,5	13,0	33,2
26	260,0	90,0	10,0	14,0	37,9
28	280,0	95,0	10,0	15,0	41,8
30	300,0	100,0	10,0	16,0	46,2
35	350,0	100,0	14,0	16,0	60,6
40	400,0	110,0	14,0	18,0	71,8

Normal-Längen 4—12 m

Keiltafel. Zusammenfassung von DIN 141, 142, 143 und 269.

Wellendurchmesser in mm	Breite „b" für Keile und Federn	Höhe „h" für a) Hohlkeile	b) Flachkeile	c) Nuten oder Einlegekeile	Nabentiefe für Keile (Nennmaß)	Federn (Kleinstmaß)	Wellennuttiefe
10...12	4	—	—	4	$D+1,5$	$D+1,7$	2,5
12...17	5	—	—	5	$D+2$	$D+2,2$	3
17...22	6	—	—	6	$D+2,5$	$D+2,7$	3,5
22...30	8	3	4	7	$D+3$	$D+3,2$	4
30...38	10	3,5	5	8	$D+3,5$	$D+3,7$	4,5
38...44	12	3,5	5	8	$D+3,5$	$D+3,7$	4,5
44...50	14	4	5	9	$D+4$	$D+4,2$	5
50...58	16	5	6	10	$D+5$	$D+5,2$	5
58...68	18	5	7	11	$D+5$	$D+5,3$	6
68...78	20	6	8	12	$D+6$	$D+6,3$	6
78...92	24	7	9	14	$D+7$	$D+7,3$	7
92...110	28	8	10	16	$D+8$	$D+8,3$	8
110...130	32	9	11	18	$D+9$	$D+9,3$	9
130...150	36	10	13	20	$D+10$	$D+10,3$	10
150...170	40	—	14	22	$D+11$	$D+11,3$	11
170...200	45	—	16	25	$D+12$	$D+12,3$	13
200...230	50	—	18	28	$D+14$	$D+14,3$	14
230...260	55	—	—	30	$D+15$	$D+15,3$	15
260...290	60	—	—	32	$D+16$	$D+16,4$	16
290...330	70	—	—	36	$D+18$	$D+18,4$	18
330...380	80	—	—	40	$D+20$	$D+20,4$	20
380...440	90	—	—	45	$D+22$	$D+22,4$	23
440...500	100	—	—	50	$D+25$	$D+25,4$	25

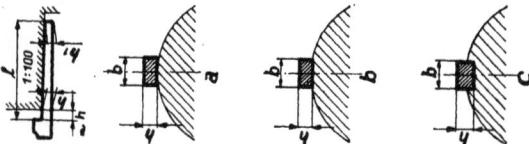

2. Grundlagen und Begriffe.

Verbrennungsmotoren. Der Gattungsbegriff „Verbrennungsmotoren, Verbrennungskraftmaschinen" gilt für solche Wärmekraftmaschinen, bei welchen die Verbrennung des Kraftstoffes unmittelbar im Arbeitszylinder der Kraftmaschine erfolgt.

Marktgängige Verbrennungsmotoren sind dem Triebwerke nach meist Kolbenhubmaschinen und werden im wesentlichen nach folgenden Gesichtspunkten eingeteilt:

- a) Arbeitsspiel,
- b) Zündung,
- c) Gemischbildung,
- d) Verdichtungsdruck,
- e) Kraftstoff,
- f) Zylinderanordnung,
- g) Luftbeschaffung.

Nach dem Arbeitsspiel unterscheidet man Zweitaktmotoren und Viertaktmotoren.

Nach der Art der Zündung sind zu unterscheiden Motoren mit Fremdzündung oder Ottomotoren[1]) und Motoren mit Eigenzündung (Dieselmotoren). Zur ersteren Gruppe zählen alle Motoren, bei welchen das verdichtete Gas-Luftgemisch durch einen elektrischen Zündfunken entzündet wird. Bei der Dieselmaschine wird die angesaugte Frischluft so hoch verdichtet, bis die für die Entzündung des eingespritzten Kraftstoffes notwendige Verdichtungstemperatur erreicht wird.

Eine Mittelgruppe stellen Glühkopfmotoren dar. Der Kraftstoff wird ebenfalls in die verdichtete Frischluft eingespritzt, doch ist die Verdichtung nicht so groß, daß die Entzündung durch die Verdichtungstemperatur erfolgt. Für die Inbetriebsetzung muß Fremdzündung benutzt werden (vorgewärmter Glühkopf, Glimmstift, elektrische Zündung), worauf dann die weiteren Zündungen durch die entstandene Eigenwärme der Zündmittel wie Glühkopf, Zündplatte u. a. erfolgen.

Nach der Art der Gemischbildung sind zu unterscheiden Motoren mit äußerer Gemischbildung, d. s. Vergaser- und Gasmotoren, und Motoren mit innerer Gemischbildung, zu welchen Glühkopf und Dieselmotoren zählen.

Nach der Höhe des Verdichtungsdruckes unterscheidet man Niederdruck, Mitteldruck und Hochdruckmotoren.

Niederdruckmotoren sind Motoren mit einem Verdichtungsverhältnis von rd. 1:4 bis 1:6, d. i. ein Verdichtungsdruck von 6 bis 10 kg/cm² (z. B. Ottomotoren).

Mitteldruckmotoren sind Motoren mit einem Verdichtungsverhältnis von rd. 1:9, Verdichtungsdruck ≈ 18 kg/cm² (z. B. Glühkopfmotoren).

---

[1]) Die Bezeichnung Ottomotor, nach dem deutschen Erfinder Otto, ist das Gegenstück zur Bezeichnung Dieselmotor und auch im Ausland geläufig

34

Hochdruckmotoren (Dieselmotoren) haben ein Verdichtungsverhältnis von 1:12 bis 1:19 und Verdichtungsdrücke von 23 bis 44 kg/cm².

Nach der Art des Kraftstoffes können hauptsächlich unterschieden werden Motoren mit gasförmigem und flüssigem Kraftstoff. Bei letzteren unterscheidet man ferner noch Leichtölmotoren (meist Ottomotoren) und Schwerölmotoren (meist Dieselmotoren).

Nach der Zylinderanordnung unterscheidet man Reihenmotoren, Boxermotoren, V-Motoren und Sternmotoren.

Bei Reihenmotoren sind die Zylinder in einer Reihe nebeneinander angeordnet.

Boxer-Motoren haben die Zylinder gegenüberliegend. Bei V-Motoren ist die Anordnung der Zylinder in V-Form. Sternmotoren haben die Zylinder sternförmig angeordnet.

Nach der Art der Luftbeschaffung unterschiedet man Motoren mit Eigen- und Fremdspülung. Zu letzterer Gruppe zählen solche Motoren, bei welchen die Verbrennungsluft mit Hilfsmitteln (Luftpumpe, Gebläse) in den Verbrennungsraum gedrückt wird.

Verbrennung. Bei Verbrennungskraftmaschinen wird der Kraftstoff im gasförmigen oder flüssigen Zustande mit einer größeren Luftmenge, die den nötigen Sauerstoff enthält, in den Arbeitszylinder eingeführt und durch plötzliche Verbrennung zur Arbeitsleistung gebracht. Zur besseren Kraftstoffausnützung wird das Kraftstoff-Luftgemisch oder bei Dieselmotoren die Luft allein vor der Verbrennung verdichtet.

Jede Verbrennung ist ein chemischer Vorgang, bei dem Energie in Form von Wärme frei wird. In den weitaus meisten Fällen verbindet sich der freie Sauerstoff (O) der Luft mit dem Kohlenstoff (C) und Wasserstoff (H) des Kraftstoffes zu Kohlensäure (Kohlendioxyd CO_2) und Wasserdampf (H_2O). Verbrennt der vorhandene Kohlenstoff nur teilweise zu Kohlensäure, z. B. zu Kohlenoxyd (CO) oder zieht gar Ruß ab, so ist die Verbrennung unvollkommen. Ruß bildet sich durch Zersetzung unverbrannter Kohlenwasserstoffe, wobei der Wasserstoff verbrennt. Vereinigen sich die Kohlenwasserstoffe zu Teer, so entsteht gelbbrauner Rauch. Für eine richtige Verbrennung ist es nötig, daß die Luft mit dem Kraftstoff gut gemischt und in genügender Menge vorhanden ist.

Bei der Verbrennung der im Kraftstoff vorhandenen Kohlenwasserstoffe bleiben hauptsächlich Stickstoff und Kohlenoxyd übrig. In den Auspuffgasen enthaltene unverbrannte Bestandteile wie Sauerstoff, Wasserstoff, Kohlenoxyd, Methan sind ein Maß für die Güte der Verbrennung. Bei schlechter Verbrennung können sogar Ruß und Teer übrigbleiben.

Luftüberschuß. Für die vollkommene Verbrennung eines Kraftstoffes ist eine bestimmte Mindestluftmenge (theoretischer Luftbedarf) erforderlich und richtet sich diese nach dem chemischen Aufbau des betreffenden Kraftstoffes. Im praktischen Motorenbetrieb muß man aber zur wirklichen Erzielung vollkommener Verbrennung dem Kraftstoff mehr Luft zur Verfügung stellen als er nach seiner chemischen

Zusammensetzung erfordert. Es arbeiten z. B. Dieselmotoren bei Höchstlast mit einem Luftüberschuß von 15% und im Leerlauf mit 600 bis 1000%. Bei Motoren mit äußerer Gemischbildung (Vergaser u. Gasmotoren) genügt gewöhnlich ein Luftüberschuß von unter 20%.

Verbrennung und Luftbedarf.

Vollständige Verbrennung von	erfordert Luft theoretisch m^3	wirklich m^3
1 kg Benzin	12,7	17...20
1 „ Benzol	11,5	15...17
1 „ Gasöl	13,0	18...23
1 „ Petroleum	12,5	16...22
1 „ Spiritus 95%	7,2	8...12
1 „ Teeröl	11,0	20...24
1 m^3 Ätylen	14,3	17,2
1 „ Butan	31,0	37,2
1 „ Generatorgase, Holzgas . . .	1,0	1,2
1 „ „ Holzkohlengas .	1,16	1,4
1 „ Kohlenoxyd	2,38	2,86
1 „ Kokerei-Leuchtgas	5,22	6,26
1 „ Städtisches Leuchtgas	4,00	4,8
1 „ Methan	9,52	11,4
1 „ Propan	23,8	28,7
1 „ Wasserstoff	2,38	2,86

Selbstzündtemperatur ist diejenige Temperatur, bei der der Stoff sich selbst entzündet und dauernd weiterbrennt. Durch Fremdstoffe werden die Selbstzündtemperaturen stark beeinflußt.

Selbstzündtemperaturen.

Stoff	Selbstzündt. °C	Stoff	Selbstzündt. °C	Stoff	Selbstzündt. °C
Äther . . .	178	Gasöl . . .	350	Petroleum .	380
Azetylen . .	484	Kompr. Öl .	410	Teeröl . . .	445
Benzin . .	300	Kohlenoxyd .	610	Wasserstoff .	577
Benzol . .	588	Leuchtgas .	600		
Braunkohlen-		Maschinenöl .	380		
teeröl . .	350	Methan . .	670		

Zündgrenzen von Gasen.

Gasart	% Gas in Luft Zündgrenze Untere	% Gas in Luft Zündgrenze Obere	Gasart	% Gas in Luft Zündgrenze Untere	% Gas in Luft Zündgrenze Obere
Äther	3	13	Propan	2	7
Azetylen . . .	4	14	Koksofengas . . .	6	31
Benzin	2	5	Leuchtgas	10	25
Benzol	2	8	Mischgas	6	32
Generatorgas .	21	74	Spiritus	4	14
Methan	6	13	Wasserstoff . . .	6	72
Butan	—	—	Kohlenoxyd . . .	12	75

Gas-Luftmischungen innerhalb der unteren und oberen Zünd-
grenze führen bei Entzündungen zur Explosion.

Auspuffgase von Otto- und Dieselmotoren
(Zusammensetzung in %)[1].

Auspuffgase	bei Leerlauf OM[2]	bei Leerlauf DM[3]	bei offener Drossel bzw. voller Einspr. Leerlauf-drehzahl OM	bei offener Drossel bzw. voller Einspr. Leerlauf-drehzahl DM	halbe Nenn-drehzahl OM	halbe Nenn-drehzahl DM	volle Nenn-drehzahl OM	volle Nenn-drehzahl DM
Kohlendioxyd CO_2	6,5÷8	4,3	6,5÷8	5,5	9÷11	4,2	12÷13	7
Sauerstoff O_2 . .	1÷1,5	14	0,5÷2	12	0,5÷1,5	14	0,1÷0,4	10
Kohlenoxyd CO .	9÷10	0,2	7÷9	—	3÷5,5	0,1	0,2÷1,4	0,1
giftig Wasserstoff H_2 . .	0,4÷4	—	0,2÷1	—	0,2	0,1	0,1÷0,3	—

[1] Aus dem Kraftfahrtechnischen Taschenbuch der Robert Bosch A.-G.'
Stuttgart.
[2] Ottomotor.
[3] Dieselmotor.

Temperatur. Temperaturen werden im gewöhnlichen Leben
in Graden nach Réaumur, bei wissenschaftlichen und technischen
Untersuchungen nach Celsius gerechnet.

Der Siedepunkt liegt nach Réaumur. . . . . . bei 80⁰,
nach Celsius. . . . . . bei 100⁰,
nach Fahrenheit . . . . . bei 212⁰.

Der Gefrierpunkt liegt
bei Réaumur und Celsius . . . . bei 0⁰,
bei Fahrenheit . . . . bei + 32⁰.

Die Grade über dem Nullpunkt bezeichnet man als Wärmegrade
mit + (plus), die unter dem Nullpunkt mit — (minus).

Absoluter Nullpunkt der Temperatur ist — 272,915⁰ C; praktisch
erreicht wurden — 272,910⁰ C (1935).

Umrechnungsformeln.

Bezeichnen n_c, n_f, n_r Wärmegrade nach dem durch den angehängten Buchstaben angedeuteten Meßverfahren, Celsius, Fahrenheit, Réaumur, so gelten für die Umrechnung folgende Gleichungen:

$$n_c = \frac{5}{4} \cdot n_r = \frac{5}{9} \cdot (n_f - 32)$$

$$n_f = \frac{9}{5} \cdot n_c + 32 = \frac{9}{4} \cdot n_r + 32$$

$$n_r = \frac{4}{5} \cdot n_c = \frac{4}{9} \cdot (n_f - 32).$$

Beispiel: Wieviel Grad Fahrenheit entsprechen 35⁰ Celsius?

$$n_f = \frac{9}{5} \cdot 35 + 32 = 95^0 \text{ F}$$

Temperaturen im Motor (Mittelwerte).

	Ottomotor	Dieselmotor
Ende der Verdichtung	300 .. 400⁰	500... 650⁰
Augenblick der Verbrennung .	1400...1800⁰	1500...1600⁰
Kolbenboden	$\approx$ 600⁰	500... 600⁰
Zylinderwand b. Wasserkühlung	80... 150⁰	100... 150⁰
Pleuellager	60... 120⁰	40... 80⁰
Einspritzdüse	—	$\approx$ 150⁰
Schmieröl im Kurbelgehäuse .	40... 90⁰	35... 60⁰
Auspufftemperatur	bis 850⁰	Viertakt 350 b. 500⁰ Zweitakt 180 b. 300⁰

Vergleich. Glühen und Vergüten 1300⁰, Härten (Muffelöfen) 1400⁰, Gießen 1600⁰, elektrischer Lichtbogen 4000⁰, höchsterreichte Temperatur 20000⁰.

Temperaturmasse.

°C = Grad Celsius,
°F = Grad Fahrenheit,
°R = Grad Réaumur.

°F	°C	°R	°F	°C	°R	°F	°C	°R
	130		920	500	400		3000	2400
260		100	900	480	380	5200	2800	2200
250	120		880			4800	2600	
240		90	860	460	360			2000
230	110		840			4400	2400	1900
220			820	440		4000	2200	1800
210	100	80 Siedepunkt	800		340	3800		1700
200			780	420		3600	2000	1600
190	90	70	760	400	320	3400	1900	1500
180	80		740			3200	1800	1400
170		60	720	380	300	3000	1700	
160	70		700			2800	1600	1300
150		50	680	360	280	2600	1500	1200
140	60		660				1400	1100
130			640	340	260	2400	1300	
120	50	40	620	320		2200	1200	1000
110			600		240			950
100	40	30	580	300		2000	1100	900
90	30		560		220	1900		850
80		20	540	280		1800	1000	800
70	20		520	260		1700	950	750
60		10	500		200	1600	900	700
50	10		480	240		1500	850	650
40			460	220	180	1400	800	
30	0	0 Eispunkt	440				750	600
20			420	200	160	1300	700	550
10	-10	-10	400			1200	650	
0	-20		380	180	140	1100	600	500
-10		-20	360	160			550	450
-20	-30		340		120	1000		
-30		-30	320	140		960	500	400
-40	-40		300	130				
			280					

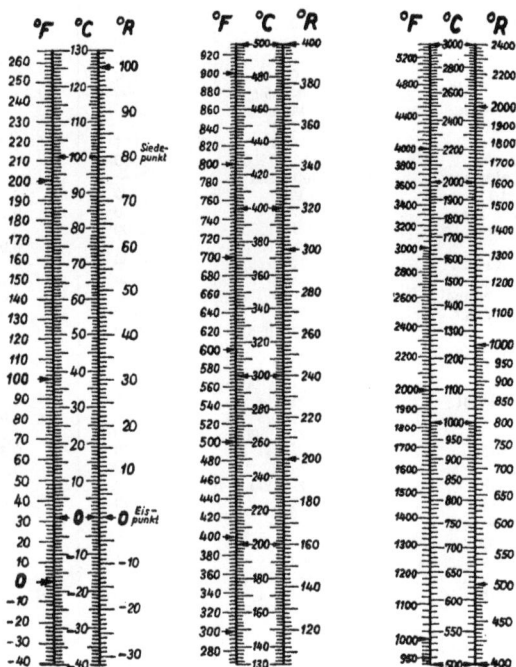

Die Gegenüberstellung Fahrenheit—Celsius gilt nicht für Temperaturunterschiede, da die Nullpunkte nicht zusammenfallen.

Beispiel: Einer Temperatursteigerung von 0 auf 110° C entsprechen nicht 230, sondern 230 — 32 = 198° F.

Schmelz- bzw. Erstarrungstemperatur, Siedetemperatur und mittlere spezifische Wärme verschiedener Stoffe.

Stoff	Schmelz- bzw. Erstarrungs- temperatur (°C)	Siedetemperatur bei 760 mm QS (°C)	Mittl. spez. Wärme bei 0...100 (kcal/kg°)
Feste Stoffe			
Aluminium	658	≈ 2000	0,21
Blei	327,4	1540	0,031
Bronze	900	2300	0,086
Deltametall	950	—	0,0917
Duraluminium	650	2000	0,22
Eis	0	100	0,50[1]
Elektron	650	1500	0,24
Fette	30...150	≈ 300	0,15...0,19
Flußstahl, weich	1400	2500	0,116
Glas, Fenster	≈ 700	—	0,20
Gold	1063	1677	0,032
Gußeisen	1150.,,1250	2500	0,127
Harz (Kolophon.) . . .	100,,,130	—	0,45
Kesselstein	≈ 1200	≈ 2800	0,190
Kupfer	1083	2360	0,092
Messing, gewalzt	900...1000	≈ 2300	0,093
Neusilber	1000...1100	—	0,095
Nickel, gewalzt	1460	2400	0 106
Parrafin	52	300	0,780
Phosphorbronze	900	—	0,087
Platin, gewalzt	1771	≈ 3800	0,032
Quarz	1500...1600	2590	0,19
Roheisen, weiß	1560	2500	0,13
Rotguß	950	2300	0,0913
Schnellstahl	1600...1700	2600	0,119
Schwefel, krist.	112,8	444,6	0,18
Silber	960,5	1940	0,056
Stahl	1300...1500	2500	0,117
Talg, Rinder	40...50	≈ 350	0,209
Wachs	60	65...70	0,82
Weißmetall	300...400	2100	0,0345
Zink, gewalzt	418	920	0,092
Zinn, gewalzt	232	2200	0,52
Flüssige Stoffe			
Alkohol, wasserfrei . . .	— 114	78,5	0,58
Benzin	— 50[2]	40...220	≈ 0,5
Benzol, rein	+ 5,4	80	0,40
Dieselöl	— 5	175	—
Gasöl	— 30	200...350	—
Glysantin-Wassergemisch			
25 Gew.-%	— 11	101...102	0,935[3]
40 Gew.-%	— 22	103	0,879[3]
56 Gew.-%	— 43	105	0,818[3]
Glyzerin	0[4]	290	0,85
Heizöl	— 5	175...350	—
Kochsalzlösung, gessättigt	— 18	108,8	0,9889
Leinöl	— 15	316	0,45
Maschinenöl	— 5	380...400	0,43
Mineral-Schmieröl . . .	— 20	300...380	0,50
Petroläther	— 160	40...70	0,42
Petroleum	— 70	150...300	0,50
Quecksilber	— 38,9	357,25	0,0332
Rüböl	0	300	0,47
Salzsäure 10%	— 14	102	0,749
Schwefelsäure, konz. . . .	10...0	338	0,33
Spiritus	— 90	78	0,58
Teer	— 15	300	0,77
Wasser, destilliert	0	100	1,00

[1] Bei —20 ÷ 0° [2] Oberste Grenze. [3] Zwischen 0 u. 100°. [4] Schmelztemperatur liegt bei 19°.

40

Wärmemenge. Die Wärmemenge (Q) wird in kcal = Kilokalorie (früher Wärmeeinheit = WE) ausgedrückt.

Die Kilokalorie (kcal) entspricht derjenigen Wärmemenge, durch welche 1 kg Wasser bei atmosphärischem Druck, um 1° erwärmt wird. (Genau, von 14,5 auf 15,5°).

Beispiel: Die stündlich durch einen Verbrennungsmotor fließende Kühlwassermenge ist K = 200 kg. Die Zuflußtemperatur t_1 = 10°, die Abflußtemperatur t_2 = 40°. An das Kühlwasser wurden stündlich abgegeben:

$$Q = K \cdot (t_2 - t_1) = 200 \cdot (40 - 10) = 6000 \text{ kcal.}$$

Mittlere spezifische Wärme. Die mittlere spez. Wärme eines Stoffes ist diejenige Wärmemenge in kcal, die notwendig ist, um die Temperatur von 1 kg des Stoffes um 1° zu erhöhen.

Beispiel: Mittlere spez. Wärme für Maschinenöl ist aus Tafel (S. 40) 0,43 kcal. Zum Erwärmen von 2 kg Öl von 10° auf 70° werden theoretisch benötigt:

$$(70 - 10) \cdot 2 \cdot 0,43 = 51,6 \text{ kcal.}$$

Heizwert. Unter Heizwert versteht man die Wärmemenge in kcal, die 1 kg Stoff bei vollkommener Verbrennung abgibt. Bei Gasen wird der Heizwert meist pro m³ Gas bei 15° und 1 at Druck angegeben.

Kraftstoffe, die in ihren Verbrennungsresten Wasser aufweisen, das entweder beigemischt oder bei der Verbrennung entstanden ist, haben einen oberen und einen unteren Heizwert. Praktische Bedeutung hat nur der untere Heizwert H_u, da das Wasser bei der Verbrennung im Motor nicht zur Arbeitsleistung herangezogen wird, sondern als hochüberhitzter Dampf im Auspuff entweicht.

Im Ausland wird stets der obere Heizwert angegeben. Die beiden Heizwertgrenzen liegen bei flüssigen Kraftstoffen etwa zwischen 4 und 7%.

Heizwerte.

Feste Stoffe	Heizwert	
	unterer H_u (kcal/kg)	oberer H_o (BThU/kg)
Gas — Steinkohle	7500...7800	13500...14000
Koks — Steinkohle	8000...8300	14400...14950
Anthrazit	8000...8500	14400...15300
Steinkohlen-Briketts	5000...8000	9000...14400
Koks	6700...7000	12000...12600
Braunkohle, ältere	5700...6600	10000...12000
Braunkohle, jüngere	1200...3000	2100... 5400
Braunkohlen-Briketts	3000...5000	5400... 9000
Torf	4900...5400	8900... 9800
Holz (Brennholz)	2500...4500	4500... 8100
Holzkohle	7600...8000	13700...14400

Flüssige Stoffe	Heizwert	
	unterer H_u (kcal/kg)	oberer H_o (BThU/kg)
Markenbenzin, alkoholfrei . . .	10400	18700
Benzol	9600	17000
Petroleum	10400	18700
Gasöl aus Erdöl	10000...10250	18000...18400
„ „ Braunkohle	9600... 9800	17200...17600
Braunkohlenteer	9700... 9900	17400...17800
Anthrazenöl	9100... 9200	16400...16600
Steinkohlenteeröl	8200... 9200	15000...16600
Heizöl	9700	17400
Spiritus	5700... 6300	10200...11400
Gasförmige Stoffe	(kcal/m³)	(BThU/cu. ft)
Leuchtgas (Mischgas)	4200... 5000	470...560
Stadt-(Norm)-Gas	3860... 4200	420...470
Kohlenoxyd	3000	340
Butan	28000	3200
Propan	22000	2500
Methan (Motoren)	7800...10000	880...1100
Ruhrgasol	22000	2500
Propan-Butan-Gemisch . . .	22000	2500
Äthylen	14300	1600
Ölgas	9000...11000	1000...1250
Generatorgas	1000... 1300	100... 150
Kraftgas	1100... 1200	120... 130
Holzgas	1030... 1250	115... 140
Holzkohlengas	1200... 1300	135... 145

Mechanisches Wärmeäquivalent. Wenn es möglich wäre, alle durch Verbrennung erzeugte Wärme ohne Verlust auszunützen und in mechanische Arbeit umzuwandeln, so könnte durch Verbrauch einer Wärmeeinheit ein Gewicht von 427 kg 1 m hoch gehoben werden. Es würden somit je kcal 427 mkg geleistet werden. Daraus ergibt sich:

$$1 \text{ kcal} = 427 \text{ mkg} \quad \text{oder} \quad 1 \text{ mkg} = \frac{1}{427} \text{ kcal.}$$

1 Pferdekraftstunde (PSh) $= 75 \cdot 3600 = 270000$ mkg $= 632$ kcal.

Wärmeausdehnung. Wärme dehnt die Körper aus. Die Ausdehnung erfolgt in Längs- und Querrichtung und auch räumlich.

Bei Kolben von Wärmekraftmaschinen wird dieser Ausdehnung dadurch Rechnung getragen, daß der Kolbendurchmesser etwas kleiner als der Zylinderdurchmesser gehalten wird. Die Differenz zwischen Zylinder- und Kolbendurchmesser wird gewöhnlich mit Kolbenspiel bezeichnet. Das Kolbenspiel ist je nach Durchmesser des Kolbens, der Bauart des Motors und dem Kolbenmaterial verschieden. Für Dieselmotoren kann durchschnittlich angenommen werden:

Graugußkolben 1 °/₀₀ und Leichtmetallkolben 1,8 °/₀₀ der Zylinderbohrung.

Beispiel: Der Kolbendurchmesser eines Dieselmotors mit Zylinderbohrung 320 mm Durchmesser soll bestimmt werden.

$$\text{Kolbenspiel} \quad = \frac{320 \cdot 1}{1000} = 0,32 \text{ mm; demnach}$$

Kolbendurchm. = 320 — 0,32 = 319,68 mm.

Da Kolben besonders in Nähe des Kolbenbodens einer größeren Erwärmung als am Kolbenschaft ausgesetzt sind, werden die Kolben oft ihrer ganzen Länge nach leicht konisch ausgeführt. Bei größeren Kolben beginnt die Konizität meist ab dritten Kolbenring und bleibt der übrige Kolbenschaft zylindrisch.

In der Gießereipraxis wird die Wärmeausdehnung durch Anfertigung der Modelle nach Schwindmaßstab berücksichtigt.

Längenausdehnung und Schwindmaße.

Werkstoff	Längenausdehnung für 100° Erwärmung	Schwindmaße	
		Bruchteil	%
Aluminium	0,0024	1 : 59	1.70
Bronze (i. Mittel) . .	0,0018	1 : 63	1,60
Eisen, Stahl.	0,0011	1 : 54	1,85
Gußeisen	0,0011	1 : 96	1,04
Kupfer	0,0016	1 : 56	1,80
Messing, Rotguß . . .	0,0019	1 : 63	1,60
Nickel	0,0013	1 : 53	1,89
Neusilber	0,0018	1 : 56	1,80
Zink	0,0017	1 : 63	1,60
Zinn	0,0034	1 : 128	0,78

Beispiele:

1. Ein eisernes Auspuffrohr von 5000 mm Länge dehnt sich bei 150° Erwärmung um

$$\frac{5000 \cdot 150 \cdot 0,0011}{100} = 8,25 \text{ mm.}$$

2. Die Modellänge zu einem Bronzeguß von 900 mm Länge müßte sein:

$$L = 900 \cdot \frac{63}{63-1} = 900 \cdot \frac{63}{62} \approx 914,4 \text{ mm.}$$

3. Würde der Abguß aus Gußeisen angefertigt werden, so müßte die Modellänge betragen:

$$L = 900 \cdot \frac{96}{95} \approx 909,4 \text{ mm.}$$

Arbeit und Leistung. Arbeit = Kraft × Kraftweg ($A = P \cdot s$) Man setzt P in kg, s in m ein und erhält A in mkg (Meterkilogramm).

Leistung = Arbeit (in mkg) in 1 Sekunde.

1 Pferdestärke (PS) = 75 mkg Arbeit in 1 Sekunde oder 75 mkg/s.

1 Großpferd (GP) = 102 mkg/s = 1 kWh (Kilowattstunde).

Leistungsmaße Gegenüberstellung s. Zahlentafel (S. 19.)

Vergleiche (Arbeitszeit durch 8 Stunden, dazwischen etwa 2 Stunden Pausen):

Mensch ohne Maschine . . . . . . 0,15 . . . 0,18 PS
 ,, an der Kurbel . . . . . . 0,1 . . . 0,12 ,,
Pferd ohne Maschine . . . . 0,8 . . . 0,9 ,,
Ochse ohne Maschine . . . . 0,5 . . . 0,7 ,,

Beispiele:

1. Ein Kran hebt in 14 Sekunden 2000 kg 5 m hoch. Wieviel PS entwickelt der Hubmotor, wenn die Reibungsverluste nicht berücksichtigt werden?

Arbeit in 14 Sekunden . . . . . 2000 · 5 mkg

Arbeit in 1 Sekunde . . . . . . $\dfrac{2000 \cdot 5}{14}$ mkg

Leistung in Pferdestärken . . . . $\dfrac{2000 \cdot 5}{14 \cdot 75} \approx 9{,}52$ PS.

2. Eine Pumpe fördert minutlich 500 l Wasser auf eine Förderhöhe (Druckhöhe + Saughöhe) von 10 m. Es ist der theoretische und praktische Kraftbedarf zu bestimmen.

Arbeit in 1 Sekunde . . . . . . $\dfrac{500 \cdot 10}{60}$ mkg/s

Kraftbedarf in Pferdestärken . . $\dfrac{500 \cdot 10}{60 \cdot 75} = 1{,}1$ PS

Für die Bestimmung des praktischen Kraftbedarfes müssen die Reibungsverluste durch den Wirkungsgrad berücksichtigt werden. Unter Annahme eines Wirkungsgrades von 0,7 (70%) wird der praktische Kraftbedarf

$$\frac{1{,}1}{0{,}7} \approx 1{,}57 \text{ PS}$$

Leistungsformeln.

Bedeuten: N = Leistung in PS,
   P = Kraft in kg,
   v = Geschwindigkeit in m/s,
   r = Radius in m,
   n = Umdrehungen in der Minute,
   π = 3,14,

so ergibt sich aus den Beziehungsgleichungen

$$\text{Leistung} = \frac{\text{Kraft} \times \text{Weg in 1 Sekunde}}{75}$$

$$\text{Leistung} = \frac{\text{Kraft} \times \text{Geschwindigkeit}}{75}$$

für geradlinige Bewegung

$$N = \frac{P \cdot v}{75}$$

für drehende Bewegung

$$N = \frac{P \cdot r \cdot \pi \cdot n}{75 \cdot 30}$$

$P \cdot r =$ Drehmoment (M_d) s. (S. 190.)

Beispiele:

1. 150 kg wurden mit einer Geschwindigkeit von 3 m/s geradlinig fortbewegt.
Die Leistung ist

$$N = \frac{P \cdot v}{75} = \frac{150 \cdot 3}{75} = 6 \text{ PS.}$$

2. Am Umfang einer Riemenscheibe mit Radius $r = 1$ m wirkt eine Kraft $P = 150$ kg. Die Scheibe dreht sich mit $n = 60$ Umdr. i. d. Min.
Die Leistung ist:

$$N = \frac{P \cdot r \cdot \pi \cdot n}{75 \cdot 30} = \frac{150 \cdot 1 \cdot 3,14 \cdot 60}{30 \cdot 75} = 12,56 \text{ PS.}$$

Mechanischer Wirkungsgrad. Die wirkliche Nutzleistung (N_e), die vom Schwungrad einer Maschine abgenommen wird, ist um die Reibungs- und Eigenwiderstände in der Maschine kleiner als die über den Kolben entwickelte und mittels Indikator festgestellte indizierte Leistung (N_i).

Das Verhältnis

$$\frac{\text{Nutzleistung}}{\text{durch indizierte Leistung}} = \frac{N_e}{N_i}$$

wird mit mechanischen Wirkungsgrad (η_m) bezeichnet.

Der mechanische Wirkungsgrad einer Kraftmaschine in % ist:

$$\frac{\text{Nutzleistung} \cdot 100}{\text{durch indizierte Leistung}} = \frac{N_e \cdot 100}{N_i}$$

Beispiel: Die mittels Indikator festgestellte indizierte Leistung eines Gasmotors war $N_i = 100$ PS. Die gleichzeitig mittels Bremse gemessene Leistung betrug $N_e = 80$ PS.

Der mechanische Wirkungsgrad der Maschine ist:

$$\eta_m = \frac{80 \cdot 100}{100} = 80^0/_0 \text{ oder } 0,8.$$

Wirtschaftlicher Wirkungsgrad. Der wirtschaftliche Wirkungsgrad η_w gibt an, wieviel von der der Maschine zugeführten Wärmemenge in nutzbringende Arbeit umgewandelt wird. Ist beispielsweise die pro PSh zugeführte Wärmemenge bekannt, so ist der wirtschaftliche Wirkungsgrad:

$$\eta_w = \frac{632}{\text{Wärmemenge pro PSh}}$$

Der Wert 632 entspricht der theoretisch notwendigen Wärmemenge je Pferdekraft und Stunde.

Beispiel: Dieselmotor verbraucht je PSh 170 g Gasöl. Heizwert des verwendeten Gasöles 10000 kcal/kg. Wie groß ist der wirtschaftliche Wirkungsgrad?

$$170\,\text{g Gasöl entsprechen} \frac{10000 \cdot 170}{1000} = 1700\,\text{kcal}$$

$$\eta_w = \frac{632}{1700} = 0,37 \text{ oder } 37\%.$$

Wirkungsgrade (Mittelwerte auf Höchstlast bezogen).

Kraftmaschine	Wirtschaftl. Wirkungsgrad $\eta_w \%$	Mechanischer Wirkungsgrad $\eta_m \%$
Dieselmotoren	≈ 35	83...86
Glühkopfmotoren.	≈ 25	74...80
Ottomotoren.	≈ 23	70...80
Kleine Gasmotoren ($\varepsilon = 12$) . . .	≈ 30	70...80
Großgasmaschine.	≈ 25	80...85
Dampfturbine	≈ 20	85...95
Hochdr.-Dampfmaschine.	≈ 16	88...90

Wärmeverteilung bei Dieselmotoren.

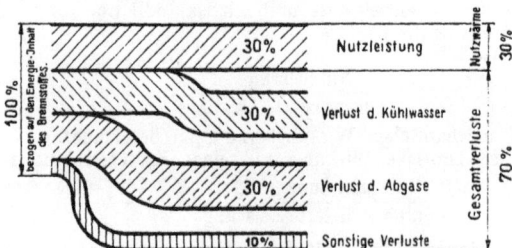

1. Dieselmotor ohne Abwärmeverwertung.

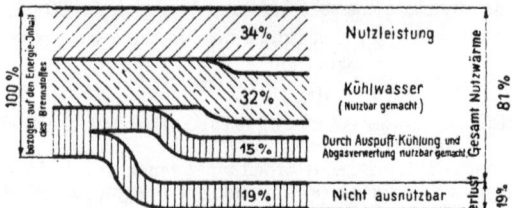

2. Großdieselmaschine mit Abwärmeverwertung.
(Erzeugung von Warmwasser).
Bild 1.

Hubraum, Hubvolumen. Unter Hubvolumen versteht man den Zylinderraum, welchen der Kolben von einer Totlage zu anderen durcheilt. Das nutzbare Hubvolumen ist das für die Arbeitsleistung (bei Verbrennungskraftmaschinen für den Ausdehnungshub) in Betracht kommende Hubvolumen. Bei Zweitaktmotoren beginnt das nutzbare Hubvolumen erst ab oberster Kante des Auspuffschlitzes. Bei Viertaktmotoren ist das gesamte Hubvolumen als nutzbares Hubvolumen zu bezeichnen.

Lieferungsgrad (Volumetrischer Wirkungsgrad). Verdichter (Kompressoren) und Pumpen saugen weniger an als ihrem Hubraume entspricht. Das Verhältnis der wirklichen angesaugten Menge zum Hubraume bezeichnet man mit Lieferungsgrad (η_L) oder volumetrischer Wirkungsgrad (η_v).

Die Größe des Lieferungsgrades ist vom schädlichen Raum, Dichtigkeit des Kolbens, der Kolbenringe und Ventile abhängig.

Beispiel: Eine Kolbenpumpe hat ein Hubvolumen von 1,2 l. Die wirkliche Förderung pro Hub ist nur 1 l. Der Lieferungsgrad ist demnach:

$$\eta_L = \frac{1}{1,2} = 0,8 \text{ oder } 80^0/_0.$$

Es haben durchschnittlich:

Wasserpumpen $\eta_L = 0,8...0,9$
Verdichter und Gebläse $\eta_L = 0,8...0,9$

Verdichtungsverhältnis oder Verdichtungsgrad (ε) ist der Quotient aus dem Verhältnis:

$$\varepsilon = \frac{\text{Hubvolumen} + \text{Verdichtungsraum}}{\text{geteilt durch Verdichtungsraum}} = \frac{V_h + V_c}{V_c} \quad . \quad . \text{(1)}$$

$$\varepsilon - 1 = \frac{V_h}{V_c} \quad . \quad . \quad . \quad . \quad . \quad . \quad . \quad . \text{(2)}$$

Beispiel: Ein Motorzylinder hat ein Hubvolumen $V_h = 1,6$ l. Der Inhalt des Verdichtungsraumes ist $V_c = 0,40$ l.

a) Wie groß ist das Verdichtungsverhältnis ε?

b) Wie groß soll der Verdichtungsraum werden, um ein Verdichtungsverhältnis von $\varepsilon = 1:8$ zu erhalten?

Zu a) Aus Formel (1) ist:

$$\varepsilon = \frac{1,6 + 0,40}{0,40} = 5 \text{ oder } 1:5.$$

Zu b) Aus Formel (2) ist

$$V_c = \frac{V_h}{\varepsilon - 1} \; ; \text{ somit bei } \varepsilon = 1:8$$

$$V_c = \frac{1,6}{8 - 1} = 0,229 \; l.$$

Höchstzulässiges Verdichtungsverhältnis.

Kraftstoff	ε	Kraftstoff	ε
Leichtbenzin	6,0	Holzgas	9—10
Petroleum	6,0	Leuchtgas	9—10
Schlepperkraftstoff . .	6,0	Spiritus	12
Markengemisch	6,5	Propan	12
Benzol	6,5	Gasöl	22

Verdichtung (Kompression). Zur besseren Kraftstoffausnützung wird im Verbrennungsmotor die Zylinderladung vor der Verbrennung verdichtet. Bei Dieselmotoren wird die Verdichtung so hoch getrieben, bis die für die Entzündung des eingespritzten Kraftstoffes notwendige Entzündungstemperatur erreicht wird (Hochdruckmotoren).

Dieselmotoren haben Verdichtungsdrücke von 23 bis 44 kg/cm². Gewöhnlich liegt der Verdichtungsdruck bei etwa 30 bis 36 kg/cm². Bei kleineren Motoren werden — wegen des leichteren Anlassens — höhere Verdichtungsdrücke als für große Maschinen gewählt, weil bei kleinen Motoren die abkühlende Oberfläche im Verhältnis zum Verdichtungsraum-Inhalt größer ist und so der Verdichtungsluft mehr Wärme entzogen wird. Bei Ottomotoren (Motoren mit Fremdzündung) ist mit Rücksicht auf die unerwünschte Selbstzündung die Höhe der Verdichtung den verwendeten Kraftstoffen angepaßt.

Bezüglich der Höhe des Verdichtungsdruckes kann unter gewissen Voraussetzungen gesagt werden, daß je höher der Verdichtungsdruck, desto besser die Leistung und die Wirtschaftlichkeit des Motors ist.

Verdichtungsverhältnis, Verdichtungsdruck und Verdichtungstemperatur.

Motorbauart bzw. Höchstwerte für Betrieb mit	$\varepsilon =$	Verdichtungsdruck kg/cm²	Verdichtungsendtemperatur °C	Zünddruck kg/cm²
Dieselmotoren . .	1:14 bis 1:19	$\approx 23 \div 44$	500—650	≈ 40—60
Glühkopfmotoren	1: 8 ÷ 1: 9	$\approx 14 \div 18$	350—400	≈ 30—35
Ottomotoren . .	1: 4 ÷ 1: 6	$\approx 6 \div 10$	≈ 300	≈ 30—40
Butan, Propan .	1:10 ÷ 1:12	$\approx 20 \div 24$	≈ 500	≈ 40
Methan	1:12	$\approx 19 \div 23$	≈ 450	≈ 40
Stadtgas, Kokereigas, Generatorgas	1: 8 ÷ 1:10	$\approx 14 \div 18$	≈ 450	≈ 35

Verdichtungs-Enddruck und Endtemperatur.

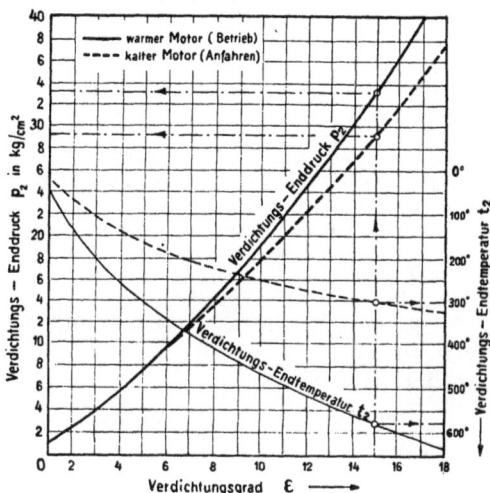

Bild 2.

Annahmen: Annahmen zu Tafel Bild 2.

Anfangsdruck $p_1 = 0,85$ (1,0) kg/cm²,
Anfangstemp. $t_1 = 60^0$ (20⁰),
Beiwert der Zustandsänder. $v = 1,35$ (1,25).
Die eingeklammerten Werte gelten für den kalten Motor.

Beispiel:

Für einen Dieselmotor mit einem Verdichtungsverhältnis $\varepsilon = 15$ sind aus Bild 2 Enddruck und Endtemperatur zu bestimmen. Bei Verfolgung der gestrichelten senkrechten und wagrechten Linie, kann bestimmt werden:

Enddruck $p_2 = 33,2$ (29,1) kg/cm²
Endtemp. $t_e = 580^0$ (300⁰) C.

Druck. Die Einheit des Druckes eines Gases oder einer Flüssigkeit ist die metrische Atmosphäre (at) 1 at entspricht dem Drucke von 1 kg auf den cm².

1 at $= 1$ kg/cm² $= 735,6$ mm Quecksilbersäule (QS) oder 10 000 mm Wassersäule (WS).

Mittlerer indizierter Druck (p_i). Da der während eines Arbeitshubes auf den Kolben wirkende Druck mit fortschreitender Bewegung des Kolbens abnimmt, also seine Größen ändert, denkt man sich für die Ermittlung der geleisteten Arbeit einen mittleren, während des ganzen Kolbenweges gleichbleibenden Druck, der die gleiche Arbeit wie der tatsächliche Druck leisten würde.

Der aus der Diagrammfläche errechnete mittlere Druck p_i ist ein gedachter in der Länge des Arbeitsweges gleichbleibender Druck.

Mittlerer effektiver Druck (p_e). Für den mittleren effektiven Druck oder mittleren Arbeitsdruck gilt die gleiche Vorstellung wie für den mittleren indizierten Druck, nur wird er nicht aus der Diagrammfläche, sondern aus der tatsächlich an der Maschinenwelle abgegebenen Leistung errechnet. Seine Größe ist ein Maßstab für die je Hubvolumen abgegebene Leistung. Bei gleichem Hubvolumen ist die Leistung derjenigen Maschine höher, deren mittlerer Druck höher ist.

Bedeuten: N_e = Motorleistung in PS,

d = Zylinderdurchmesser in cm,

s = Hub in m,

n = Motordrehzahl in der Minute,

i = Anzahl der Zylinder,

p_e = mittlerer Arbeitsdruck in kg/cm², dann ist

Mittlerer Druck:

für Viertaktmotoren

$$p_e = 11\,500 \cdot \frac{N_e}{s \cdot d^2 \cdot n \cdot i}\,\text{kg/cm}_2, \quad \ldots \ldots (1)$$

für Zweitaktmotoren

$$p_e = 5750 \cdot \frac{N_e}{s \cdot d^2 \cdot n \cdot i}\,\text{kg/cm}^2 \quad \ldots \ldots (2)$$

Effektive Motorleistung:

für Viertaktmotoren

$$N_e = \frac{\pi \cdot s \cdot d^2 \cdot p_e \cdot i \cdot n}{4 \cdot 9000}\,\text{PS}_e \quad \ldots \ldots (3)$$

für Zweitaktmotoren

$$N_e = \frac{\pi \cdot s \cdot d^2 \cdot p_e \cdot i \cdot n}{4 \cdot 4500}\,\text{PS}_e \quad \ldots \ldots (4)$$

Beispiele:

1. Ein Viertakt-Dieselmotor hat

Bremsleistung . . . . 60 PS

Zyl.-Bohrung . . . . 110 mm

Hub . . . . 130 mm

Drehzahl . . . . 2000 Umdr./min

Anzahl d. Zyl. 4

Wie groß ist der mittlere Arbeitsdruck?

Aus Formel (1) ist

$$p_m = 11\,500 \cdot \frac{60}{0{,}13 \cdot 11^2 \cdot 2000 \cdot 4} = 5{,}5\,\text{kg/cm}^2.$$

2. Ein Zweitaktmotor hat

Zyl.-Bohrung . . . . 100 mm

Hub . . . . 130 mm

Mittl. Arbeitsdr. . . . . . . 2,5 kg/cm²

Drehzahl . . . . 2000 Umdr./min

Anzahl d. Zyl. 2

Wie groß ist die Motorleistung?

Aus Formel (4) ist

$$N_e = \frac{3,14 \cdot 0,13 \cdot 10^2 \cdot 2,5 \cdot 2 \cdot 2000}{4 \cdot 4500} = 22,1 \text{ PS.}$$

Mittlerer Arbeitsdruck p_e.

Motorbauart	Mittl. Arbeitsdruck in kg/cm²	Motorbauart	Mittl. Arbeitsdruck in kg/cm²
Dieselmotoren		Ottomotoren	
Viertakt ortsfeste . .	5...6,3	Personenwagen . .	5...6
Zweitakt ortsfeste .	2,5...4	Lastwagen	3...7
Lastwagen	5...7	Flugzeuge.	7...9,5
Flugzeugmotoren .	6...7	Gasmotoren	
Ottomotoren		Ortsfeste	4...5
Krafträder Viertakt	5...7	mit Flüssiggas. . .	6...9
Krafträder Zweitakt	2,5...4	mit Holzgas. . . .	3,5...4,5

II. Der Dieselmotor und seine Behandlung.

1. Aufbau der Dieselmotoren.

Der deutsche Ingenieur Rudolf Diesel meldete im Jahre 1892 sein erstes Patent auf eine Wärmekraftmaschine an, welche sich von den bisher gebauten Gas- und Leichtkraftstoffmotoren dadurch unterschied, daß sie eine Verbrennung flüssiger Kraftstoffe ohne zusätzliche Zündmittel ermöglichen sollte. Wichtig an der neuen Maschine war auch, daß für ihren Betrieb ein außerordentlich billiger Treibstoff mit einem Wirkungsgrad in Kraft umgesetzt wurde, an den bisher keine andere Wärmekraftmaschine herankommen konnte.

Die Firmen Friedrich Krupp in Essen und Maschinenfabrik Augsburg nahmen die Verwirklichung des von Diesel vorgeschlagenen Arbeitsverfahrens auf geschäftlicher Grundlage auf und brachten nach längerer Entwicklungszeit 1897 den ersten Dieselmotor auf den Markt.

Dieser Motor war ein Einzylindermotor von 20 PS Leistung bei 172 Umdr./min und hatte eine Höhe von etwa 3 m. Als Betriebsstoff wurde Petroleum verwendet.

Seither wurde die Dieselmaschine immer weiter entwickelt, so daß sie heute, als kompressorloser Dieselmotor, hinsichtlich der Umwandlung von Kraftstoffwärme in Nutzwärme, die vollkommenste Wärmekraftmaschine darstellt.

Beim Dieselmotor findet im Gegensatz zum Vergasermotor (Ottomotor) die Gemischbildung innerhalb der Maschine statt. Es wird also kein Gasgemisch angesaugt, sondern nur reine atmosphärische Luft, welche hoch verdichtet wird. Der Verdichtungsdruck liegt je nach Fabrikat zwischen 23 und 44 at. Kurz vor Ende der Verdichtung beginnt die Einspritzung des Kraftstoffes, dessen Förderung eine Einspritzpumpe besorgt. Die verdichtete Luft hat eine Temperatur von etwa 600°, und diese Wärme genügt, um den fein zerstäubten Kraftstoff ohne Anwendung von fremden Zündmitteln zur sicheren Verbrennung zu bringen. Die für den Verbrennungsvorgang notwendige Frischluft wird entweder durch die Maschine selbst angesaugt, oder bei Maschinen mit Fremdspülung (Gebläse- oder Überladermaschinen), durch eigene Hilfsmittel in den Zylinder gedrückt. Die Einspritzpumpe steht unter Reglereinfluß und fördert in den Brennraum des Arbeitszylinders nur diejenige Kraftstoffmenge, die gerade für die Leistung des Motors erforderlich ist.

Dieselmotor mit Kompressor. Diesel wandte zur feinen Zerstäubung des Kraftstoffes Preßluft an, und zwar so, daß die mittels eines Kompressors erzeugte Preßluft von 50 bis 70 at Druck gleichzeitig mit dem Kraftstoff in den Brennraum geblasen wurde. Dieses Verfahren war naturgemäß umständlich, weil für den Einspritzvorgang eine eigene Hilfsmaschine (Kompressor samt Einblaseluftflasche) notwendig wurde, und außerdem ein bedeutender Aufwand an Kraft erforderlich war.

Kompressorlose Dieselmotoren. Die gute Durchwirbelung des eingespritzten Kraftstoffes ohne Einblaseluft bereitete lange Zeit Schwierigkeiten. Erst durch Verbesserung der empfindlichen Einspritzpumpe und Düse sowie durch eine entsprechende Gestaltung des Verbrennungsraumes wurde es möglich, vom Lufteinblaseverfahren abzugehen und mit luftloser Einspritzung zu arbeiten.

Bei der luftlosen Einspritzung erfolgt die feine Zerstäubung des Kraftstoffes rein mechanisch, und zwar nach verschiedenen Verfahren. Die Vorteile dieser Art der Einspritzung sind einfachere Bedienung, sicherere Zündung auch bei niederen Drehzahlen, größere Überlastbarkeit der Maschine und schließlich auch größere Wirtschaftlichkeit. Dieselmaschinen mit Einblaseluft werden nicht mehr gebaut.

Einteilung der Dieselmotoren. Die Einteilung der Dieselmotoren erfolgt im wesentlichen:

Nach dem Arbeitsverfahren in Viertakt- und Zweitaktmotoren,

nach der Gestaltung des Verbrennungsraumes in Motoren mit Strahleinspritzung, Vorkammer, Luftspeicher, Wirbelkammer und Motoren mit Verdränger,

nach Art der Luftbeschaffung in Motoren mit Eigen- und Fremdspülung.

Takt. Unter Takt versteht man den Kolben bzw. Kurbelweg von einer Totlage in die andere. Totlage oder Totpunkt ist diejenige Kolben- oder Kurbelstellung, ab welcher eine Umkehrung der Bewegungsrichtung erfolgt. Beim Viertaktmotor findet während vier Takte, d h. während zwei Umdrehungen eine Arbeitsleistung statt. Beim Zweitaktmotor erfolgt die Arbeitsleistung bei jeder Umdrehung.

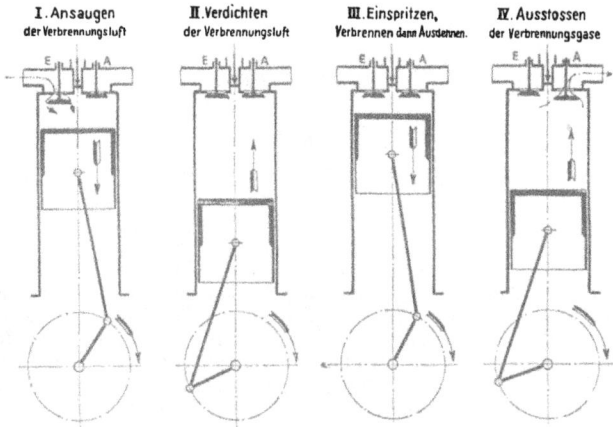

| I. Ansaugen | II. Verdichten | III. Einspritzen, | IV. Ausstossen |
| der Verbrennungsluft | der Verbrennungsluft | Verbrennen dann Ausdennen. | der Verbrennungsgase |

Bild 3.

Viertaktverfahren. Bild 3 veranschaulicht den Arbeitsvorgang beim Viertaktverfahren, und zwar:

I. Takt. Kolbenrückgang (Saughub). Beim Zurückgehen des Kolbens wird durch das geöffnete Einlaßventil E reine atmosphärische Luft angesaugt. Während dieser Zeit ist das Auslaßventil und das Brennstoffventil (Einspritzdüse) geschlossen.

II. Takt. Kolbenhingang (Verdichtungshub). Der vorgehende Kolben verdichtet die angesaugte Luft (durchschnittlich auf 32 bis 36 at), wobei die Temperatur der verdichteten Luft etwa 600° erreicht. Kurz vor Ende der Verdichtung spritzt die Einspritzpumpe feinzerstäubten Kraftstoff durch eine Düse in den Brennraum.

III. Takt. Kolbenrückgang (Arbeitshub). Der eingespritzte Kraftstoff entzündet sich in der hohen Verdichtungstemperatur und verbrennt. Durch den entstehenden Gasdruck wird der Kolben zurückgetrieben und es wird Arbeit geleistet.

IV. Takt. Kolbenhingang (Ausstoßhub). Kurz vor dem unteren Totpunkt öffnet sich das Auslaßventil A und der vorwärtsgehende Kolben schiebt die Verbrennungsgase in die Auspuffabführung. Beim nächsten Hub öffnet sich das Einlaßventil E und es wird wieder frische Luft angesaugt.

Das Viertaktdiagramm. Den Druckverlauf im Zylinder einer kompressorlosen Viertakt-Dieselmaschine zeigt das Druckdiagramm Bild 4.

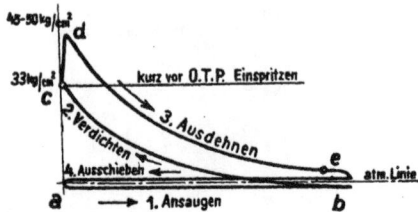

Bild 4. Diagramm eines kompressorlosen Viertakt-Dieselmotors.

Aufbau des Viertaktmotors. Viertaktmotoren haben für Einlaß und Auslaß meist je ein über Stoßstangen durch Nocken gesteuertes Ventil (Bild 5). Die Nocken sitzen auf einer Welle, der Nockenwelle, welche mit der halben Drehzahl der Kurbelwelle und von derselben angetrieben wird. Den für die Verbrennung bestimmten Kraftstoff fördert eine von der Nockenwelle angetriebene Einspritzpumpe und drückt diesen im geeigneten Zeitpunkt durch die Düse in den Brennraum. Die Menge des zur Einspritzung gelangenden Kraftstoffes wird durch einen Regler, welcher die Pumpe beeinflußt, geregelt. Die

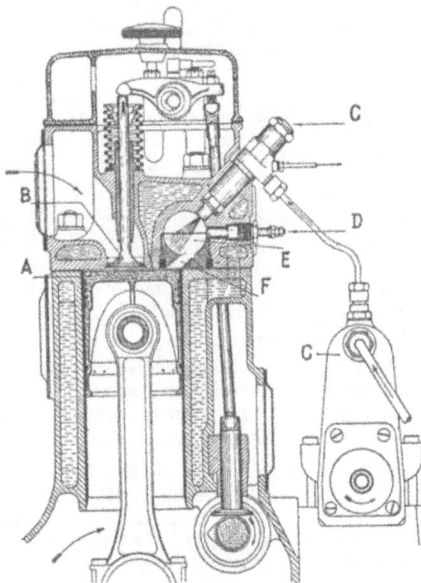

Bild 5.

A Kolben, B Einlaßventil, C Einspritzventil, D Hilfszündung, EF Verbrennungsraum, G Einspritzpumpe.

54

Schmierung des Motors erfolgt fast immer durch Preßschmierung, bei welcher das Schmieröl durch eine Umlaufpumpe aus einem Sammelbehälter gesaugt und zu den einzelnen Schmierstellen gedrückt wird. Von hier aus fließt das Öl wieder in den Sammelbehälter, von wo es neuerlich angesaugt wird.

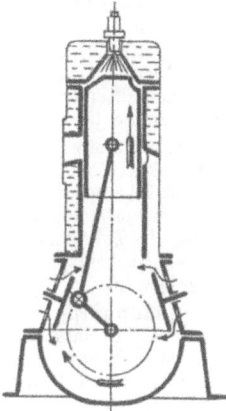

Verdichten und Einspritzen
Saugen der Spülpumpe

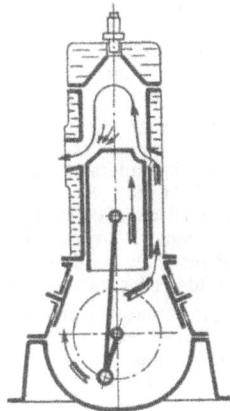

Auspuffen
Spülen und Füllen.

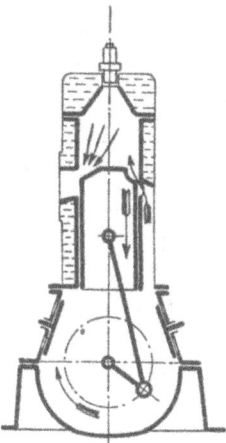

Auspuffen
und Spülbeginn

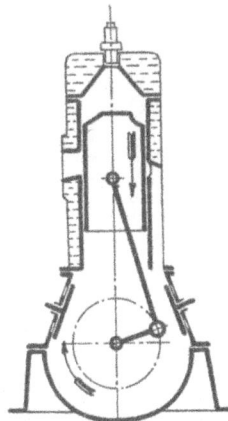

Ausdehnen
Drücken der Spülpumpe

Bild 6.

Zweitaktverfahren. Beim Zweitaktverfahren erfolgt während des ersten Taktes die Spülung und Verdichtung und während des zweiten die Arbeitsleistung, so daß bei jeder Umdrehung ein Arbeitshub vorkommt. Bild 6 veranschaulicht die Wirkungsweise eines Zweitaktmotors mit Kurbelkastenladepumpe.

Das Zweitaktdiagramm. Der Druckverlauf im Zylinder einer kompressorlosen Zweitakt-Dieselmaschine gleicht im wesentlichen dem der Viertaktmaschine, nur beginnt das Auspuffen früher. Bei Zweitaktdiagrammen ist das Fehlen der bei Viertaktdiagrammen aufscheinenden Ansauge- und Ausstoßhübe charakteristisch, weil bei jeder Umdrehung ein Arbeitshub erfolgt. (Bild 8 links unten.)

Aufbau des Zweitaktmotors. Zweitaktmotoren haben (abgesehen von besonderen Bauarten) gewöhnlich kein Einlaß- und Auslaßventil, sondern sind ventillos. Ein- und Auslaß befinden sich in Form von Schlitzen ungefähr in Mitte des Zylinders und werden durch den Kolben gesteuert. Zur Spülung bzw. Füllung des Zylinders mit Frischluft wird entweder der eigene Kurbelkasten als Kurbelkastenladepumpe durchgebildet oder es wird Fremdspülung benützt.

Zweitaktmotor mit Kurbelkastenladepumpe. Bild 7 zeigt das Schnittbild eines Zweitakt-Dieselmotors mit einfacher Kurbelkastenladepumpe. Die Bauart ist so durchgebildet, daß, während sich der Verbrennungsvorgang oberhalb des Kolbens abwickelt, die Kolben-

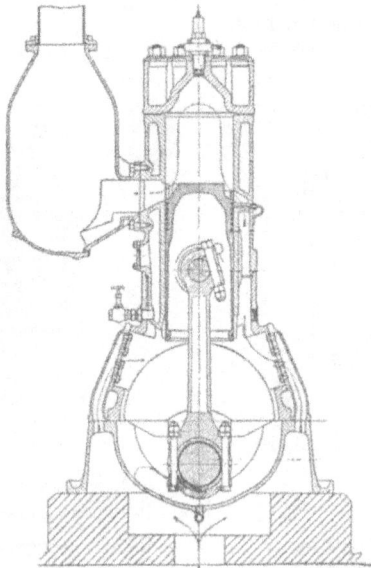

Bild 7. Zweitakt-Dieselmotor mit Kurbelkastenladepumpe.

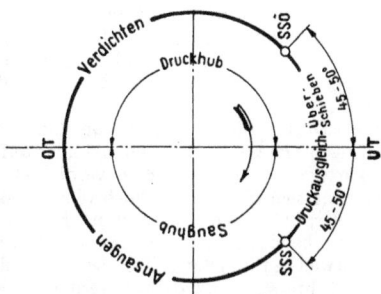

Arbeitsverlauf im Zylinder

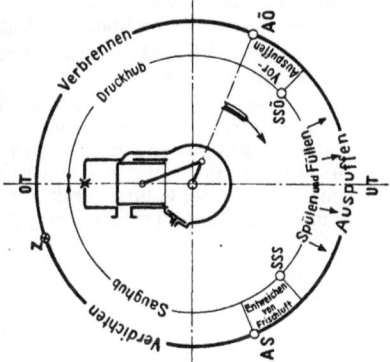

Arbeitsverlauf im Zylinder und Kurbelkasten.

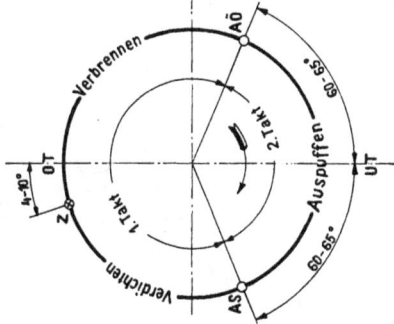

Arbeitsverlauf im Kurbelkasten.

Druckverlauf im Zylinder

Druckverlauf im Kurbelkasten

Zündzeitpunkt   Z
Auspuff öffnen   AÖ
  „   schliessen   AS
Spülschlitz öffnen   SSÖ
  „   schliessen   SSS
Oberer Totpunkt   OT
Unterer Totpunkt   UT

Bild 8. Steuerschema eines Zweitaktmotors mit Kurbelkastenladepumpe.

unterseite als Spül- und Ladepumpe arbeitet und den Verbrennungsraum selbsttätig mit Frischluft versorgt. Die Wirkungsweise ist folgende:

Kolbenunterseite. Beim Aufwärtsgang des Kolbens wird durch federnde Klappen hindurch Luft in den Kurbelraum gesaugt, darauf beim Abwärtsgang des Kolbens auf etwa 0,3 at verdichtet und durch freigegebene Schlitze in den Zylinder auf die Kolbenoberseite gedrückt.

Kolbenoberseite. Dort spült diese Luft die vom letzten Verbrennungsprozeß übrigen Gase aus, füllt den Zylinder auf und wird beim Kolbenaufwärtsgang auf etwa 33 at verdichtet. Bei dieser Verdichtung erwärmt sich die Luft so hoch (550 bis 600°), daß oben eingespritzter Kraftstoff zur Entzündung kommt und der Kolben durch den entstehenden Druck abwärts getrieben wird. Die Verbrennungsgase entweichen im letzten Teil des Hubes durch Schlitze in die Auspuffabführung. Kurz darauf werden auch die Spülschlitze aus dem Kurbelkasten geöffnet. Dort hat sich gleichzeitig das frühere Arbeitsspiel wiederholt, die vorverdichtete Luft spült den Rest der Gase aus und das nächste Zweitaktspiel beginnt.

Die Steuerung. Mit Steuerung bezeichnet man alle Organe, welche den zeitlichen Arbeitsverlauf im Motor regeln.

Bild 9 zeigt das Steuerschema eines kompressorlosen Viertaktmotors. Die angeführten Winkelgrade sind naturgemäß nur Durchschnittswerte, da die Einstellung eines Motors von verschiedenen Faktoren wie Drehzahl, Art des verwendeten Kraftstoffes u. a. abhängig ist. Die jeweils günstigste Einstellung wird in der Fabrik durch Versuche festgestellt und den Motoren meist ein Einstellprotokoll beigegeben.

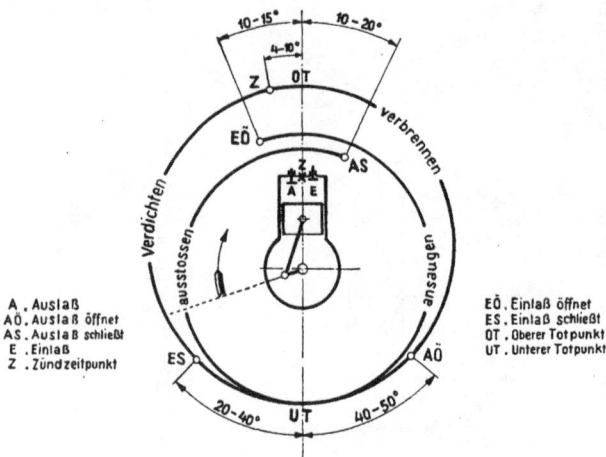

A . Auslaß
AÖ . Auslaß öffnet
AS . Auslaß schließt
E . Einlaß
Z . Zündzeitpunkt

EÖ . Einlaß öffnet
ES . Einlaß schließt
OT . Oberer Totpunkt
UT . Unterer Totpunkt

Bild 9. Steuerschema des Viertaktmotors.

In Bild 8 ist das Steuerschema eines kompressorlosen Zweitakt-Dieselmotors mit Kurbelkastenladepumpe wiedergegeben. Im Schema fällt auf, daß nach Schließen des Spülschlitzes, der Auspuffschlitz noch einige Zeit offen bleibt. Dadurch schiebt der aufwärtsgehende Kolben einen Teil der bereits im Zylinder vorhandenen Frischluft durch den Auspuffschlitz aus. Diese nachteilige Erscheinung ist durch das notwendige frühere Öffnen des Auspuffes für den Spülvorgang bedingt und wird wegen der Einfachheit des Aufbaues der gesamten Maschine mit in Kauf genommen.

Motoren mit Fremdspülung. Verbrennungsmotoren mit Eigenspülung haben für den Verbrennungsvorgang nur soviel Luft zur Verfügung, als der Kolben vermöge seines Durchmessers und Hubes (Hubvolumen) anzusaugen vermag. Selbst diese Luftmenge gelangt nicht zur Gänze in den Motor, sondern nur ein Teil derselben. Diese Verringerung ist durch das sog. Schluckvermögen (Ansaugewirkungsgrad des Motors) bedingt und in der Hauptsache von der Schnelläufigkeit und der Ventilanordnung abhängig. So beträgt beispielsweise das Schluckvermögen bei langsamlaufenden Motoren etwa 85% und sinkt je nach Schnelläufigkeit des Motors bis etwa 70% des Hubvolumens. Die so begrenzte Luftmenge kann daher nur zur einwandfreien Verbrennung einer ebenfalls begrenzten Brennstoffmenge reichen, so daß auch die Leistung pro Arbeitshub und daher auch der mittlere Arbeitsdruck ein gewisses Höchstmaß nicht überschreiten kann.

Ordnet man aber Einrichtungen an (Gebläse, Ladepumpe u. a.), welche unabhängig vom Hubvolumen jede gewünschte Menge Luft in den Zylinder befördern, so ist es möglich, die Frischluftladung zu ver-

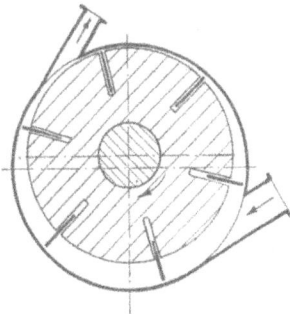

Bild 10. Schema eines Drehkolbenverdichters.

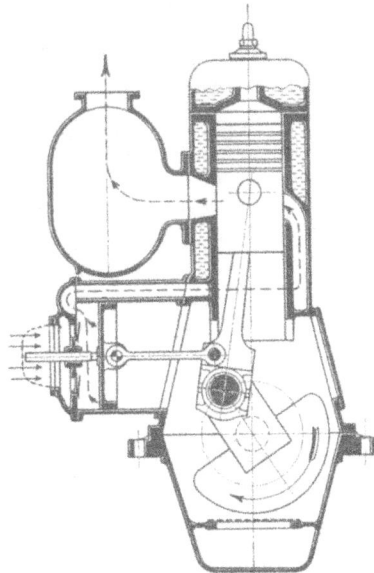

Bild 11. Schema einer Kolben-Spülpumpe.

größern und so die Motorleistung ohne Drehzahlerhöhung zu steigern. Bei Anwendung eines Überladers erfolgt nicht nur eine Leistungs-
steigerung, sondern oft auch eine Verringerung des spez. Verbrauches
(Verbrauch pro Leistungseinheit).

Mit Überlader ausgestattete Motoren bezeichnet man gewöhnlich
auch mit Gebläsemaschinen.

Für Dieselmotoren werden als Überlader besondere Kolbenspül-
pumpen oder schnellaufende Kreiselgebläse angewandt. Bild 12 zeigt
das Schema eines Rootsgebläses. Bei Klein-Dieselmaschinen bevorzugt man auch oft Drehkolbenverdichter nach Bild 10.

Mittels Überlader kann die Motorleistung bei Viertakt-Dieselmotoren um etwa 25%, bei Zweitaktmotoren um etwa 50% gesteigert
werden.

Als Gebläsemotoren baut man vorwiegend Zweitaktmotoren, weil
bei diesen die Überladung die Möglichkeit schafft, die Vorteile des
Zweitakt-Verfahrens auszunützen ohne aber dessen bisherige Nachteile
in Kauf nehmen zu müssen.

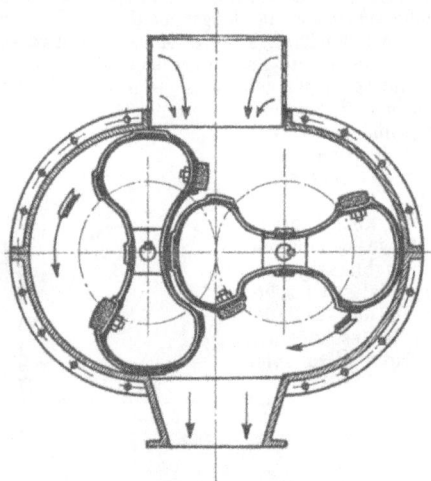

Bild 12. Rootsgebläse.

Auch beim Gebläsemotor kann wie beim gewöhnlichen Zweitaktmotor die Steuerung der Ein- und Auslaßschlitze durch den Kolben
erfolgen.

Um aber den Nachteil des Entweichens von Frischluft durch die
Auspuffschlitze zu vermeiden, ersetzt man sehr oft den Einlaßschlitz
durch ein gesteuertes Einlaßventil oder man ordnet den Einlaßschlitz
etwa höher als den Auslaßschlitz an und schaltet vor dem Einlaßschlitz einen Steuerschieber.

Aus Bild 13 ist der Ladevorgang einer Maschine mit Steuerschieber
zu ersehen:

60

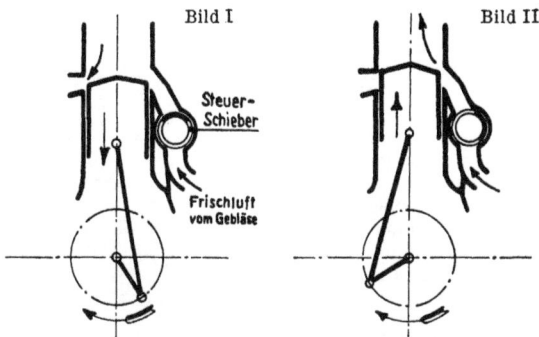

Bild I   Bild II

Steuer-
Schieber

Frischluft
vom Gebläse

Bild 13.

Bild I zeigt den Kolben beim Abwärtsgang. Man sieht, daß der
Einlaßschlitz schon vor dem Auslaßschlitz freigegeben wird. Die
ersten Auspuffgase würden durch den Einlaßschlitz entweichen, wenn
sie nicht durch den Steuerschieber gehindert würden. Der Steuerschieber hält den Einlaßkanal so lange geschlossen, bis der Kolben die
Auslaßschlitze geöffnet hat und die Auspuffgase bereits durch dieselben
entweichen.

Bild II zeigt den Kolben beim Abwärtsgang. Da der Auspuffschlitz
früher geschlossen wird als der Einlaßschlitz, erfolgt eine Nachladung
mit Frischluft.

2. Einspritzverfahren und Gestaltung des Brennraumes.

Strahleinspritzung (direkte Druckeinspritzung). Bei Strahleinspritzmaschinen wird der Kraftstoff direkt in den Brennraum des
Arbeitszylinders eingespritzt. Da bei dem einfach gestalteten Brennraum keine große Luftwirbelung auftritt, muß die entsprechend feine
Verteilung des Kraftstoffes durch die Einspritzdüse erfolgen. Dies
geschieht dadurch, daß der Kraftstoff mit sehr hohem Druck (bis zu
300 at) und großer Geschwindigkeit eingespritzt wird. Um dies zu
erreichen, erhält die Düse meist mehrere Bohrungen von sehr kleinem
Durchmesser (0,2 bis 0,4 mm).

Damit der Kraftstoff während der Einspritzung nicht an die
Zylinderwandung gelangt, wird der Kolbenboden entweder mulden-
förmig ausgebildet oder er erhält einen vorstehenden Rand. Beim
Saurer-Dieselmotor (Bild 14) ist der Brennraum direkt in den Kolbenboden verlegt.

Obwohl die direkte Druckeinspritzung verschiedene Vorteile, wie
einfachen Brennraum, leichtes Anspringen des Motors u. a. bringt,
so wird es doch als nachteilig empfunden, daß an Pumpe und Düse,
wegen des erforderlich hohen Einspritzdruckes, große Anforderungen
gestellt werden. Auch der Gang der Strahleneinspritzmaschinen ist
gegenüber anderen Maschinen meist etwas härter.

61

Vorkammermaschine.
Beim Vorkammerverfahren
wird der Kraftstoff nicht
direkt in den Verbrennungsraum gebracht, sondern wie
aus Bild 21 ersichtlich. in eine
diesem Raume vorgelagerte
Kammer (Vorkammer) ge-
spritzt. Die Vorkammer steht
mit dem Verbrennungsraum
durch mehrere Bohrungen von
2 bis 5 mm in Verbindung.

Ein Teil der durch den
Arbeitskolben verdichteten
Luft wird durch die Bohrungen
in die Vorkammer gedrängt,
in welche der Kraftstoff mit
einem Druck von 60 bis 80 at
gespritzt wird. Die in der Vorkammer befindliche, hochverdichtete und erhitzte Luft
bringt, da nur in geringer
Menge vorhanden, einen Teil
des Kraftstoffes zur Verbrennung. Durch den hierbei entstandenen Druckanstieg wird
der übrige in der Kammer
befindliche Kraftstoff mit
großer Gewalt in den Haupt-

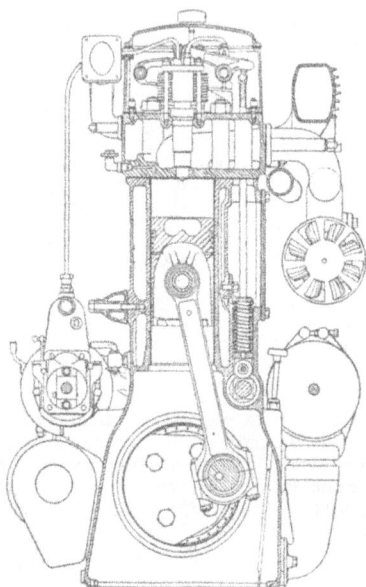

Bild 14. Strahleinspritzung mit Brennraum im Kolben, Bauart Saurer.

brennraum getrieben, mischt sich dort innig mit Luft und verbrennt
vollständig.

Gegenüber dem Strahleinspritzverfahren ermöglichen Vorkammer-
und ähnliche Verfahren auch die Verbrennung minderwertiger Treiböle, da die Einspritzdüsen-Bohrungen ziemlich groß gehalten werden
können.

Während aber Maschinen mit Strahleinstritzung noch bei sehr
niedriger Verdichtung ohne Hilfsmittel zünden und anspringen, erfordert das Anlassen besonders kleiner Vorkammermaschinen Zündmittel, wie Glimmpapier oder elektrische Glühkerzen. Dies ist nötig,
weil durch die Vorkammer nicht nur die abkühlende Fläche vergrößert
wird, sondern auch die Verdichtung in der Vorkammer nicht so rasch
ansteigt wie im Zylinder.

Größere Vorkammermaschinen erhalten gewöhnlich eine Hilfs-
düse, die durch Umgehung der Vorkammer den Kraftstoff direkt in
den Verbrennungsraum einspritzt. Mit dieser Einrichtung kann auch
die kalte Maschine mit Sicherheit angelassen werden. Bild 15 zeigt den
Zylinderkopf eines Daimler-Benz-Dieselmotors mit Vorkammer. Die
Glühkerze liegt hier links gegenüber der Vorkammer und ragt in diese
etwas hinein.

62

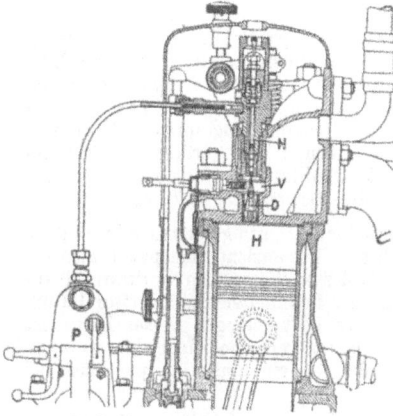

Bild 15. Vorkammermotor,
Bauart Daimler-Benz.

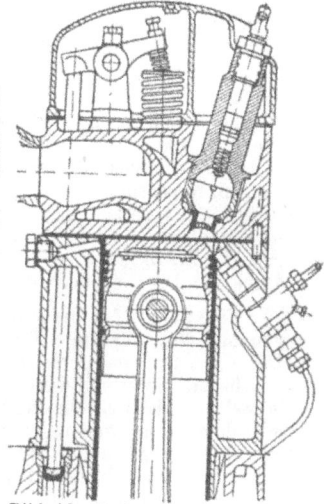

Bild 16. Luftspeicher im Zylinderkopf, Bauart M. W. M.

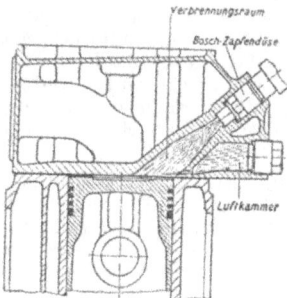

Bild 17. Luftspeicher seitlich
angeordnet, Bauart M. A. N.

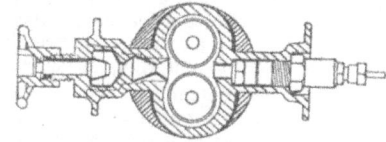

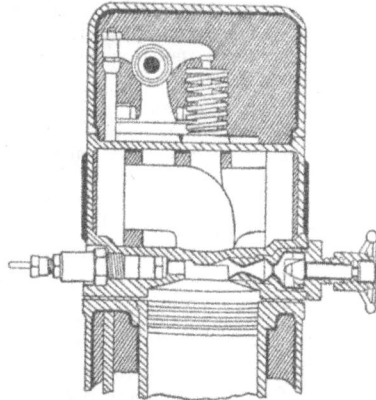

Bild 18. Luftspeicher mit abschaltbarem
Hauptspeicher, Bauart Henschel-Lanova.

Luftspeichermotor. Motoren mit Luftspeicher können als Mittelding zwischen Strahleinspritzung und Vorkammer betrachtet werden. Der Luftspeicher kann je nach Bauart entweder im Kolben liegen, oder er ist, wie in Bild 16 des M.W.M.-Dieselmotors, in den Zylinderkopf verlegt.

Beim Luftspeichermotor spritzt der Kraftstoff mit einem Druck von etwa 100 at ein. Während des Verdichtungshubes wird die Luft in den Luftspeicher gedrängt, aus welchem dann, bei abwärtsgehenden Kolben, die hochverdichtete Luft mit großer Geschwindigkeit herausströmt. Der gerade gegen den Luftstrom eingespritzte Kraftstoff wird dadurch äußerst fein zerstäubt und mit Verbrennungsluft gemischt. Die Zerstäubung des Kraftstoffes erfolgt also hier weniger durch die Düse, sondern durch die Verbrennungsluft selbst.

Eine andere Art der Luftspeicherausführung zeigt das in Bild 17 von M.A.N. angewandte Verfahren. Wie ersichtlich, spritzt hier die Düse in einen besonderen Raum, dessen Form dem Spritzstrahl angepaßt ist. Unterhalb dieses Raumes befindet sich ein zweiter Raum, in welchen ebenfalls die verdichtete Luft gelangt. Dieser Raum ist mit dem Hauptbrennraum durch mehrere Bohrungen verbunden. Die aufgespeicherte Luft wirkt hier wie ein Blasebalg und bläst bei abwärtsgehenden Kolben heftig gegen den Kraftstoffstrahl, so daß dieser fein zerstäubt und mit Verbrennungsluft gemischt wird.

Bild 18 zeigt die Ausbildung des Verbrennungsraumes bei Henschel-Lanova. Wie aus dem Schnittbild ersichtlich, befindet sich das Einspritzventil gegenüber dem Luftspeicher in gleicher Achse mit diesen. Der Luftspeicher selbst ist in zwei Teile, und zwar in einen Vor- und einen abschaltbaren Hauptspeicher geteilt.

Die Einspritzung des Kraftstoffes mit einem Druck von etwa 80 at erfolgt so zeitig vor dem oberen Totpunkt, daß der Luftdruck erst etwa 15 at beträgt und bei weitergehender Verdichtung der Kraftstoffnebel mit Luft zusammen in den Speicher gedrückt wird. Die Einleitung der Verbrennung erfolgt im Luftspeicher, worauf die durch die Teilverbrennung entstandene Drucksteigerung den Speicherinhalt herausschleudert.

Für das Anlassen kann der Hauptspeicher durch ein Kegelventil abgeschaltet werden, wodurch das Verdichtungsverhältnis von normal 1:12 auf 1:14 steigt und beim Anlassen eine Zündung auch ohne Anwendung einer Glühkerze ermöglicht. Nach dem Anlassen wird der Hauptschalter wieder zugeschaltet, worauf der Motor sein normales Verdichtungsverhältnis 1:12 erhält.

Wirbelkammermaschine. Bei Dieselmaschinen mit Wirbelkammer erfolgt die Mischung des eingespritzten Kraftstoffes mit seiner Verbrennungsluft durch große Luftbewegungen im Brennraum. Man erreicht dies durch eine entsprechende Formgebung der Wirbelkammer mit geeigneter Anordnung der Düse.

Eine Verbindung von Wirbelkammer und Wärmespeicher zeigt der in Bild 19 dargestellte Schnitt durch den Zylinderkopf des Oberhänsli-Fahrzeug-Dieselmotors.

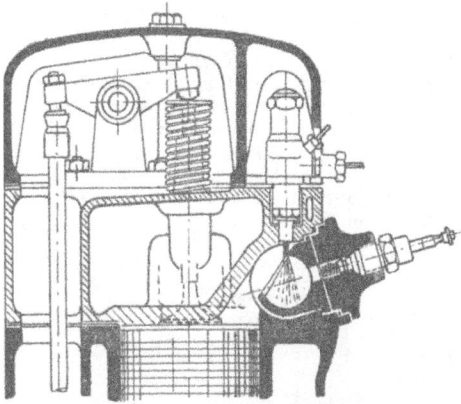

Bild 19. Wirbelkammer mit Wärmespeicher, Bauart Oberhänsli.

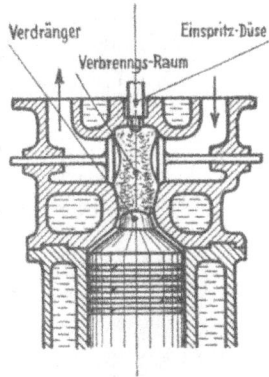

Bild 20. Kolben mit
Verdränger.

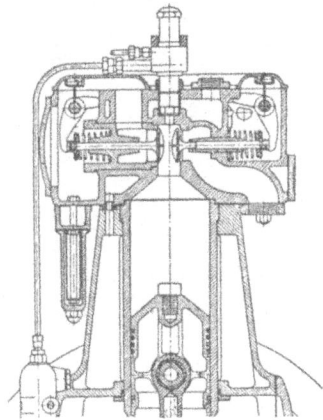

Bild 22. Verdrängermotor,
Bauart Russel und Newbery.

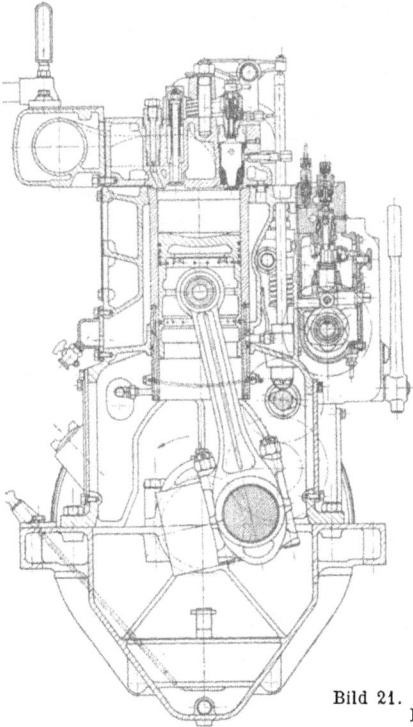

Bild 21. Vorkammermaschine
Bauart Deutz.

Weber, Dieselmotoren. 5

Verdrängermaschine. Wie bei der Wirbelkammer soll auch bei Maschinen mit Verdränger die nötige Kraftstoff-Luftmischung durch große Luftbewegung erreicht werden. Der in Bild 22 dargestellte Motor von Russel & Newbery besitzt zu diesem Zwecke einen am Kolben angeordneten Verdränger. Der Zylinderkopf ist so ausgebildet, daß der Verdränger des hochgehenden Kolbens die Luft in einen schmalen vor die Düse gelagerten Raum treibt und so bei abwärtsgehenden Kolben starke Wirbelungen entstehen.

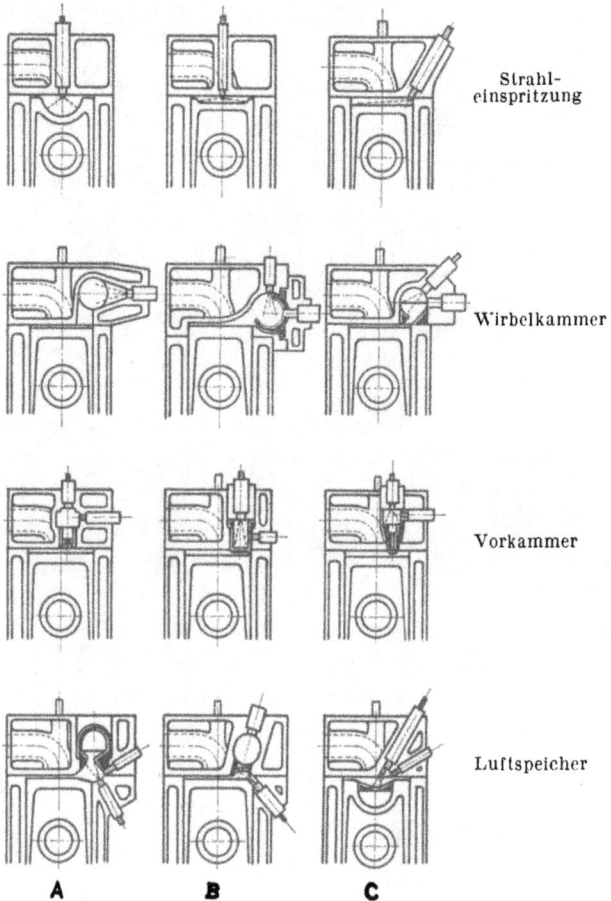

Strahleinspritzung

Wirbelkammer

Vorkammer

Luftspeicher

A   B   C

Bild 23. Gebräuchliche Formen des Brennraumes.

Außer den vorerwähnten Einspritzverfahren werden von manchen Motorenfabriken auch Verfahren angewandt, welche aus Verbindungen der genannten Verfahren bestehen.

Eine Übersicht über verschiedene gebräuchliche Formen der Brennräume zeigt die Tafel Bild 23.

Junkers-Doppelkolbenmotor. Bild 24 zeigt das Schnittbild eines Junkers-Fahrzeugdieselmotors. Die Bauart dieses Motors weicht sehr stark von der üblichen ab. In den oben und unten offenen

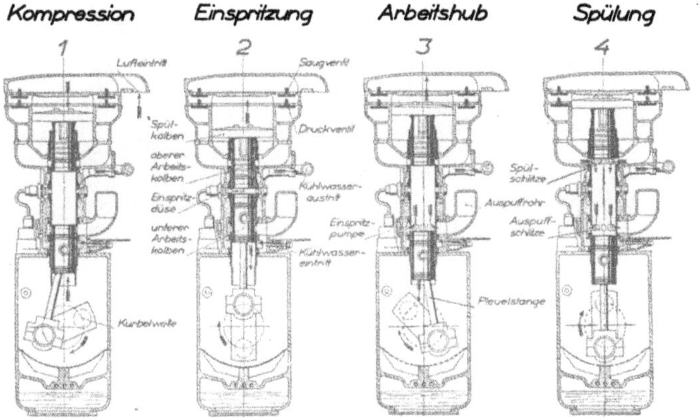

Bild 24. Arbeitsweise des Junkers-Motors.

1 Die beiden Kolben bewegen sich gegeneinander und verdichten die Luft im Zylinder.

2 Die Kolben haben in der inneren Totpunktlage den geringsten Abstand voneinander. In diesen Zwischenraum spritzt die Kraftstoffpumpe durch die Einspritzdüse fein zerstäubtes Treiböl ein, das sich an der durch die Verdichtung erhitzten Luft entzündet.

3 Die Kolben werden auseinander getrieben und leisten Arbeit. Kurz vor dem unteren Totpunkt gibt der untere Kolben die Auspuffschlitze frei, durch die die noch unter Druck stehenden Verbrennungsgase entweichen. Dann gibt der obere Kolben die Spülschlitze frei.

4 Die Kolben haben in der äußeren Totpunktlage den größten Abstand voneinander. Die durch den Spülkolben unter Druck gesetzte Frischluft strömt in den Zylinder, treibt die restlichen Verbrennungsgase aus und füllt den Zylinder für den nächsten Arbeitsvorgang.

Zylindern arbeiten je zwei Kolben gegenläufig. Der Arbeitsvorgang spielt sich in dem Zylinderraum zwischen den beiden Kolben ab. Der Motor arbeitet nach den Zweitaktverfahren und besitzt keine Ventile. Dafür sind im oberen und unteren Zylinderteil Spül- und Auspuffschlitze vorhanden, die durch die Kolben gesteuert werden.

Die unteren Kolben arbeiten in der üblichen Weise durch Pleuelstangen direkt auf die Kurbelwelle, während die oberen Kolben durch je ein Querhaupt und zwei seitliche Pleuelstangen mit der Kurbelwelle

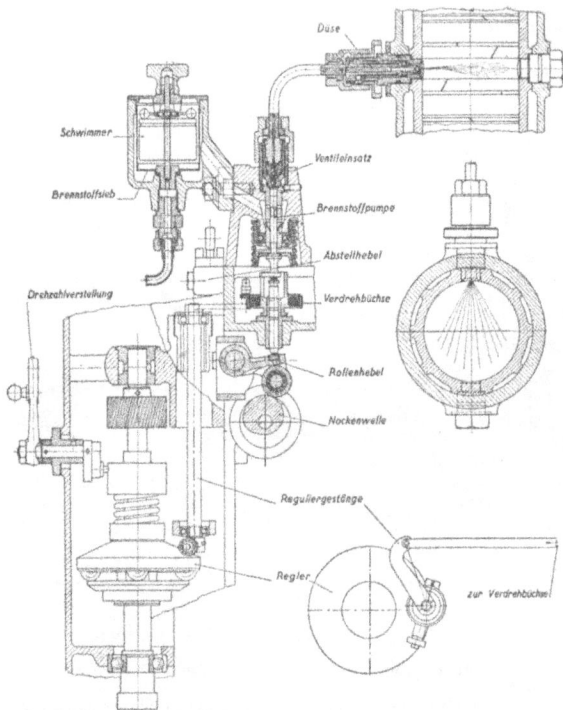

Bild 25. Regler und Einspritzorgane des Junkers-Motors.

verbunden sind. Auf dem oberen Kolben ist der Spülpumpenkolben angeschraubt. Das Spülpumpengehäuse sitzt auf dem Zylinderblock.

Die durch die Spülpumpen angesaugte Verbrennungsluft gelangt direkt in die als Luftspeicher dienenden Nebenräume und tritt von hier durch die Spülschlitze (Einlaßschlitze) in die Arbeitszylinder, sobald die oberen Kolben die Schlitze freigeben. Die Einlaßschlitze sind schräg angeordnet, um eine starke von oben nach unten gerichtete Durchwirbelung des Zylinders zu erreichen. Da die Luftwirbelung auch während der Verdichtung nahezu vollständig bestehen bleibt, wird gleichzeitig die Verteilung des eingespritzten Kraftstoffes und damit die Zündsicherheit und Güte der Verbrennung gefördert.

Die Einführung des Treiböles in den Verbrennungsraum erfolgt durch einfache offene Düsen und Strahleinspritzuug.

3. Die Einspritzorgane und deren Zubehör.

Einspritzpumpe.

Die Einspritzpumpe des Dieselmotors hat die Aufgabe, den für die Verbrennung bestimmten Kraftstoff im richtigen Augenblick und entsprechend bemessener Menge in den Brennraum des Motors zu drücken. Hierbei handelt es sich um winzige Kraftstoffmengen, die gegen sehr hohe Drücke (bis zu 300 kg cm³ und mehr) innerhalb kürzester Zeiten befördert werden müssen. Die Einspritzpumpe stellt daher, besonders bei Motoren mit hoher Drehzahl, ein feinmechanisches Kunstwerk dar.

Der Augenblick der Kraftstoffeinspritzung wird entweder durch die Stellung des Pumpenantriebnockens oder durch die Einstellung der Einspritzpumpe selbst bestimmt. Bei Fahrzeugmotoren mit veränderlicher Drehzahl ist gewöhnlich auch der Einspritzbeginn verstellbar gestaltet, um ähnlich wie beim Ottomotor die Zündung, auch hier den notwendigen Einspritzbeginn der Drehzahl anzupassen.

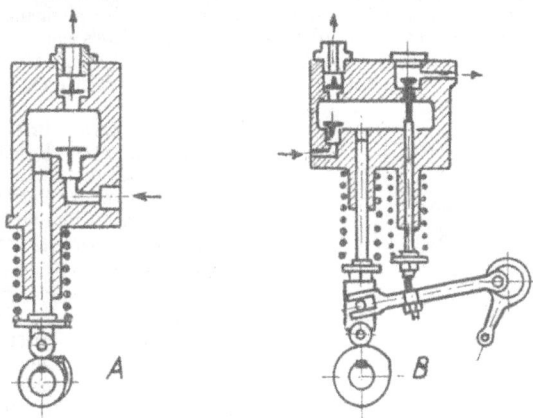

Bild 26.

Die Menge des zu fördernden Kraftstoffes wird bei ortsfesten Motoren durch einen Fliehkraftregler geregelt, welcher die Pumpe entsprechend beeinflußt. Bei Schiffs- und Fahrzeugmotoren wird die Fördermenge meist von Hand aus verändert. Ein Sicherheitsregler sorgt nur für die Einhaltung der höchstzulässigen Leerlaufdrehzahl.

Die Veränderung der Kraftstoffmenge kann je nach Bauart der Pumpe auf verschiedene Weise erfolgen (Bild 26). Fig. A zeigt z. B. eine durch konischen Nocken angetriebene Pumpe. Der Nocken wird durch den Motorregler axial verschoben und so der Pumpenhub der jeweiligen Belastung angepaßt.

Fig. *B* des gleichen Bildes veranschaulicht eine andere Art der Mengenregelung, und zwar die Rückflußregelung, bei welcher ein Überströmventil benützt wird. Der Antrieb der Pumpe erfolgt hier durch einen zylindrischen Nocken, so daß Pumpenhub und angesaugte Kraftstoffmenge immer dieselben bleiben. Die Anpassung der Förderung an die Belastung erfolgt durch das vom Motorregler beeinflußte Überströmventil, welches den überschüssigen Kraftstoff im geeigneten Zeitpunkt wieder in den Ansaugraum der Pumpe rückfließen läßt.

Eine weitere Art der Regelung der einzuspritzenden Kraftstoffmenge findet mit Hilfe der Drehkolbensteuerung statt. Hier besitzt der Förderkolben eine schraubenförmig oder schräg verlaufende Steuerkante (Bild 28) und die Kolbenbüchse im Druckraum eine Bohrung, welche diesen Raum mit dem zugehörigen Rückstromraum verbindet. Je nach Drehung des Kolbens wird mit Hilfe der Steuerkante ein größerer oder kleiner Verbindungsquerschnitt zwischen Druckraum und Rückströmraum hergestellt und so die in den Rückströmraum zurückfließende Kraftstoffmenge geregelt. Der Rückströmraum steht mit dem Saugraum weiter in Verbindung, so daß der dorthin gelangte überschüssige Kraftstoff gelegentlich des nächsten Pumpenhubes wieder angesaugt werden kann. Die für die Mengenregelung notwendige Drehung des Förderkolbens erfolgt mittels einer im Pumpengehäuse angeordneten Zahnstange, welche auf einem am Kolben angeordneten Zahnkranz wirkt. Die Betätigung der Zahnstange besorgt der Motorregler.

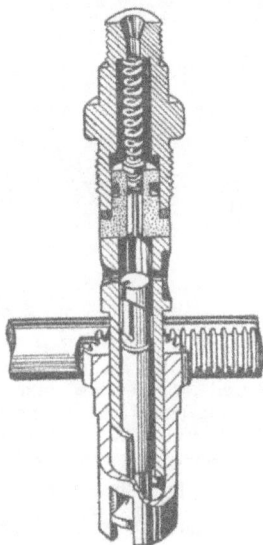

Bild 27. Bosch-Einspritz-pumpen-Element.

Nach vorerwähntem Prinzip sind die vielfach benützten Bosch- und Deckelpumpen gebaut. Da diese Art der Regelung sehr wenig Verstellkraft erfordert und den Aufbau der Pumpe einfacher gestaltet, wird sie zur Zeit von vielen Motorfabriken bevorzugt.

Der Aufbau der Kraftstoffpumpe erfolgt gewöhnlich in der Form, daß jede Fördereinheit aus zwei Teilen besteht, und zwar aus dem Antrieb mit Steuerung und den Teilen, welche unmittelbar auf den Kraftstoff einzuwirken haben. Für jeden Zylinder ist eine Fördereinheit (Bild 27) erforderlich. Die einzelnen Fördereinheiten werden entsprechend der Zylinderzahl zu einem Pumpensatz vereinigt, wobei der Antrieb im unteren Teil und die Kraftstofförderung im oberen Teil der Pumpe zu liegen kommen. Je nach Bauart der Pumpe werden die Förderkolben entweder durch auf die Motorwelle angeordnete Nocken und unter Zwischenschaltung eines Stößels angetrieben oder es ist die Nockenwelle

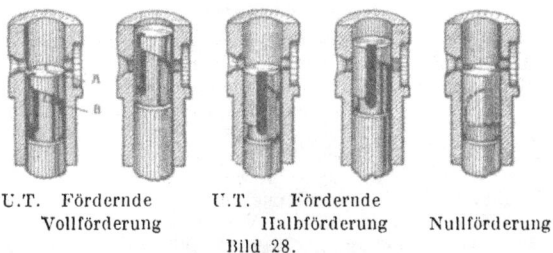

U.T.   Fördernde   U.T.   Fördernde
Vollförderung   Halbförderung   Nullförderung
Bild 28.

im Pumpengehäuse selbst gelagert. Bild 28 zeigt den Reguliervor-
gang einer Bosch-Pumpe. Wie zu ersehen, ist der Druckraum über
den Kolben durch eine Längsnut im Kolben stets mit dem unterhalb der Schrägkante des Kolbens liegenden Raum verbunden. Am
Ende der Förderung wird der Druckraum entlastet, wenn die „Steuerkante B" (Schrägkante) des Kolbens die Ansaugöffnung freilegt.
Diese Verbindung des Druckraumes mit dem Saugraum tritt früher
oder später ein, je nach Drehlage des Kolbens. Zur Verringerung der
Fördermenge (bis Null) ist der Kolben nach rechts zu drehen (im
Bild von unten gesehen). Die Förderung beginnt also zum gleichen
Zeitpunkt, endet aber je nach Fördermenge (Kolbenstellung) früher
oder später.

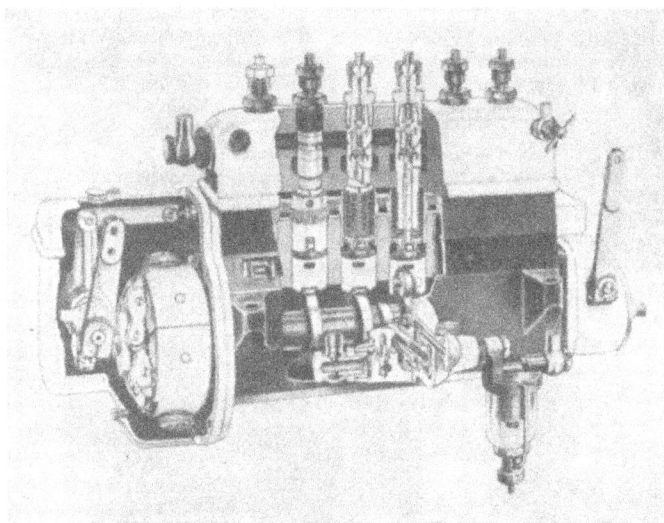

Bild 29. Deckel-Einspritzpumpe mit Regler u. Förderpumpe.

Förderpumpe.

Förderpumpe. Den Kraftstoff-Einspritzpumpen soll der Kraftstoff mit entsprechendem Gefälle zufließen. Liegt aber der Kraftstoffbehälter tiefer als die Einspritzpumpe oder ist während des Betriebes das notwendige Mindestgefälle des Kraftstoffes nicht immer gewährleistet, dann muß der Kraftstoff der Einspritzpumpe durch eine, zwischen Kraftstoffbehälter und Einspritzpumpe eingeschaltete Kraftstoff-Förderpumpe, zugeleitet werden.

In Bild 29 ist die Anordnung einer solchen Förderpumpe dargestellt. Die Pumpe ist an der Vorderseite des Einspritzpumpengehäuses angeschraubt und als liegende Kolbenpumpe mit Saug- und Druckventil ausgebildet. Der Antrieb erfolgt durch einen an der Nockenwelle angeordneten Exzenter. Der Stößel der Förderpumpe wird durch die Stößelfeder ständig gegen den Antriebsexzenter gedrückt und hat die Aufgabe, die Exzenterbewegung unmittelbar aufzunehmen und über eine Ausgleichsfeder auf den Förderkolben zu übertragen. Bei Überschreitung eines bestimmten Förderdruckes bleibt der Förderkolben entgegen der Kraft der Ausgleichsfeder zurück und hält dadurch den Kraftstoff-Zulaufdruck selbsttätig innerhalb der zulässigen Grenzen. Eine Handaufpump-Vorrichtung bietet die Möglichkeit, den Förderkolben mittels eines Knopfstößels von Hand zu betätigengen, wodurch das Entlüften der Einspritzpumpe und das Füllen der Kraftstoffleitungen wesentlich erleichtert wird.

Einspritzventil.

Je nach dem Einspritzverfahren kommen bei Dieselmotoren verschiedene Ausführungsformen von Einspritzvorrichtungen in Betracht. Grundsätzlich unterscheidet man offene und geschlossene Düsen (Einspritzventile). Ferner Einloch- und Mehrlochdüsen.

Einspritzventile haben zwischen Kraftstoffzuführung und Abspritzbohrung ein Ventil (Nadelventil), das den Raum der Kraftstoffzuführung nach der Einspritzung abschließt.

Bild 32 zeigt das Schnittbild eines Bosch-Einspritzventiles. Der durch die Einspritzpumpe geförderte Kraftstoff wird unter die federbelastete Nadel gedrückt, wodurch die Nadel gehoben wird und der

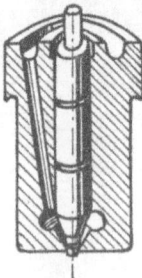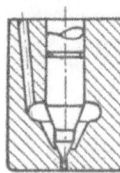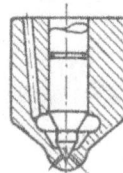

| Zapfendüse | Einlochdüse | Mehrlochdüse |

Bild 30.

Kraftstoff durch die Düsenbohrungen mit großer Geschwindigkeit und fein zerstäubt in den Brennraum des Motors gelangt. Bei Aufhören des Pumpendruckes drückt die Feder die Nadel wieder auf ihren Sitz zurück, worauf die Düse wie früher geschlossen ist. Die Vorspannung der auf die Nadel wirkenden Feder kann durch eine Einstellschraube verändert, und so der gewünschte Abspritzdruck eingestellt werden. Um die Arbeit des Einspritzventiles auch während des Betriebes überprüfen zu können, ragt aus dem Ventilkörper eine Fühlnadel.

Obwohl die Düsennadel mit äußerster Genauigkeit in den Düsenkörper eingepaßt ist, läßt es sich besonders bei hohen Drücken nicht vermeiden, daß etwas Lecköl zwischen Nadel und Körper dringt. Zur Abführung dieses Öles dient eine Leckölleitung.

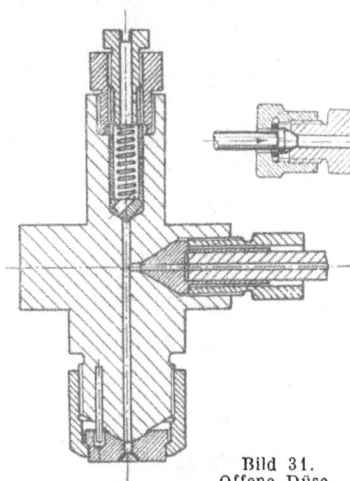

Bild 31.
Offene Düse.

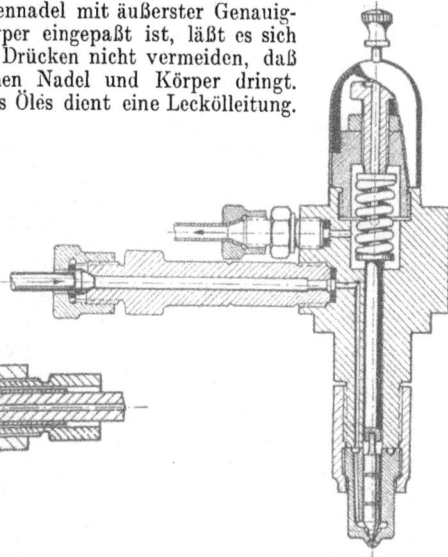

Bild 32.
Bosch. Einspritzventil.

Das Deckel-Einspritzventil Bild 33 zeigt einen ähnlichen Aufbau wie das Bosch-Einspritzventil, nur liegen hier die Abspritzbohrungen nicht im Düsenkörper (Lochdüse), sondern in einer eigenen an den Düsenkörper angepreßten Düsenplatte.

Offene Düse. Die Bezeichnung „offene Düse" wird dann angewandt, wenn in der Einspritzdüse selbst kein Abschlußorgan vorhanden und ein solches erst in einiger Entfernung von der Düse oder in der Einspritzpumpe angeordnet ist. Bild 31 zeigt das Schnittbild einer offenen Düse.

Kraftstoffilter.

Das einwandfreie Arbeiten des Dieselmotors ist mit der sicheren und genauen Arbeitsweise von Einspritzpumpe und Einspritzventil untrennbar verbunden. Diese Teile wieder sind ihrer Aufgabe nur dann

73

gewachsen, wenn Störungen von außen ferngehalten werden. Störungen treten aber dann ein, wenn der in die Einspritzorgane gelangende Kraftstoff nicht genügend gefiltert vird und die enthaltenen Unreinigkeiten außer sonstigen Beschädigungen, eine schleifende Wirkung auslösen.

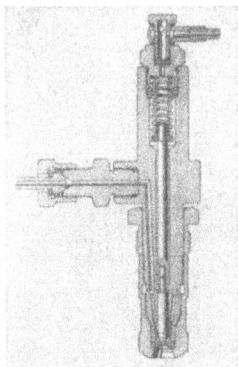

Bild 33. Deckel-Einspritzventil mit Plansitz.

Vielfach herrscht die Ansicht vor, daß das Treiböl des Dieselmotors mit viel weniger Sorgfalt behandelt zu werden braucht, wie etwa Benzin für den Vergasermotor. Diese Annahme ist irrig, denn im Benzinmotor kann schlimmstenfalls die Düse verstopfen, worauf die Leistung nachläßt und dem Fehler sofort nachgegangen wird. Im Dieselmotor macht sich unreiner Kraftstoff, soferne es sich nicht um größere Unreinigkeiten handelt, nicht sofort bemerkbar. Die schädlichen Wirkkungen zeigen sich erst dann, wenn die Feinpassung der Pumpen- und Düsenteile durch die schleifende Wirkung der Unreinigkeiten gestört wurde und diese kostspieligen Teile zu versagen beginnen. Eine Instandsetzung ist dann meist nicht mehr möglich, sondern es müssen die Teile durch neue ersetzt werden.

Um den Wirkungen des unreinen Kraftstoffes zu begegnen, ist es nötig, den Kraftstoff bestmöglichst zu filtern. Dies geschieht am vorteilhaftesten durch eine Vor- und eine Nachfilterung mittels eigens hierzu gebauter Treibölfilter.

Die Vorfilterung hat schon beim Einfüllen des Kraftstoffes in den Vorratsbehälter in der Form zu geschehen, daß nur Einfülltrichter mit feinmaschigem Sieb benützt werden. Unmittelbar nach dem Vorratsbehälter ordnet man zweckmäßig einen in einer Glasglocke eingebauten Siebkorb aus feinmaschigem Sieb an. Eine etwaige Verschmutzung wird so schon von außen sichtbar.

Zwischen Vorfilter und Zubringer- bzw. Einspritzpumpe ist dann das Feinfilter zu schalten. Feinfilter sind je nach Ausführung des Filtereinsatzes entweder Tuchfilter oder Plattenfilter.

Beim Tuchfilter befindet sich innerhalb eines Filterkorbes (Grobfilter) ein über einem Drahtkorb gezogener Sack aus engmaschigem Tuch, durch welches von außen der Kraftstoff über das Grobfilter und das Tuch in das Innere des

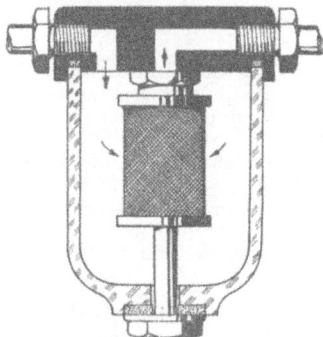

Bild 34. Glasfilter.

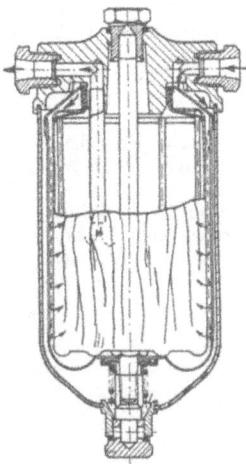

Bild 35. Tuchfilter.

Filters dringt. Von hier aus gelangt dann der gereinigte Kraftstoff zur Pumpe.

Der Einsatz des Plattenfilters besteht aus einer Säule übereinandergeschichteter Filzplatten, die innen hohl ist. Der gesamte Einsatz liegt im Filtergehäuse, aus welchem der Kraftstoff durch den Filz in das Innere des Einsatzes sickert. Die Unreinigkeiten werden vom Filz zurückgehalten, so daß nur reiner Kraftstoff aus dem Inneren des Einsatzes zur Einspritzpumpe gelangt.

Die Reinigung des Tuch- und Plattenfilters erfolgt in Benzin oder Gasöl.

Von der Einspritzpumpe gelangt der Kraftstoff meist noch in ein unmittelbar am Einspritzventil angebrachtes Hochdruckfilter. Dieses Filter (Stabfilter) hat einen metallischen Einsatz, welcher fein gezahnt oder gerillt ist, und durch welchen sich der Kraftstoff zwängen muß. Unreinigkeiten in der Größe von etwa $\frac{1}{50}$ mm werden durch das Filter zurückgehalten.

Nicht nur die Anordnung, sondern auch die Instandhaltung der Filter bilden eine Voraussetzung für das ungestörte Arbeiten von Pumpe und Einspritzventil und somit des gesamten Motors. Die Filter sind daher regelmäßig zu reinigen und auf Schäden zu untersuchen. Tuchfilter zeigen meist nach längerer Betriebszeit feine Risse im Tuch und erfüllen dann nicht mehr ihren Zweck. Werden solche Mängel bemerkt, so ist das Tuch sofort durch ein neues zu ersetzen. Behelfsmäßig kann auch Flanell oder sonst ein feinmaschiges Tuch benützt werden, doch ist dann Sorge zu tragen, daß der Behelf bald durch das richtige Tuch ersetzt wird.

4. Die Hilfszündung.

Für das Anlassen der kalten Maschine bedürfen Vor- und Wirbelkammermaschinen einer Hilfszündung. Ein solches Hilfsmittel ist auch bei Strahleinspritzmaschinen dann notwendig, wenn die Raumtemperatur sehr nieder ist und die Verdichtungswärme der angesaugten kalten Luft nicht ausreicht, den eingespritzten Kraftstoff zu entzünden.

Bei ortsfesten Dieselmotoren wird als Hilfszündung meist nitriertes Löschpapier verwendet, welches zusammengerollt in einen am Motor angebrachten Luntenhalter gesteckt und angeglimmt wird. Glimmt das Papier gut, dann wird der Halter in den Brennraum des Motors eingeführt und durch Karabinerverschluß oder Verschrauben auf seinen Sitz gedrückt. Der Motor ist so anfahrbereit.

Bild 36.
Zweipolige
Glühkerze.

75

Obwohl dieses Verfahren besonders bei Verwendung von Glimmpapier, welches schon durch geringe Verdichtungswärme sich selbst
entzündet und glimmt, verhältnismäßig einfach und billig ist, so gestaltet es sich bei Mehrzylinder und besonders bei Fahrzeugmotoren
umständlich, weil vor dem Anlassen die Luntenhalter der einzelnen
Zylinder gelöst und besteckt werden müssen.

Bei solchen Maschinen findet man daher vorwiegend die elektrische Zündung, bei welcher für das Anlassen Glühkerzen benützt
werden.

Äußerlich sieht die Glühkerze einer gewöhnlichen Zündkerze
ähnlich, nur besitzt sie statt der Funk-Elektroden eine Glühspirale,
welche von einer Stromquelle gespeist wird. Vor dem Anlassen des

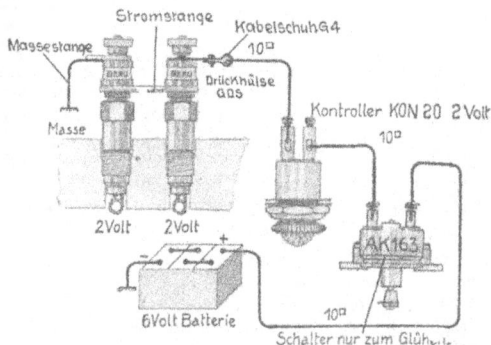

Bild 37. Zweipolige Glühkerzen m. 6 V-Batterie.

Motors wird die Stromquelle etwa ½ bis 1½ Minuten lang (je nach der
momentanen Temperatur des Motors) eingeschaltet und die Spirale
auf etwa 900 bis 1000° elektrisch erhitzt. Bei der Einspritzung gelangt
der Kraftstoffnebel in die Nähe der glühenden Spirale, worauf er ent-
flammt und die Verbrennung einleitet.

Man unterscheidet einpolige und zweipolige Glühkerzen,
wobei die zweipoligen Glühkerzen besonders bei deutschen Motoren
viel verwendet werden.

Einpolige Glühkerzen haben nur eine stromführende Elektrode
und sind parallel zur Batterie zu schalten. Die Spannung jeder Kerze
muß gleich der Spannung ihrer Stromquelle sein, die in den meisten
Fällen 12 V beträgt. Die Stromaufnahme einer 12-V-Glühkerze ist
etwa 14 Amp.

Glühkerzen mit zwei stromführenden Elektroden werden als zwei-
polig bezeichnet und sind hintereinander geschaltet, d. h. der Strom
tritt an der Kerze von beispielsweise Zyl. 6 ein, fließt von einer Kerze
zur anderen und geht von der Kerze Zyl. 1 zur Masse. Siehe Bild 37.
Eine zweipolige Glühkerzenanlage besteht aus: Glühkerze, Strom-
leitung, Glüh- und Anlaßschalter, Glühkontroller sowie eventuellen
Vorschaltwiderständen. Die Speisung der Glühkerzen erfolgt in ein-

76

facher Weise von der im Fahrzeug vorhandenen Batterie. Durch die Hintereinanderschaltung entfällt auf jede Glühkerze nur ein Bruchteil der Batteriespannung. Wenn beispielsweise aus einer 12-V-Batterie 6 Glühkerzen und ein Glühkontroller gespeist werden sollen, so fällt auf jeden der Stromverbraucher eine Spannung von $\dfrac{12}{6+1} = 1{,}7$ V.

Sollen z. B. nur 4 Glühkerzen von je 1,7 V und ein Glühkontroller von ebenfalls 1,7 V gespeist werden, so muß, damit die Belastung je Kerze nicht zu hoch wird, ein Widerstand von 3,5 V in die Leitung geschaltet werden. Die Stromaufnahme einer zweipoligen Glühkerze kann mit durchschnittlich 40 Amp. angenommen werden.

5. Anlaßeinrichtungen.

☞ Unter „Anlassen" oder „Andrehen" wird die Ingangsetzung des Motors verstanden. Während Vergasermotoren verhältnismäßig ein-

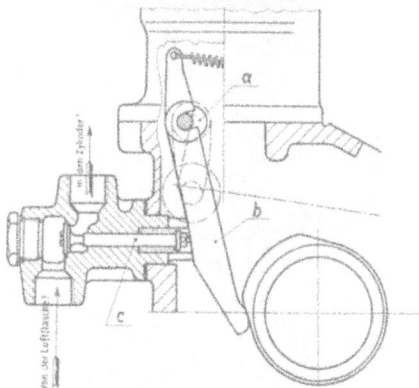

Bild 38. Druckluft-Anlaßvorrichtung.

fach nur mittels der Handkurbel oder elektrischer Starter inganggesetzt werden, bedarf der Dieselmotor vor dem Anlassen verschiedener Vorbereitungen. Auch der Anlaßvorgang selbst ist je nach Motorgröße und Bauart verschieden.

Kleine, ortsfeste Dieselmotoren werden z. B. von Hand angedreht; größere Motoren und Schiffsmaschinen haben Druckluft-Anlaßvorrichtungen. Bei kleinen Boots- und Fahrzeugmotoren erfolgt das Anlassen meist mittels elektrischer Starter. Bei größeren Diesel-Traktoren findet man mitunter auch kleine Benzinmotoren als Starter. Für die Einleitung der ersten Zündungen beim kalten Motor benötigen besonders Vor- und Wirbelkammermaschinen eigene Hilfsmittel wie Lunten oder elektrische Glühkerzen.

Andrehen von Hand. Das Andrehen von Hand erfolgt meist unter Ermäßigung der Verdichtung auf etwa 15 at mit Hilfe eines Entlüftventils (Dekompressionsventil). Als Hilfszündung findet man besonders bei kleineren ortsfesten Dieselmaschinen die Lunte vor. Um eine sichere Zündung zu erzielen, soll vor dem Andrehen etwas Kraftstoff in den Brennraum eingespritzt werden. Hierzu besitzt die Einspritzpumpe eine Einrichtung, mittels welcher vorgepumpt werden kann.

Bild 39. Schitt durch Deutz-Fahrzeug-Diesel.

Das Andrehen erfolgt so, daß der Motor bei geöffnetem Entlüftventil so rasch als möglich durchgedreht wird, und man nach Erreichen einer bestimmten Geschwindigkeit das Entlüftventil rasch schließt. Die durch das Schwungrad aufgenommene Energie reicht jetzt aus, den Verdichtungsdruck zu überwinden, worauf die erste Zündung eintritt und die anderen nachfolgen.

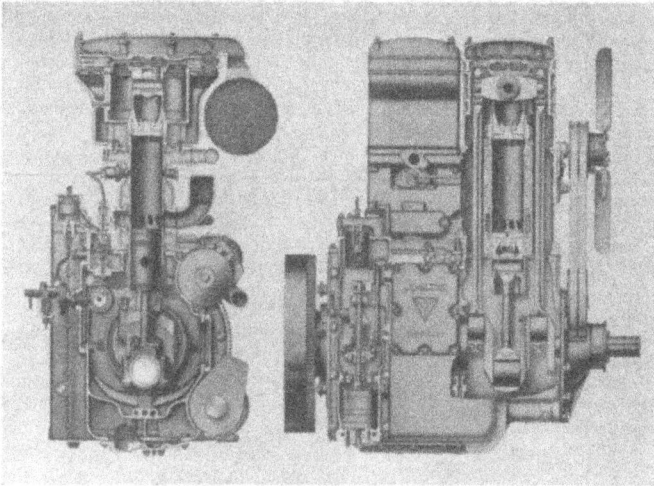

Bild 40. Junkers-Fahrzeug-Diesel.

Da während des Anlassens der Motorregler noch nicht entsprechend eingreift und daher die Einspritzpumpe voll fördert, sind die ersten Zündungen ziemlich scharf. Dies kann vermieden werden, wenn die Fördermenge der Einspritzpumpe von Hand aus etwas gedrosselt wird.

Bei Benützung von elektrischen Glühkerzen ist der Anlaßvorgang im wesentlichen derselbe, nur müssen nach erfolgtem Anlassen die Glühkerzen sofort abgeschaltet werden.

Anlassen mit Druckluft. Größere Dieselmaschinen haben zur Beschaffung der für das Anlassen nötigen Druckluft einen Verdichter (Kompressor). Bei Maschinen mittlerer Größe werden für das Anlassen Verbrennungsgase benützt. Zu diesem Zweck besitzen solche Maschinen ein Ladeventil, welches die hochgespannten Gase in den Druckluftbehälter durchlassen, aber ihr Rückströmen verhindern. Das Anlassen erfolgt entweder mit dem gleichen Ventil, welches als Anlaß- und Ladeventil ausgebildet ist, oder es ist hierfür ein eigenes Anlaßventil vorgesehen.

Der für das Anlassen notwendige Gasdruck liegt zwischen 15 und 30 at, wobei bei Viertaktmotoren meist schon ein Anlaßdruck ab 15 at genügt. Zweitakt-Dieselmotoren erfordern höhere Anlaßluftdrücke als Viertaktmotoren. Hier liegt die unterste Grenze bei etwa 20 at.

Bei Viertakt- und Zweitakt-Mehrzylindermotoren muß die Druckluft gesteuert sein, d. h. die Luft oder das Anlaßgas muß mechanisch zeitrichtig in den Zylinder gebracht werden. Entbehrlich ist eine mechanische Steuerung bei kleineren Ein- und Zweizylinder-Zweitaktmotoren. Bei diesen genügt es bereits, wenn der Kolben des mit dem Anlaßventil versehenen Zylinder kurz nach dem oberen Totpunkt

79

in Drehrichtung gestellt und von Hand aus ein Luftimpuls gegeben wird. Dieser Impuls genügt meist, dem Schwungrad so viel Energie zuzuführen, daß es die Verdichtungsarbeit leistet und die Vorbedingungen für die Zündung schafft.

Beim Andrehen und besonders beim Anlassen mit Druckluft trachte man immer, den Anlaßvorgang so zu gestalten, daß die Ingangbringung der Maschine sanft erfolgt. Das rasche Steigern der Drehzahl durch wenige und starke Zündungen ist zu vermeiden, weil dadurch die Zünddrücke unzulässig hoch werden und eine frühzeitige Lagerabnützung oder Sprünge im Weißmetall zur Folge haben. Ein sanfter Übergang vom Anlassen bis zur vollen Geschwindigkeit ist bei allen Bauarten von der Geschicklichkeit des Motorwärters abhängig. Wenn auch schon während der ersten Motorumdrehungen die Zündung einsetzen würde, lasse man sich nicht verleiten die Anlaßluft abzustellen, bevor der Motor nicht die höchstmögliche Drehzahl erreicht hat. Selbstverständlich ist eine rasche Geschwindigkeitszunahme nur bei einer leichtgehenden und unbelasteten Maschine möglich. Man mache es sich auch zur Gewohnheit, den Druck im Behälter öfter zu prüfen und den verbrauchten Inhalt unmittelbar nach dem Anfahren wieder zu ergänzen.

In Bild 38 ist das Schema einer gesteuerten Druckluft-Anlaßvorrichtung wiedergegeben. In der gezeichneten Stellung steht der Luftnocken durch den Hebel b, welcher an dem Exzenter a hängt, mit dem Luftanlaßventil c in Verbindung. Hat der Motor durch die erhaltenen Luftimpulse eine genügend große Drehzahl erreicht, so wird das Exzenter a so gedreht, daß der Hebel b frei nach unten durchhängt und die Verbindung Anlaßventil—Luftnocken unterbrochen ist. Damit die in den Zylinder gelangte Luft nicht wieder rückströmen kann, befindet sich am Zylinder ein Rückschlagventil.

Bei Viertakt-Dieselmotoren öffnet das Anlaßventil durchschnittlich etwa 3° v. o. T. P. und schließt bei etwa 130 bis 150° n. o. T. P.

Zweitaktmotoren haben mit Rücksicht auf die im Zylinder angeordneten Schlitze eine kürzere Füllzeit. Das Anlaßventil öffnet ebenfals bei etwa 3° v. o. T. P., schließt aber schon bei etwa 70 bis 85° n. o. T. P.

Anlassen mit Kohlensäure. In Ermangelung von Druckluft kann für das Anlassen auch Kohlensäure benützt werden. Man verwendet hierzu die im Handel erhältlichen Flaschen, in welchen Kohlensäure unter einem Druck von etwa 60 at und mehr gespeichert ist. Vor Überleitung der Kohlensäure in die Anlaßluftflasche prüfe man mittels einer vorgehaltenen Flamme, ob es sich auch um Kohlensäure handelt! Bei Kohlensäure wird die Flamme verlöschen, während z. B. bei Sauerstoff die Flamme hell aufbrennt. Ein Anlassen mit Sauerstoff würde eine verheerende Explosion zur Folge haben.

Für das Überleiten der Kohlensäure sind möglichst kurze Leitungen zu benützen. Es empfiehlt sich auch, die Leitung mittels in warmen Wasser getauchten Lappen gegen Einfrieren zu schützen.

Da die handelsüblichen Kohlensäureflaschen meist einen geringen Inhalt besitzen, erweist es sich oft als zweckmäßig, den Inhalt des

Druckluftbehälters mit Wasser zu verkleinern. Dadurch wird ein zu großer Druckabfall vermieden und der für das Anlassen nötige Druck leichter erreicht.

Nach dem Anlassen ist der Druckluftbehälter wieder gut zu entwässern, was bei vorgesehenem Entwässerungsventil oder nach Abschrauben der Anlaßluftleitung leicht durchzuführen ist. Nach Öffnen des Ventils treibt der Gasdruck das Wasser aus dem Druckluftbehälter.

III. Die Planung ortsfester Dieselanlagen.

1. Bestimmung des Kraftbedarfes.

Bei Eintritt eines Bedarfsfalles drängt sich in erster Linie die Frage auf, welche Leistung der in Aussicht genommene Antriebsmotor haben soll. Um dies feststellen zu können, ist es vorerst notwendig zu wissen, welchen Kraftbedarf die einzelnen Arbeitsmaschinen erfordern, wie deren zeitliche Beanspruchung zusammenfällt und ob eine Erweiterung des Betriebes etwa durch spätere Zuschaltung neuer Arbeitsmaschinen in Frage kommt.

Alle Antriebsmaschinen haben eine bestimmte Nennleistung und erlauben eine gewisse Überlastung. Die Nennleistung ist diejenige Leistung, mit welcher die Maschine dauernd belastet werden kann und bei welcher sie am wirtschaftlichsten arbeitet. Die Überlastungsfähigkeit stellt eine Kraftreserve für besondere Fälle dar und darf nur vorübergehend in Anspruch genommen werden. Gewöhnlich liegt die vorübergehende Überlastungsfähigkeit 10 bis 15% über der Nennleistung.

Würde nun der Kraftbedarf z. B. durch einfache Addition des Kraftbedarfes sämtlicher Arbeitsmaschinen bestimmt, so würde dies in den meisten Fällen zu einer Maschinengröße führen, die nicht voll ausgenützt ist. Eine so überbemessene Anlage hätte außer dem notwendigen größeren Kapitalaufwand den Nachteil, daß sie ständig unbelastet wäre, weil selten alle Arbeitsmaschinen gleichzeitig arbeiten. Eine stark und dauernd unterbelastete Maschine arbeitet unwirtschaftlich, da der Verbrauch je Leistungseinheit mit der Unterbelastung steigt.

Die einfachste und richtigste Bemessung des erforderlichen Kraftbedarfs kann dort erfolgen, wo etwa die neue Antriebsmaschine die Kraft des elektrischen Stromes ersetzen soll. Meist ist die Maximalleistung bei Grundgebührentarif bekannt, da dieser auf die erforderliche Leistung aufgebaut ist. Als weiterer Anhaltspunkt können Stromrechnungen dienen. Dieselben enthalten den Verbrauch in kW/h über bestimmte Zeiträume. Die Anzahl der Arbeitstage und die Anzahl der Stunden je Arbeitstag sind meistens auch bekannt. Hieraus ist die Durchschnittsbelastung je kW/h zu errechnen. Diese Kraftbedarfsbestimmung hat aber nur Anspruch auf Zuverlässigkeit, wenn die Betriebsbelastung auch ziemlich gleichmäßig ist. Ist dies nicht der Fall, dann verschaffe man sich leihweise einen Wattzähler und beobachte längere Zeit hindurch den Kraftbedarf unter allen vorkommenden Betriebsbedingungen. So ist es möglich, außer der Durchschnittsbelastung auch die Spitzenbelastung festzustellen. Nach der Spitzenbelastung wäre dann die Antriebsmaschine zu wählen. Übersteigt die Spitzenbelastung die Durchschnittsbelastung bedeutend, dann sind Überlegungen anzustellen, wie die Spitzenbelastung niedrig und die Durchschnittsbelastung möglichst hoch und gleichmäßig gehalten werden kann. In vielen Betrieben wird dies durch entsprechende Beobachtungen und Beeinflussung des Betriebsablaufes möglich sein, so daß ein ziemlich ausgeglichener Leistungsbedarf erzielt wird.

Zur Erläuterung obiger Ausführungen diene folgendes Beispiel:

In einer Holzwarenfabrik ergab die Addition des Kraftbedarfes der einzelnen Arbeitsmaschinen einen Gesamtkraftbedarf von 31.5 PS. Die Spitzenbelastung war am Wattzähler bis zu 28 PS abzulesen. Nach entsprechender Arbeitsverteilung konnte die Spitzenbelastung bis auf etwa 17 PS gebracht werden. Die notwendige Leistung des Antriebsmotors war daher nicht mehr, wie ursprünglich angenommen über 30 PS, sondern es konnte ein 20-PS-Motor genügen.

Umständlicher wird die einwandfreie Bestimmung des notwendigen Kraftbedarfes, wenn es sich um Neuaufstellungen handelt und der Kraftbedarf der einzelnen Arbeitsmaschinen nicht sicher bekannt ist. In solchen Fällen ist es am einfachsten, sich bezüglich des Kraftbedarfes bei den Lieferanten der Arbeitsmaschinen zu erkundigen und zu den erhaltenen Angaben einen Zuschlag von 10 bis 20% je nach Maschine zu machen. Dies ist notwendig, weil erfahrungsgemäß im praktischen Betrieb infolge ungünstigerer Verhältnisse meist ein höherer Kraftbedarf als wie er in den Druckschriften angegeben ist, notwendig wird. Sind keine Angaben zu erreichen, dann trachte man, den Kraftbedarf möglichst genau zu schätzen, wobei ähnliche Maschinen zum Vergleich heranzuziehen sind.

Bei der Bestimmung des Kraftbedarfes ist auch zu berücksichtigen, daß Transmissionen und Riementriebe einen Kraftverlust verursachen, der ebenfalls in Rechnung zu ziehen ist. Dieser Verlust hängt von der Anzahl der Riemen, Zustand der Transmissionslager und noch anderen Faktoren ab; seine Größe ist daher verschieden und soll normalerweise mit etwa 5% der erforderlichen Antriebsleistung angenommen werden.

Schließlich ist noch zu beachten, daß besonders bei niederen Raumtemperaturen das Schmieröl in den verschiedenen Lagern zähflüssiger wird. Dies, in Verbindung mit dem größeren Lagerdruck, welcher durch Zusammenziehen der Riemen infolge Kälte erzeugt wird, erfordert ebenfalls eine bedeutende Mehrleistung des Antriebsmotors. Verschiedene diesbezügliche Messungen ergaben, daß infolge Kälte in den ersten 15 Minuten nach dem Anfahren der Mehraufwand an Kraft 10 bis 20% je nach Temperatur, Anlage und Anzahl der Lager sowie Riemen betragen kann.

Nicht immer erfolgt der Antrieb der Arbeitsmaschinen direkt oder über Transmissionen durch den Dieselmotor. Der Antrieb der einzelnen Arbeitsmaschinen kann auch durch Elektromotoren erfolgen, wobei der Verbrauchsstrom durch die eigene elektrische Kraftzentrale geliefert wird. In diesen Fällen treibt der Dieselmotor den Stromerzeuger. In vielen Gegenden befinden sich auch kleinere Elektrizitätswerke mit Dieselmotoren-Antrieb.

Da die Kraftstoffverbrauchskurve von Dieselmotoren insbesonders im oberen Belastungsbereich ziemlich flach verläuft, d. h. daß bei geringer Unterbelastung der Kraftstoffverbrauch je Leistungseinheit nicht wesentlich größer als wie bei Nennlast ist, empfiehlt es sich, die Maschinengröße so zu wählen, daß der durchschnittliche Kraftbedarf ungefähr 20% unter der Nennleistung zu liegen kommt. Die so geschaffene Reserve genügt dann auch zur Deckung unvorhergesehener Spitzenleistungen, ohne daß dabei Gefahr bestünde, den Motor einerseits unwirtschaftlich zu unterlasten und andererseits unzulässig zu überlasten.

Über die Wahl der Maschinengröße sei im allgemeinen noch zu bemerken, daß es immerhin vorteilhafter ist einen Dieselmotor eher zu unterlasten als zu überlasten. Lang andauernde Überbelastungen verursachen einen rascheren Verschleiß der Einzelteile, machen daher häufigere Reparaturen notwendig und setzen schließlich die Lebensdauer des Motors herab.

Beispiel einer Kraftbedarfsbestimmung.

Ein Dieselmotor hat anzutreiben:

1 Transmission mit:

1 Vertikalgatter, Rahmenweite 650 mm mit 6 Sägeblätter und einen Kraftbedarf je Blatt von ca.
1 PS . . . . ca. 6 PS
1 Kreissäge, Blattdurchmesser . . . . . 700 mm „ 4 „
1 Saumsäge   „   . . . . 700 mm „ 4 „
1 Bandsäge, Rollendurchmesser . . . . 900 mm „ 3 „
1 Hobelmaschine, Hobelbreite . . . . 800 mm „ 5 „

zusammen ca. 22 PS.

Um eine kleine Maschinengröße zu erhalten wird eine Kraftverteilung beabsichtigt. Es werden zusammenarbeiten

Gatter . . . . . . ca. 6 PS
Kreissäge . . . . „ 4 „
Saumsäge . . . . „ 4 „

zusammen ca. 14 PS

oder

Bandsäge . . . . ca. 3 „
Hobelmaschine . „ 5 „

zusammen ca. 8 PS.

Für obigen Fall wäre ein Motor von 14 PS + 20% = 16,8, rund 17 PS geeignet.

Motordrehzahl. Bei Dieselmotoren unterscheidet man gewöhnlich rasch- und langsamlaufende Maschinen. Eine genaue Grenze zwischen diesen beiden Gruppen liegt zwar nicht vor und ist hauptsächlich vom Verwendungszweck bedingt. Zu den schnellaufenden Motoren rechnet man z. B. alle Einbaumotoren in Diesellastwagen, Motorboote, Traktoren usw. bis ca. 150 PS Leistung und Drehzahlen bis 2500 Umdr./min, sowie auch größere Spezialmotoren für Lokomotiven u. a. für Leistungen von etwa 200 bis 600 PS und Drehzahlen von ca. 1200 bis 750 Umdr./min. Diese Typen finden auch oft Verwendung für direkte Kupplung mit Generatoren usw. Kommt jedoch eine Dauerbetriebsart wie z. B. in Fabriks- und Gewerbebetrieben, Last- und Schleppschiffen in Frage, dann sind langsamlaufende Maschinen unbedingt vorzuziehen.

Da mit der Steigerung der Drehzahl die Größenverhältnisse und das Motorgewicht je Leistungseinheit abnehmen, sind gewöhnlich raschlaufende Maschinen je Leistungseinheit in der Anschaffung billiger als solche mit kleiner Drehzahl. Diesem Vorteil steht jedoch der Nachteil gegenüber, daß raschlaufende Maschinen einem rascheren Verschleiß unterliegen und auch etwas mehr Pflege beanspruchen.

Die Wirtschaftlichkeitsberechnung beeinflußt insofern die Höhe der Drehzahl, weil der Motorpreis auch in Einklang mit dem zu erwartenden Nutzen gebracht werden muß. Dient z. B. ein Motor nur selten zur Deckung einer vorkommenden Spitzenbelastung und steht dieser daher nur wenig im Gebrauch, so ist die Höhe des Anschaffungspreises ausschlaggebend. Es wird also ein billigerer Motor, das ist ein solcher mit hoher Drehzahl gewählt.

Zusammenfassend kann gesagt werden, daß Motoren mit hoher Drehzahl hauptsächlich dort gewählt werden, wo es auf kleine Gewichte oder niederen Anschaffungspreis ankommt und nicht zu stark beanspruchte Betriebsweise gegeben ist. Wird aber auf lange Lebensdauer des Motors Wert gelegt, weil dieser ständig im täglichen Dauerbetrieb steht, dann sind Motoren mit kleinerer Drehzahl vorzuziehen.

Schwungrad, Ungleichförmigkeitsgrad. Das Schwungrad hat die Aufgabe, die bei jeder Umdrehung der Kurbelwelle durch das Arbeitsverfahren bedingten Ungleichförmigkeiten des Ganges auszugleichen. Es nimmt zeitweise Energie auf und gibt sie wieder an die Kurbelwelle ab. Da durch das Schwungrad das Beharrungsvermögen der Kurbelwelle vergrößert wird, läuft eine Maschine um so gleichförmiger, je größer die Schwungmasse ist. Abweichungen von der mittleren Geschwindigkeit nach oben oder unten werden mit Ungleichförmigkeitsgrad (δ) bezeichnet. Je kleiner also der Ungleichförmigkeitsgrad bei einer Umdrehung der Maschine sein soll, um so größer muß das Schwungrad bzw. dessen Masse sein.

Je unelastischer die Verbindung zwischen Kraftmaschine und Arbeitsmaschine ist, desto mehr tritt die Ungleichförmigkeit zutage.

Der zulässige Ungleichförmigkeitsgrad beträgt z. B. bei Antrieb von:

Spinnereimaschinen	$\delta = 1:50$ bis $1:100$	Webstühlen . .	$\delta = 1:40$
Mahlmühlen . . .	$\delta = 1:50$	Pumpen . . .	$\delta = 1:25$
Werkstätten. . . .	$\delta = 1:40$		

Ungleichförmigkeitsgrad für Lichtbetrieb. Diesbezüglich werden oft übertriebene Forderungen gestellt, welche außergewöhnlich schwere Schwungräder verlangen, aber mit den Erfahrungen in der Praxis nicht übereinstimmen. Die auf Seite 85 folgende Angaben sind die Mindestwerte.

	direkt gekuppelt		mit Riementrieb		Antrieb von der Transmission	
	Einzelbetrieb $\delta =$	Parallelschaltung $\delta =$	Einzelbetrieb $\delta =$	Parallelschaltung $\delta =$	Einzelbetrieb $\delta =$	Parallelschaltung $\delta =$
Gleichstrom	$\frac{1}{80}$	$\frac{1}{120}$	$\frac{1}{70}$	$\frac{1}{120}$	$\frac{1}{60}$	$\frac{1}{100}$
Drehstrom Wechselstrom $\Big\}$	$\frac{1}{180}$	$\frac{1}{250}$	$\frac{1}{100}$	$\frac{1}{180}$	$\frac{1}{80}$	$\frac{1}{120}$

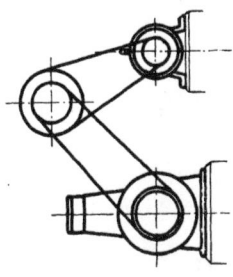

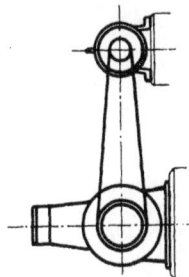

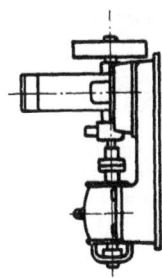

Bild 41. Ungleichförmigkeitsgrad für Lichtbetrieb.

Überschlägige Berechnung des Kraftbedarfes.

a) Pumpen.

Bezeichnet:

Q = gelieferte Flüssigkeitsmenge in kg,
H = Förderhöhe (Druck + Saughöhe) in m,
η = Wirkungsgrad,

so ist der Kraftbedarf einer Pumpe in PS:

1. bei Liefermenge Q in kg/s

$$N_e = \frac{Q \cdot H}{75 \cdot \eta} \text{ PS}$$

2. bei Liefermenge Q in kg/min

$$N_e = \frac{Q \cdot H}{4500 \cdot \eta} \text{ PS}$$

3. bei Liefermenge Q in kg/h

$$N_e = \frac{Q \cdot H}{270000 \cdot \eta} \text{ PS.}$$

Mit Rücksicht auf die Vernachlässigung der noch sonst vorhandenen Widerstände, wie Reibung der Flüssigkeit an den Rohrleitungswandungen, Ventilen u. a. wähle man für Überschlagsrechnungen einen Wirkungsgrad von 0,5 bis 0,6.

Beispiel: Eine Pumpe liefert bei einer Förderhöhe (Saug- + Druckhöhe) von 10 m eine stündliche Wassermenge von 10 m³.

1 l Wasser wiegt . . . . 1 kg
3 m³ = 3000 l Wasser wiegen . 3000 kg

Nach Formel (3) ist der überschlägige Kraftbedarf bei einem angenommenen Wirkungsgrad von $\eta = 0,6$

$$N_e = \frac{Q \cdot H}{270000 \cdot \eta} = \frac{3000 \cdot 10}{270000 \cdot 0,6} = 5,4 \text{ PS.}$$

b) Stromerzeuger (die hierfür angeführten Formeln ergeben nur Annäherungswerte. Der genaue Rechnungsvorgang kann aus Abschnitt Elektrotechnik entnommen werden).

Bedeuten: U = die am Schaltbrett abgelesene Spannung in Volt,

J = die am Schaltbrett abgelesene Stromstärke in Ampere,

N_{PS} = erforderliche Antriebsleitung.

so ist angenähert für:

Gleichstromgeneratoren
$$N_{PS} = \frac{U \cdot J}{676}$$

Wechselstromgeneratoren
$$N_{PS} = \frac{U \cdot J}{750}$$

Drehstromgeneratoren
$$N_{PS} = \frac{U \cdot J}{432}.$$

Beispiel: Drehstromgenerator $U = 110$ Volt,
$J = 60$ Ampere.

Ungefähre Kraftabgabe des Antriebsmotors:
$$N_{PS} = \frac{U \cdot J}{432} = \frac{110 \cdot 60}{432} = 15{,}27 \text{ rund } 16 \text{ PS.}$$

c) Strombedarf von Glühlampen. Elektrische Metallfadenlampe 50 HK. 1 Watt für 1 HK; Halbwattlampe 1000, 2000, 3000 HK, 0,5 Watt für 1 HK.

Maschinen für Holzbearbeitung.

Vertikalgatter.

Lichte Rahmenweite mm	400	550	650	800	950	1600
Stammdurchmesser . . . mm	350	450	600	750	900	1050
Kraftbedarf bei Leerlauf ca. PS	3—4	4—5	5—6	5—7	6—8	7—9
Kraftbedarf pro Sägeblatt ca. PS	0,7	0,9	1,0	1,2	1,3	1,4
Umdrehungen pro Minute. . .	300	270	240	220	200	185

Horizontalgatter.

Weite zwischen den Ständern mm	580	1000	1300
Kraftbedarf . . . . ca. PS	6	7	9
Umdrehungen pro Minute	260	230	200

Kreissägen.

Blattdurchmesser mm	350	400	550	700	850	1000
Kraftbedarf . . . . . ca. PS	2	2,5	3—4	4—6	6—8	8—12
Umdrehungen pro Minute. . .	2800	2300	1650	1300	1075	875

Saumsägen.

Blattdurchmesser mm	550	700	850	1000
Kraftbedarf . . . . . . ca. PS	3—4	3—6	5—9	8—10

Bandsägen.

Rollendurchmesser mm	600	700	800	900	1000	1100
Kraftbedarf . . . . . ca. PS	1,5	2,0	2,5	3,0	3,5	4,0
Umdrehungen pro Minute. . .	700	600	500	480	450	400

Walzenhobelmaschinen.

Hobelbreite mm	400	500	600	700	800	1000
Kraftbedarf . . . . . ca. PS	3,0	3,5	4,0	4,5	5,0	6,0

Kehlmaschinen.

Hobelbreite mm	150	200	250
Kraftbedarf . . . . ca. PS	3—4	4—5	5—6

Zapfenfräsmaschine 3—5 PS
Zinkenschneid-
maschine. . . . . 2—3 PS
Rundstabhobel-
maschine. . . . . 2—3 PS
Kopiermaschine . . 2 PS
Gr. Langlochbohr-
maschine. . . . . 2—3 PS
Vertikale Bohr- und
Stemmaschine . . 2—3 PS

Sandpapierschleif-
maschine. . . . . 2—3 PS
Brennholzkreissäge 5—6 PS
Brennholzbandsäge 1 PS
Fahrbare Holzzer-
kleinerungsanlage 4—6 PS
Brennholzspalt-
maschine. . . . . ca. 2 PS

Maschinen zur Vermahlung des Getreides.

Mühlsteine.

Steindurchmesser mm	920	1080	1220
Kraftbedarf pro Paar . . . ca. PS	15—17	18—22	20—24
Umdrehungen pro Minute	220	180	150

Zweiwalzenstühle.

Walzenlänge mm	400	500	600	700	800
Schrotmühle . . . . . . $n = 300$					
Kraftbedarf. . . . . . . ca. PS	1,5	2,0	2,5	3,0	3,5
Universalstühle . . . . $n = 280$					
Kraftbedarf. . . . . . . ca. PS	2,0	2,5	3,0	3,5	4,0
Ausmahlstühle . . . . . $n = 250$					
Kraftbedarf. . . . . . . ca. PS	2,5	3,0	3,5	4,0	4,5
Flachmahlstühle . . . . $n = 250$					
Kraftbedarf. . . . . . . ca. PS	2,5	3,0	3,5	4,0	4,5

Vierwalzenstühle.

Walzenlänge mm	400	500	600	700	800	1000
Schrotstühle . . . $n = 340$						
Kraftbedarf. . . . ca. PS	3,0	3,5	4,0	4,5	5,0	6,0
Universalstühle . $n = 270$						
Kraftbedarf. . . . ca. PS	4,0	4,5	5,0	5,5	7,0	—
Ausmahlstühle . . $n = 220$						
Kraftbedarf. . . . ca. PS	4,0	4,5	5,0	5,5	7,0	8,0
Porzellanstühle. . $n = 200$						
Kraftbedarf. . . . ca. PS	5,0	5,5	6,0	6,5	7,0	—
Flachmahlstühle . $n = 250$						
Kraftbedarf. . . . ca. PS	5,0	5,5	6,0	6,5	7,0	8,0

Dreschmaschinen.

Trommelbreite		Trommel-durchmesser	Leistung in 10 ha ca. hl Körner	Antriebskraft
mm	Zoll	mm	1 hl = 20—25 Garben	ca. PS
770	30	460	80—110	5
920	36	500	100—170	6
1070	42	510	130—200	8
1220	48	560	170—270	10
1370	54	560	200—330	12
1525	60	610	270—420	15

Steinbrecher (Backenquetsche)

zum Zerkleinern von Erzen, Klinkern, Quarz u. ä. auf Nuß- bis Apfelgröße.

Stündliche Leistung . . ca. kg	2500	4000	6000	8000	10000
Kraftbedarf . . . . . ca. PS	3,0	5,0	8,0	12	14

Schmiedehämmer

Friktionshammer für Riementrieb.

Bärgewicht . . . . kg	100	150	200	250	300
Fallhöhe . . . . cm	130	140	150	160	170
Kraftbedarf . . . . ca. PS	2,0	3,0	4,0	5,0	6,0

Blattfedernhammer.

Bärgewicht . . . . . kg	30	60	100	150	200	250
Umdrehungen pro Minute .	300	225	175	150	135	120
Hubhöhe . . . . . mm	150	220	280	300	350	375
Kraftbedarf . . . ca. PS	1—2	2—4	4—7	6—9	8—13	10—15

Kühlmaschinen.

Ammoniaksystem.

Kälteleistung (auf Salzlösung) pro Stunde kcal . .	2500— 5000	7500— 15000	20000— 40000	60000— 80000	120000— 200000
Kraftbedarf pro 1000 cal . ca. PS	0,7—0,6	0,6—0,5	0,5—0,4	0,4—0,37	0,37—0,35

Kohlensäuresystem.

	1800— 2500	5000— 10000	15000— 20000
Kälteleistung pro Stunde kcal			
Kraftbedarf pro 1000 kcal ca. PS	0,75	0,55—0,5	0,48—0,47

Schwefligsäuresystem.

Kälteleistung pro Stunde kcal . . .	2000	3500	5000	7500
Kraftbedarf . . . . ca. PS	2,0	2,5	3,3	4,5

Verdichter (Kompressoren).

Für 1 m³ minutlich angesaugte Luft werden an der Welle benötigt (die Antriebsmotoren sind mit Rücksicht auf Riemenverlust, Spannungsschwankungen, Drucküberschreitung und dgl. 15—20% höher zu wählen):

Enddruck . . . . at	2	4	6	8	10
Bei einstufiger Verdichtung Kraftbedarf . . . . ca. PS	4,7	7,2	9,2	10,6	11,4
Bei zweistufiger Verdichtung Kraftbedarf . . . . ca. PS	—	6,0	7,4	8,3	9,1

Kreiselgebläse (Rootsgebläse, Kapselgebläse).

Luft pro Minute . . . . . m³	30	40	50	63	93	120	150	300
Kraftbedarf pro 100 mm Druck . . . . . . ca. PS	1,0	1,3	1,6	2,0	3,0	3,8	4,8	10

Hochdruckventilatoren benötigen gegenüber Gebläse 25—30% mehr Kraft.

Sauglüfter (Saugventilatoren).

Luft pro Minute . . . m³	62	85	150	285	425	600	900	1600
Kraftbedarf . . . ca. PS	2,4	3,0	5,5	10	14	20	28	48

Kreiselpumpen.

Max. Förderm. in l/Min...	300	600	1000	2200	4000	6000	10 000
Kraftbedarf pro 10 m Förderhöhe . . . ca. PS	1,4	2,5	3,8	7,8	13,9	19,5	31,0

Maschinen zur Ziegelfabrikation.

Kraftbedarf von Ziegelwerken.

Unter normalen Verhältnissen benötigen Ziegelwerke (ohne Kollergang) durchschnittlich 1,5—2,5 PS pro 1000 Ziegel Tageserzeugung. Der Kollergang für sich benötigt 1—1,5 PS pro 1000 Steine täglich.

Feinwalzwerk (mit Hartgußwalzen).

Walzendurchmesser × Breite mm	500 × 400	600 × 400	700 × 400
Kraftbedarf . . . . . . ca. PS	10—15	12—16	15—20

Tonschneider.

Leistung in Vollsteinen p. Std. ca.	100—200	600—1000	1200—2000
Kraftbedarf . . . . . . ca. PS	6—8	9—12	12—18

Tonmischer.

Leistung p. Std. ca. Vollsteine	1000—2000	2000—3000	2500—4000
Kraftbedarf . . . . . ca. PS	10—12	12—15	15—20

Schneckenziegelpressen.

Lstg. p. Std. ca. Ziegel	1200—1700	2000—3000	2500—3500	3000—4000
Kraftbedarf . ca. PS	8—12	16—20	18—25	20—30

Lehmmühlen.

Leistung per Stunde . . . . m³	1,5	3,0	10
Kraftbedarf . . . . ca. PS	1,0	2,0	5—7

Maschinen für Zement-, Kalk- und Gipsfabrikation.

Steinbrechmaschinen für Zement, Kalk, Gips, Koks, Quarz etc.

Brechmaulweite . . . . mm	310	410
Leistung pro Stunde . . . . kg	2000	3000
Kraftbedarf . . . . ca. PS	2—6	3—7

Glockenmühle.

Leistung pro Stunde . . . ca. kg	500	2000	4000	6000	10 000
Kraftbedarf . . . . ca. PS	1,5	3,5	5,0	7,5	10,0

2. Kraftstoff-, Schmieröl- und Dampfverbrauch für 1 PSh (Pferdekraftstunde) bei Wärmekraftmaschinen.

(Verbrauchszahlen für Treibgasmotoren Seite 226).

a) Verbrennungsmotoren (Mittelwerte).

	Art der Maschine	Art des Kraftstoffes, Heizwert	Kraftstoffverbrauch in g/PSh (m³/PSh)	Schmieröl-verbrauch in g/PSh
Dieselmotoren ohne Kompressor	Viertaktmotoren			
	4 . . . 20 PS	Gasöl	210 . . . 190	5 . . . 4
	20 . . . 100 ,,	10 000 kcal	190 . . . 175	4 . . . 3
	über 100 ,,		175 . . . 160	3 . . . 2
	Zweitaktmotoren mit Kurbelkastenladepumpe:			
	4 . . . 20 PS	Gasöl	220 . . . 190	8 . . . 6
	20 . . . 100 ,,	10 000 kcal	200 . . . 180	6 . . . 4
	über 100 ,,		180 . . . 170	4 . . . 3
	Viertaktmotoren mit Überladung: über 60 PS	Gasöl	175 . . . 165	3 . . . 2
	Zweitaktmotoren mit	10 000 kcal		
	Gebläse: über 60 PS		180 . . . 170	4 . . . 3
Dieselmotoren mit Kompressor		Gasöl 10 000 kcal	220 . . . 250	4 . . . 6
Glühkopfmotoren		Gasöl 10 000 kcal	250 . . . 300	6 . . . 10
Ottomotoren		Benzin 10 000 kcal	250 . . . 400	3 . . . 6
Leuchtgasmotoren		Leuchtgas 4200 kcal/m³	0,5 . . . 0,7 m²	2 . . . 5

Kompressorlose Dieselmaschinen. Der spez. Kraftstoffverbrauch (Verbrauch pro PSh) steigt bei Teillast gegenüber der Nennleistung ungefähr wie folgt:

$$
\begin{array}{ll}
\text{³/₄ Last} \quad . . . . & \text{Vollastverbrauch} \quad + \approx 10\%\\
\text{½ ,,} \quad . . . . & \text{,,} \quad + \approx 30\%\\
\text{¼ ,,} \quad . . . . & \text{,,} \quad + \approx 70\%\\
10\% \text{ Überlast} . . & \text{,,} \quad + \approx 3\%
\end{array}
\right\} \text{Mittel-werte}
$$

b) Sonstige Wärmekraftmaschinen (Mittelwerte).

	Art der Maschine	Brennstoffverbrauch p. PSh		Dampfverbrauch kg
		Stein-kohle kg	Braun-kohle kg	
Dampf-masch.	Auspuffmaschine	≈ 1,5	≈ 4	Sattdampf 9 . . . 11,5
	1 Zyl.-Kondens.-Masch.	0,7 . . . 0,75	1,9 . . . 2,2	Heißdampf 4,3 . . . 6,3
	Verb.- ,, ,,	0,6 . . . 0,7	1,7 . . . 2	Heißdampf 4,5 . . . 6
Dampflokomotiven		1,1 . . . 1.8	—	Heißdampf 6 . . . 11
Dampfturbinen		0,4 . . . 0,6	1,2 . . . 1,8	Heißdampf 3 . . . 6

3. Schema einer Wirtschaftlichkeitsberechnung[1]).

Zur Aufstellung ist ein 25-PS-Dieselmotor vorgeschlagen. Der Wirtschaftlichkeitsberechnung werden folgende Werte zugrunde gelegt:

I. Anlagekosten:

Motor mit Zubehör	2800,— RM.
Fracht, Verpackung	100,— ,,
Fundament und Montage.	250,— ,,
Kühlanlage	150,— ,,'
Zusammen	3300,— RM.

II. Betriebskosten:

Angenommene durchschnittliche Belastung des Motors 80% der Nennleistung, d. s. 20 PS. 300 Arbeitstage im Jahre × 8 Stunden pro Tag = 2400 Betriebsstunden im Jahre.

Kraftstoffverbrauch bei Nennleistung	190	g/PSh
,, 20 PS	200	g/PSh
Preis des Kraftstoffes . . . . 1 kg =	0,14	RM.
Schmierölverbrauch . . . . ca.	5	g/PSh
Preis des Schmieröles . . . . . . 1 kg =	0.50	RM.

Jahreskosten an Betriebsmittel:
400 Betriebsstunden × 20 PS = 48000 PSh

Aufwand an Gasöl		
48000 PSh × 0,200 × 0,14 =	1344,—·	RM.
Aufwand an Schmieröl		
48000 PSh × 0,005 × 0,50 =	120,—·	,,
Putzmaterial, Instandhaltung und Wartung angenommen mit 4% des Motorpreises, d. s.	112,—·	,,
Kühlwasserverbrauch kann vernachlässigt werden, da Umlaufkühlung vorgesehen . . .	—	
Zusammen	1576,—	RM.

III. Finanzdienst:

Amortisation 10% von RM. 3300,—	330,— RM.
Verzinsung 8% von 3300,— RM.	224,— ,,
Zusammen	554,— RM.

Aus den Jahreskosten an Betriebsmittel nach II (1576,— RM.) errechnet sich:

$$\text{die PSh mit } \frac{1578}{48000} \approx 3{,}3 \text{ Pf.}$$

$$\text{die kWh mit } 3{,}3 \cdot 1{,}36 \approx 4{,}5 \text{ Pf.}$$

Aus den gesamten Jahreskosten bestehend aus II und III (1576 + 554 + 2130,— RM.) errechnet sich:

$$\text{die PSh mit } \frac{2130}{48000} \approx 4{,}5 \text{ Pf.}$$

$$\text{die kWh mit } 4{,}5 \cdot 1{,}36 \approx 6{,}1 \text{ Pf.}$$

Obige Wirtschaftlichkeitsberechnung ist auf eine angenommene Lebensdauer des Motors von 10 Jahren aufgebaut. Da aber ein guter Motor unter obigen Bedingungen eine Lebensdauer von 20 Jahren haben kann, stellen sich in Wirklichkeit die Werte bedeutend günstiger.

[1]) Unter Zugrundelegung von Vorkriegspreise.

Umrechnung von Pferdestärken (PS) in Kilowatt (kW).

PS	0	1	2	3	4	5	6	7	8	9
0		0,75	1,47	2,21	2,94	3,68	4,41	5,15	5,88	6,62
10	7,35	8,09	8,83	9,56	10,30	11,03	11,77	12,50	13,24	13,97
20	14,71	15,45	16,18	16,92	17,65	18,39	19,12	19,86	20,59	21,33
30	22,06	22,80	23,54	24,27	25,01	25,74	26,48	27,21	27,95	28,68
40	29,42	30,16	30,89	31,63	32,36	33,10	33,83	34,57	35,30	36,04
50	36,77	37,51	38,25	38,98	39,72	40,45	41,19	41,92	42,66	43,39
60	44,13	44,87	45,60	46,34	47,07	47,81	48,54	49,28	50,01	50,75
70	51,48	52,22	52,96	53,69	54,43	55,16	55,90	56,63	57,37	58,10
80	58,84	59,58	60,31	61,05	61,78	62,52	63,25	63,99	64,72	65,46
90	66,19	66,93	67,67	68,40	69,14	69,87	70,61	71,34	72,08	72,81
100	73,55	74,29	75,02	75,76	76,49	77,23	77,96	78,80	79,43	80,17
110	80,90	81,64	82,38	83,11	83,85	84,58	85,32	86,05	86,79	87,52
120	88,26	89,00	89,73	90,47	91,20	91,94	92,67	93,41	94,14	94,88
130	95,61	96,35	97,09	97,82	98,56	99,29	100,0	100,8	101,5	102,2
140	103,0	103,7	104,4	105,2	105,9	106,6	107,4	108,1	108,9	109,6
150	110,3	111,1	111,8	112,5	113,3	114,0	114,7	115,5	116,2	116,9
160	117,7	118,4	119,1	119,9	120,6	121,4	122,1	122,8	123,6	124,3
170	125,0	125,8	126,5	127,2	128,0	128,7	129,4	130,2	130,9	131,7
180	132,4	133,1	133,9	134,6	135,3	136,1	136,8	137,5	138,3	139,0
190	139,7	140,5	141,2	142,0	142,7	143,4	144,2	144,9	145,6	146,4
200	147,1	147,8	148,6	149,3	150,0	150,8	151,5	152,2	153,0	153,7
210	154,5	155,2	155,9	156,7	157,4	158,1	158,9	159,6	160,3	161,0
220	161,8	162,5	163,3	164,0	164,8	165,5	166,2	167,0	167,7	168,4
230	169,2	169,9	170,6	171,4	172,1	172,8	173,6	174,3	175,0	175,8
240	176,5	177,3	178,0	178,7	179,5	180,2	180,9	181,7	182,4	183,1
250	183,9	184,6	185,3	186,1	186,8	187,6	188,3	189,0	189,8	190,5
260	191,2	192,0	192,7	193,4	194,2	194,9	195,6	196,4	197,1	197,8
270	198,6	199,3	200,1	200,8	201,6	202,3	203,0	203,7	204,5	205,2
280	205,9	206,7	207,4	208,1	208,9	209,6	210,4	211,1	211,8	212,6
290	213,3	214,0	214,8	215,5	216,2	217,0	217,7	218,4	219,2	219,9
300	220,7	221,4	222,1	222,9	223,6	224,3	225,1	225,8	226,5	227,3

4. Dieselmotor und Wasserturbine.

Ein Zusammenarbeiten von Motor und Turbine muß so erfolgen, daß in erster Linie die Turbinenleistung ausgenützt wird und erst bei Erreichung der Leistungsgrenze die Zusatzkraft (Motor) zur Wirkung kommt. Die Überschreitung der Leistungsgrenze macht sich durch ein Sinken der Turbinendrehzahl bemerkbar.

Damit der Motor erst bei Sinken der Turbinendrehzahl zur Leistungsabgabe herangezogen wird ist es wichtig, den Motor der Turbine etwas nacheilen zu lassen. Wäre dies nicht der Fall, so würde die Zusatzkraft zu früh eingreifen und bei einer etwas höheren Drehzahl die Turbine mitreißen. Es würde dann die Turbine angetrieben werden und diese, da sie der höheren Motordrehzahl nicht folgen kann, bremsend wirken.

Zur Vornahme der Drehzahlabstimmung empfiehlt es sich, die vollbelastete Turbine so einzustellen, daß die Haupttransmissionswelle eine um etwa 3% höhere Drehzahl als die Normaldrehzahl erhält, während das Übersetzungsverhältnis vom Motor zur Haupttransmissionswelle auf die Normaldrehzahl bezogen wird. Dadurch eilt der Motor der Turbine um etwa 3% der Drehzahl nach, bleibt vorläufig unbelastet und kommt erst dann zur Leistungsabgabe, wenn die Turbinendrehzahl sinkt.

5. Äußere Einflüsse auf Motorleistung und Kraftstoffverbrauch.

Einfluß der Betriebsorthöhe. Bei Aufstellung von Dieselmotoren in größeren Höhen als 400 m macht sich ein Leistungsabfall bemerkbar. Dieser beträgt $\approx 1,5\%$ je 100 m überschrittener Höhe.
Beispiel:
6-PS-Motor in 2000 m Höhe,
Höhendifferenz 2000 — 400 = 1600 m,

$$\text{Leistungsabfall} = \frac{1600}{100} \cdot 1,5 = 24\%, \text{ d. s. } \approx 1,5 \text{ PS.}$$

Der Motor würde demnach nur 6 — 1,5 = 4,5 PS leisten.

Auch der spez. Kraftstoffverbrauch wird durch größere Höhen beeinflußt und steigt der Verbrauch für alle Belastungsverhältnisse etwa folgend:

Bei Aufstellung in 1000 m um 3%,
,, ,, ,, 2000 m ,, 7%,
,, ,, ,, 3000 m ,, 14%.

Einfluß der Raumtemperatur. Bei höheren Raumtemperaturen als 25° C tritt eine Leistungsverminderung ein und kann diese mit je 1% pro 3° Mehrtemperatur angenommen werden.

6. Kühlarten und Kühlwasserverbrauch.

Durch den Verbrennungsvorgang entstehen im Zylinderinneren hohe Temperaturen. Wäre keine Kühlung vorhanden oder diese mangelhaft, so würde das Material überhitzt und der Betrieb wäre praktisch unmöglich.

Für die Abführung der für den Betrieb unzulässigen Wärme sorgt bei Dieselmotoren das Kühlwasser. Da aber die abgeführte Wärme einen Verlust bedeutet (ca. 30% der im Kraftstoff zugeführten Wärme) muß getrachtet werden, diesen Verlust möglichst niedrig zu halten, und zwar durch möglichst hohe Kühlwasser-Ablauftemperaturen. Allerdings sind dieser Maßnahme auch gewisse Grenzen gesetzt. Überschreiten die Betriebstemperaturen der Kolbenlaufbahn ein gewisses Maß, dann läßt die Schmierfähigkeit des Öles nach, so daß trotz steigenden Ölverbrauches ein Trockenlaufen des Kolbens, mindestens aber ein Festbrennen aller oder einzelner Kolbenringe eintreten kann. Ein längerer Betrieb in diesem Zustande kann schließlich ein Kolbenfressen verursachen. Diesen Mängeln kann durch bessere

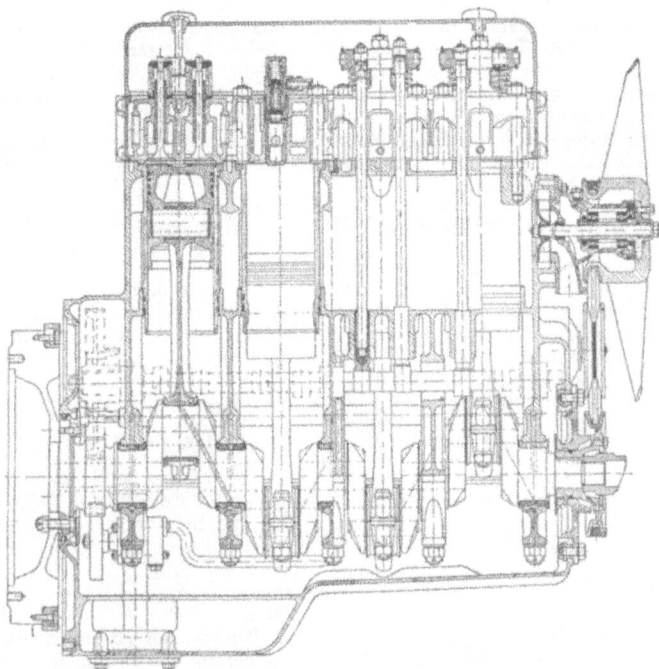

Bild 42. Fahrzeug-Diesel mit Kühlflügel für Zellenkühler.

Ölqualität, größere Ölmengen oder durch niedere Kühlwasser-Ablauftemperatur begegnet werden. Letztere Maßnahme ist meist die wirtschaftlichere.

Die durch praktische Erfahrung gefundene höchste Kühlwasser-Ablauftemperatur ist bei kleinen Dieselmotoren 50—70°, bei großen

40—50⁰ C. Oft kann schon mit Rücksicht auf die Beschaffenheit des Kühlwassers und die damit verbundene Kesselsteinbildung nicht über die angeführten Temperaturen gegangen werden.

Nicht immer ist die Höhe der Kühlwasser-Ablauftemperatur ein Maßstab für die richtige Kühlung des Motors. Jedes Wasser, insbesondere aber hartes Wasser, setzt an den warmen Zylinderwandungen Kesselstein an. Da Kesselstein wärmeisolierend wirkt, kann bei zu starken Anlagerungen die Wärmeaufnahme durch das Kühlwasser zu gering sein und daher trotz nicht sehr warmen Wassers die Motorkühlung ungenügend werden. Für eine einwandfreie Kühlung ist es daher auch notwendig, die Kühlwasserräume von Zeit zu Zeit auf Kesselstein zu untersuchen.

Um die Bildung von Kesselstein so viel als möglich zu verhüten, empfiehlt es sich, bei hartem Wasser mit der Ablauftemperatur nicht über 40⁰ C zu gehen. Auch erweist es sich als nützlich, nach erfolgtem Stillsetzen des Motors die Kühlung noch etwa 10 Minuten andauern zu lassen.

Ist aus irgendeinem Grunde das Kühlwasser ausgeblieben oder auf eine Temperatur von über 80⁰ gestiegen, dann empfiehlt es sich, den Motor stillzusetzen und den Arbeitszylinder langsam abzukühlen und reichlich zu ölen. Eine rasche Abkühlung etwa durch plötzliches Öffnen des Kühlwasserzuflusses kann schädliche Wirkungen auslösen.

Beschaffenheit des Kühlwassers. Ein Großteil der vorkommenden Zylinderdeckelsprünge ist auf örtliche Erhitzung infolge Kesselsteinbildung zurückzuführen. Dieser erschwert auch in dünnen Schichten die Abfuhr von Wärme durch das Kühlwasser, weshalb es notwendig ist, der Härte des verwendeten Kühlwassers eine besondere Aufmerksamkeit zu widmen.

Die Wasserhärte wird in Graden angegeben. Ein deutscher Härtegrad ist 10 mg Kalk oder 7,15 mg Magnesia pro 1 l Wasser. Dem entsprechen hier ungefähr folgende Anhaltspunkte:

0— 4 Grad . . Wasser sehr weich,   12—18 Grad . . ziemlich hart,
4— 8   „   . .   „   weich,   18—30   „   . . hart,
8—12   „   . .   „   mittelhart,   über 30   „ . . sehr hart.

Übersteigt die Härte eines Kühlwassers 15 deutsche Härtegrade, so ist es als zu hart anzusprechen und es empfiehlt sich, entsprechende Maßnahmen für dessen Enthärtung zu treffen. Welches Verfahren hiebei angewendet werden soll, hängt von dem Ergebnis der chemischen Analyse ab. Ein allgemeines Verfahren kann hier nicht angeführt werden, da die Ausscheidung der vorherrschenden Stoffe an bestimmte Verfahren gebunden ist. Oft hilft der Zusatz von 18 bis 20 g kalzinierte Soda oder 50 g Kristallsoda pro 1 Grad Mehrhärte über 15 Härtegrade und 1000 l Wasser.

Kühlwasser soll womöglich auch sand- und schlammfrei sein, da auch diese Bestandteile durch Festsetzen in den Kühlräumen die Kühlwirkung des Wassers behindert. Die Ausscheidung solcher Stoffe kann durch Reinigung des Wassers in Klärbecken erreicht werden.

Frischwasserkühlung. Die Motorkühlung mit Frischwasser findet dort Anwendung, wo genügend Wasser zur Verfügung steht und dieses keinen besonderen Wert darstellt. Ist das Wasser drucklos, so muß durch eine besondere Kühlwasserpumpe das Wasser durch den Motor gedrückt werden. Das abfließende erwärmte Wasser kann entweder gewerblich verwertet werden oder frei wegfließen. Der Kühlwasserverbrauch kann hierbei mit 15 bis 20 l pro PS und Stunde angenommen werden.

Umlaufkühlung. Muß mit Wasser gespart werden oder ist das Wasser nur unter Aufwand erheblicher Kosten aus dem Trinkwassernetz zu entnehmen, dann trachtet man, das in den Motor geleitete Kühlwasser wiederholt zu verwenden. Hierzu muß das Wasser rückgekühlt werden. Ein gebräuchliches Rückkühlverfahren besteht darin, daß man das erwärmte Wasser zur Abkühlung in offene Gruben oder Teiche leitet. Am besten eignen sich hierzu im Boden eingebaute

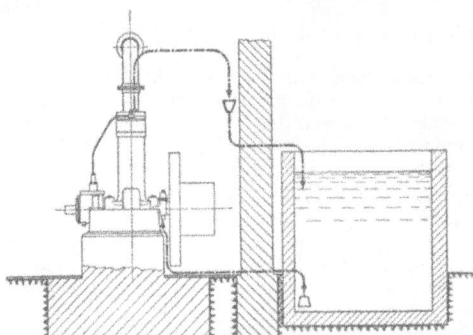

Bild 43. Umlaufkühlung.

oder auf demselben aufgebaute betonierte Behälter (Bild 43). Aus solchen Behältern saugt die Kühlwasserpumpe das notwendige Wasser und drückt es durch den Motor. Das abfließende Kühlwasser fließt erwärmt wieder in den Behälter zurück. Die Abkühlung erfolgt durch Verdunstung, wobei bei zu geringer Abkühlung, welche insbesonders bei lang andauerndem Betrieb eintritt, zeitweise Frischwasser zugesetzt werden muß. Bei Umlaufkühlung ist mit einem durchschnittlichen Kühlwasserverbrauch von 0,2 bis 0,5 l pro PS und Stunde zu rechnen, je nach Größe des Kühlbehälters. Bezüglich der Größenverhältnisse solcher Kühlbehälter diene die Bemerkung, daß je größer die Oberfläche des Behälters, desto besser die Kühlung ist. Den Inhalt der Behälter wähle man mit mindestens 250 l pro PS.

Rückkühler. Das bei Umlaufkühlung geübte Verfahren, Kühlwasser zwecks Rückkühlung in große Gruben oder Teiche zu leiten, hat den Nachteil, daß solche Gruben ziemlich groß werden und daher viel Platz beanspruchen. Um den Platzbedarf einzuschränken, ging man daran, das Wasser mittels Streudüsen zu zerstäuben, um es in Form eines feinen Sprühregens dem günstigen Einfluß der kühlenden Luft auszusetzen. Die Empfindlichkeit der Streudüsen gegen Verstopfung führte schließlich dazu, Rieselkühler zu bauen.

Bild 44 zeigt die Ausführung eines in einfachster Form ausgeführten Rieselkühlers. Das Kühlwasser gelangt vom Motor in ein mit kleinen Bohrungen (5—6 mm Durchm.) versehenes Verteilungsrohr und rieselt von da über ein großmaschiges Drahtsieb (Maschenweite 4—5 mm). Die durch das Sieb aufstreichende Luft sowie die Wasserverdunstung bewirken eine Abkühlung des Wassers. Da die Kühlflächen bei solchen Ausführungen verhältnismäßig klein sind, ist auch die Kühlung oft nicht genügend wirksam, so daß das Wasser, insbesondere bei langanhaltendem Betrieb öfter durch Frischwasser abgekühlt bzw. ersetzt werden muß. Solche Rückkühler haben jedoch den Vorteil kleiner Abmessungen, aus welchem Grunde sie besonders bei fahrbaren Anlagen (Lokomobilen) Verwendung finden. Ihre Kühlwirkung reicht bei noch brauchbaren Abmessungen bis zu einer Motorleistung von etwa 15 PS.

Als Anhalt für die Größenverhältnisse solcher Kühler diene: Inhalt des Behälters ca. 25 l pro PS. Größe der Siebfläche ca. 0,5 m² pro PS. Da-

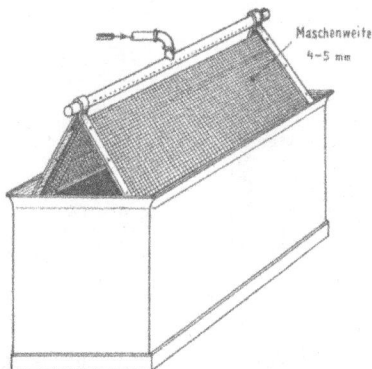

Bild 44. Rieselkühler.

mit die Wirksamkeit solcher Kühler erhöht wird, findet man nicht selten Ventilatoren angewendet, um größere Luftmengen an das Wasser zu bringen.

Gradierwerke. Eines der wirksamsten Mittel zur Rückkühlung von erwärmtem Wasser bietet das offene Gradierwerk. Gradierwerke haben insbesondere dann, wenn sie dem Wind allseitig zugänglich sind, eine gute Kühlwirkung und finden für Dieselanlagen eine verbreitete Verwendung. Das offene Gradierwerk (Bild 45) besteht aus einem System von Latten und Rinnen, welche in ein Holzgerüst eingebaut sind und über welche das abzukühlende Wasser rieselt. Durch die aufstreichende Luft erfolgt ein Wärmeaustausch zwischen Luft und Wasser, wodurch dem Wasser ein größerer Teil der Wärme durch Verdunstung entzogen wird. Bei allen Rieselverfahren geht somit ein Teil der Kühlwassermenge verloren.

Leistung der Gradierwerke. Vorbedingungen für gute Kühlung sind: Größe der Berührungsfläche zwischen Luft und Wasser, Menge der kühlenden Luft und deren Ausnützung zur Kühlung, die Dauer der Berührung von Wasser und Luft und schließlich die Art der Berührung von Wasser und Luft. Wie bei jedem Wärmeaustausch ist auch bei Gradierwerken der sog. Gegenstrom, d. h. kälteste Luft mit kältestem Wasser und wärmste Luft mit wärmstem Wasser theoretisch das Günstigste.

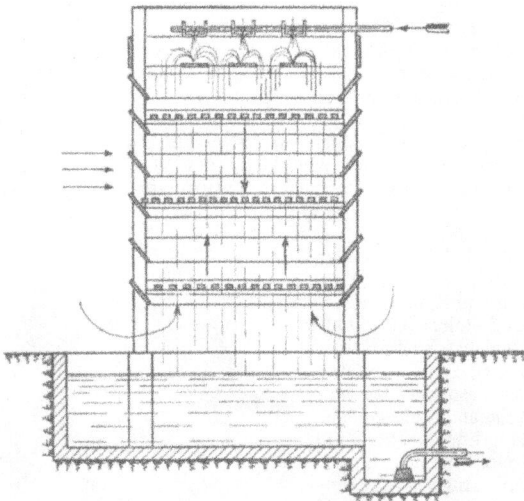

Bild 45. Gradierwerk.

Nachstehende Zahlenreihe zeigt, welche niederst erreichbaren Wassertemperaturen bei einer bestimmten Lufttemperatur und gut ausgeführten Gradierwerk zu erwarten sind, wobei eine durchschnittliche Luftfeuchtigkeit angenommen wurde:

Lufttemperatur . . . . °C —5 0   5 10 15 20 25 30 35

Erreichbare Kaltwasser-
temperatur . . . . . °C 22 23 24 25 27 30 33 36 39

Da bei Dieselanlagen hauptsächlich Lattengradierwerke Anwendung finden, sollen für deren Bemessung folgende Anhaltspunkte dienen:

Grundfläche ca. 2 m² pro m³ stündlich durchfließender Wassermenge.

Höhe vom Erdboden bis Warmwassereinlauf — bis etwa 60 PS 4 m, über 60 PS etwa 6 bis 7 m.

Inhalt des Wasserbehälters unterhalb des Gradierwerkes etwa 50 l pro PS und Stunde.

Beispiel: Durch einen Dieselmotor von 60 PS Leistung fließen stündlich 1200 l Kühlwasser. Welche Hauptabmessungen soll das Gradierwerk erhalten?

Grundfläche 2 · 1,2 = 2,4 m².

Bei einer gewählten Länge des Gradierwerkes von 1,6 m ist

die Breite $\frac{2,4}{1,6} = 1,5$ m.

Die Höhe des Gradierwerkes vom Erdboden gemessen wird mit 4 m gewählt.

Der Inhalt des Wasserbehälters unterhalb des Gradierwerkes soll 60 · 50 = 3000 l oder 3 m³ betragen.

Die Tiefe des Wasserbehälters wird demnach $\dfrac{3}{2,4} = 1,25$ m.

Die Planung sehr großer Gradierwerke bedarf besonderer Erfahrungen, weshalb die Ausführung solcher Anlagen Spezialfirmen vorbehalten ist.

Gradierwerke haben einen durchschnittlichen Wasserverbrauch von etwa 1,5 l pro PSh.

Zellenkühler bestehen aus einem festen Rahmen, auf welchem oben und unten je ein Wasserkasten angeordnet ist. Innerhalb dieses

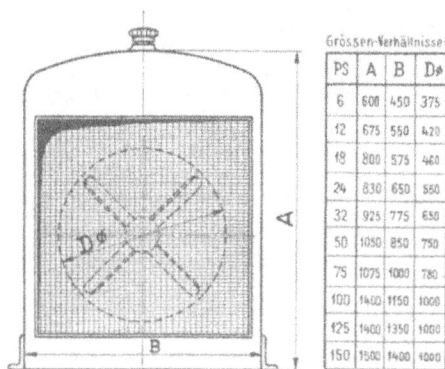

Grössen-Verhältnisse

PS	A	B	D∅
6	600	450	375
12	675	550	420
18	800	575	460
24	830	650	550
32	925	775	650
50	1050	850	750
75	1075	1000	780
100	1400	1150	1000
125	1400	1350	1000
150	1500	1400	1000

Bild 46. Zellenkühler.

Rahmens liegt der Kühlkörper, durch welchen das Kühlwasser kreist. Ein durch einen Ventilator erzeugter Luftzug bewirkt die Abkühlung des Wassers.

Verdampfungskühlung. Die Kühlung von Motoren durch reine Verdampfung des Kühlwassers ist nur bei kleinen Leistungen (bis etwa 10 PS) gebräuchlich. Der Kühlraum solcher Motoren ist so gebaut, daß er kastenförmig um den Zylinder liegt und der sich entwickelnde Dampf durch eine oberhalb des Kastens angeordnete Öffnung entweicht.

Bei Verdampfungskühlung kann mit einem Frischwasserverbrauch von 1,5 bis 2 l pro PS und Stunde gerechnet werden.

IV. Kraftstoffe und Schmiermittel.

1. Die Kraftstoffe des Dieselmotors.

Als Kraftstoffe für Dieselmotoren kommen in Betracht: Die Destillationsprodukte des rohen Erdöles, des Braunkohlenteeres und des Steinkohlenteeres. Letztere nur im beschränkten Maße und mit besonderen Einrichtungen am Motor. Schließlich finden in kraft-stoffarmen Gegenden auch Pflanzenöle Verwendung (Kolonien).

Erdöl. Das Erdöl (Naphtha, Rohpetroleum) ist das direkt aus der Erde gewonnene Öl und sieht in der Farbe schwarz bis braun aus. Es hat starken charakteristischen Benzin- und Teergeruch. Das Einheitsgewicht des Erdöles liegt zwischen 0,75 und 0,97. Der Heizwert ist durchschnittlich 10000 kcal.

Schon das rohe Erdöl wäre nach gründlicher Reinigung von den anhaftenden mechanischen Beimengungen zum Betriebe von Dieselmaschinen geeignet, doch ist seine Verwendung wegen des hohen Wertes seiner leichtflüchtigen Bestandteile (Benzin, Petroleum), welche sonst verloren wären, seltener. Aus diesen Gründen wird das rohe Erdöl einem Destillationsprozeß unterzogen, wobei die verschiedenen

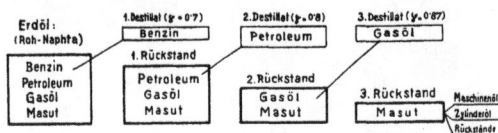

Bild 47.

Kraftstoffe gewonnen werden (vgl. Schema Bild 47). Das Mittel. destillat Gasöl ist dann besonders für den Betrieb von Dieselmotoren geeignet. Die Bezeichnung Gasöl ist darauf zurückzuführen, daß dieses Destillat vorzüglich zur Herstellung von Ölgas, wie es zur Beleuchtung von Eisenbahnwagen diente, geeignet ist.

Allgemein werden die Dieselmotoren-Kraftstoffe einfach als Rohöl bezeichnet, obwohl dies nicht richtig ist, da dieselben schon ein Destillationsprodukt des rohen Erdöles sind.

Gasöl. Gasöl ist der meist in Verwendung stehende Betriebsstoff für Dieselmaschinen. Es ist je nach Herkunft hellgelb, bläulich schimmernd, braun und auch undurchsichtig. In der hochverdichteten Luft des Motors eingespritzt, zündet Gasöl leicht und auch dann, wenn die Zylinderwandungen anfänglich noch kalt sind. Der Motor springt mühelos an. Das Einheitsgewicht des Gasöles liegt zwischen 0,85 und 0,88. Der Heizwert ist durchschnittlich 10000 kcal. Gasöl hat einen Flammpunkt von über 65° C und entwickelt bei gewöhnlicher Temperatur keine entzündbaren Dämpfe. Es ist somit nicht feuergefährlich.

Masut. Masut, Pacura sind die Destillationsrückstände des Erdöles und unter bestimmten Voraussetzungen ebenfalls zum Betriebe von Dieselmotoren, und zwar besonders solcher größerer Leistungen

102

geeignet. Diese Öle sehen dunkelbraun bis schwarz aus, haben starken Teergeruch und sind meist dickflüssig. Für ihre Verwendung ergibt sich daher die Notwendigkeit einer Vorwärmung. Das Einheitsgewicht von Masut und Pacura liegt zwischen 0,89 und 0,95. Der durchschnittliche Heizwert beträgt 10500 kcal. Der Flammpunkt liegt bei 80 bis 140° C.

Braunkohlenteer. Die Destillate des Braunkohlenteeres führen verschiedene Namen, wie: Gasöl, Solaröl, Gelböl, Rotöl usw. Braunkohlenteeröle lassen sich im Dieselmotor gut verwerten und haben ähnliche Eigenschaften wie die aus Erdölen gewonnenen Mitteldestillate.

Steinkohlenteer. Steinkohlenteeröle sind nur bei Anwendung besonderer Hilfsmittel für Dieselmotorenbetrieb geeignet, da dieselben schwer zünden. Bei dem heutigen Stande der Technik von Verbrennungsmotoren, scheiden Steinkohlenteeröle für den Betrieb kleinerer Dieselmotoren noch aus, da es noch nicht gelungen ist, bei kleinen Maschinen Steinkohlenteeröle zu einwandfreier Zündung und Verbrennung zu bringen. Dieselmotoren größerer Leistungen sind jedoch mit Steinkohlenteerölen zu betreiben, wobei es aber notwendig ist, Destillationsprodukte des Erdöles als zusätzliche Zündöle zu verwenden. Dies bedeutet eine Komplikation der Einspritzvorrichtung, welche bei Großdieselmaschinen mit in Kauf genommen werden kann. Das Einheitsgewicht der Steinkohlenteeröle liegt über 1, der Heizwert ist ca. 9100 kcal. Der spez. Brennstoffverbrauch (Verbrauch pro PSh) ist im Verhältnis zu normalen Gasölen 10—20% höher.

Pflanzenöle. Pflanzenöle wie Palmöl, Olivenöl, Erdnußöl, Sojabohnenöl usw., deren physikalische Daten grundverschieden von denen des Gasöles sind, eignen sich auch trotz des hohen Flammpunktes (ohne besondere Hilfsmittel) für den Betrieb von Dieselmotoren. Der Heizwert solcher Öle beträgt im Mittel 8800 kcal. Der spez. Kraftstoffverbrauch steigt gegenüber normalem Gasöl um etwa 20—30%. Nachteilig ist die höhere Zähigkeit besonders für die Einspritzvorrichtungen, weshalb man die Zähigkeit durch Erwärmung verringern muß.

2. Wahl geeigneter Kraftstoffe.

Für den Betrieb von Dieselmotoren finden zunächst solche Öle den Vorzug, welche bei der Gebrauchstemperatur dünnflüssig sind und keine Bestandteile absondern. Diese Öle benötigen keine Vorwärmung, sind leicht zu handhaben und durch Rohrleitungen zu fördern. Ferner müssen die Kraftstoffe einen gewissen Grad von Reinheit besitzen, keine schädlichen Beimengungen enthalten und dürfen nur Spuren von Wasser aufweisen.

Der Flüssigkeitsgrad läßt sich annähernd nach dem Augenschein bestimmen. Das Einheitsgewicht wird am einfachsten mittels Aerometer bestimmt. Aus dem Einheitsgewicht lassen sich bei einigen

Kraftstoffsorten Schlüsse auf den Heizwert ziehen (kleineres Einheitsgewicht, höherer Heizwert)[1]).

Das Vorhandensein von Verunreinigungen, Absonderungen usw.
ist in krassen Fällen durch einfaches Sondieren zu erkennen. Fein
verteilte feste Stoffe, Kohle, Ruß u. a. werden erkenntlich, wenn ein
Tropfen des Kraftstoffes auf eine Glasplatte oder auf Papier gebracht
und mit etwas Benzin begossen wird.

Die Kraftstoffanalyse gibt darüber Aufschluß, welche Eigenschaften ein bestimmtes Öl besitzt. Aus den gefundenen Werten
und an Hand von Vergleichen kann geschlossen werden, ob das Öl als
Kraftstoff geeignet ist. Es ist aber zu bemerken, daß unter Umständen
die Daten der Analyse allein für ein einwandfreies Urteil nicht immer
genügen. Es können auch bisher noch nicht ausreichend erforschte
Eigenschaften des untersuchten Öles, dieses für einen störungslosen
Betrieb unbrauchbar machen. Daraus ergibt sich oft die Notwendigkeit, die Kraftstoffanalyse mit einem praktischen Versuch zu verbinden.

3. Analytische Daten und deren Verwertung.

Einheitsgewicht (γ). In der Regel ist das Einheitsgewicht
eines flüssigen Kraftstoffes um so größer, je größer die Menge der
schwer verdampfbaren Bestandteile ist. Mit dem Einheitsgewicht
steigt auch gewöhnlich die Zähflüssigkeit.

Heizwert. Je größer der Heizwert eines flüssigen Kraftstoffes
ist, desto wertvoller ist er auch für Verbrennungsmaschinen. Bei heiz-
warmen Ölen steigt der spez. Kraftstoffverbrauch.

Für die Beurteilung des Heizwertes ist immer der untere Heizwert (H_u) maßgebend.

Verdampfung. Die Siedeanalyse, deren Resultate in einer
Verdampfungskurve zusammengefaßt werden, gibt Aufschluß, wieviel
Anteile eines flüssigen Kraftstoffes bei einer bestimmten Temperatur
verdampfen. Aus solchen Verdampfungskurven kann man im allgemeinen auch entnehmen, wie groß die Entflammbarkeit und somit
die Feuergefährlichkeit des Kraftstoffes ist.

Für Dieselmotoren hat die Verdampfungskurve gegenüber Vergasermotoren untergeordnete Bedeutung. Wichtig ist, daß bei einer
bestimmten Temperatur ein bestimmter Prozentsatz überdestilliert.
Bei Dieselmotoren-Treibölen sollen bis 300° C mindestens 60% über-
destillieren.

Flammpunkt. Als Flammpunkt bezeichnet man diejenige
Temperatur, bei welcher die Dämpfe des Kraftstoffes mit Luft ein
entzündbares Gemisch geben und bei Vorbeistreichen einer Brennquelle
entflammen, aber nicht weiterbrennen. Der Flammpunkt hat auf die
Verbrennung im Dieselmotor wenig Bedeutung. Trotzdem z. B. bei
Pflanzenölen der Flammpunkt bedeutend über den der Gasöle liegt

---

[1]) Durch eine einfache Formel kann man aus dem Einheitsgewicht
ziemlich genau den Heizwert eines Kraftstoffes berechnen. Sie lautet:

$$\text{Heizwert} = 6600 + \frac{3000}{\text{Einh. Gew.}} \text{ kcal.}$$

(240—320⁰ C gegen 60—110⁰ C), lassen sich Pflanzenöle im Dieselmotor gut verbrennen. Für die Lagerung und Transport spielt der
Flammpunkt dagegen eine bedeutende Rolle, und zwar mit Rücksicht auf die Einreihung in die Gefahrenklasse bezüglich Feuergefährlichkeit.

Brennpunkt ist die Temperatur, bei welcher die Dämpfe des
flüssigen Kraftstoffes, wenn sie mit einer Flamme in Berührung
kommen, in dauerndes Brennen geraten. Der Brennpunkt liegt gewöhnlich 20—60⁰ höher als der Flammpunkt.

Zündpunkt ist diejenige Temperatur, bei welcher die Dämpfe
des erwärmten Kraftstoffes mit Luft gemischt sich selbst entzünden.
Für die Bestimmung des Zündpunktes wird eine Platte gleichmäßig erwärmt und Kraftstoff darauf getropft. Die Temperatur der
Platte bei Entzündung des Tropfens entspricht dem Zündpunkte.

Für Dieselmotoren gut geeignete Öle haben einen Zündpunkt
von ca. 400⁰ C.

Stockpunkt. Um einen ungefähren Anhalt für das Verhalten
eines Öles bei Kälte zu haben, wird der Stockpunkt angegeben. Es ist
dies diejenige Temperatur, bei welcher das ruhig lagernde Öl zu stocken
beginnt. Der Stockpunkt ist abhängig vom Paraffingehalt, Asphalt,
Wasser usw.

Viskosität. Zur Beurteilung der Zähflüssigkeit eines Kraftstoffes insbesondere bei dickflüssigen Ölen oder niederen Temperaturen
dient eine Verhältniszahl (s. S. 106).

Zündwilligkeit. Die Zündwilligkeit wird in Cetenzahl angegeben.
Je größer die Cetenzahl, desto zündwilliger ist ein Kraftstoff und desto
kleiner der Zündverzug[1]). Dieselmotorenkraftstoffe sollen möglichst
zündwillig sein.

Zur Beurteilung der allgemeinen Brauchbarkeit verschiedener
Kraftstoffe für den Betrieb von Dieselmotoren an Hand der hauptsächlichsten Analysendaten können nachstehende Richtlinien dienen:

Unterer Heizwert	mindestens	9800 kcal
Oberer Heizwert	,,	10500 ,,
Einheitsgewicht bei 20⁰ C	unter	0,920
Verhalten in der Kälte	noch fließend bei	—5⁰ C
Viskosität nach Engler bei 20⁰ C	unter	4
Flammpunkt im offenen Tiegel	über	65⁰ C
Verdampfbarkeit		
bis 300⁰ C sollen überdestillieren	mindestens	60%
,, 350⁰ C ,, ,, ...	,,	60%
Gehalt an:		
Wasser	höchstens	0,5%
Schwefel	,,	1,5%
Asche	,,	0,03%
Asphalt	,,	0,70%
Wasserstfff	mindestens	11,80%
Verkokungsrückstand	höchstens	1,80%

[1]) Unter Zündverzug ist die Zeit vom Eintritt des Kraftstoffes in den
Zylinder bis zum Druckanstieg über die Verdichtungslinie zu verstehen.
Dieser Zeitabschnitt ist zur Erhitzung des Kraftstoffes auf seine Selbst-
zündtemperatur, erforderlich.

Nachstehend noch einige Hinweise über den Einfluß verschiedener Bestandteile des Kraftstoffes auf dessen Verhalten beim Betriebe von Dieselmotoren.

Paraffin. Öle mit hohem Paraffingehalt sind bei gewöhnlicher Temperatur noch ausreichend dünnflüssig. Bei Kälte wird Paraffin ausgeschieden, und dann erstarren solche Öle oft plötzlich.

Asphalt. Je asphalthaltiger ein Öl ist, um so größer ist dessen Zähigkeit. Es ist daher erforderlich, asphalthaltige Öle vorzuwärmen. Die Verbrennung asphalthaltiger Öle bereitet bei entsprechender Vorbehandlung keine Schwierigkeiten, doch soll gewöhnlich der Asphaltgehalt 0,7% nicht überschreiten.

Schwefel ist in fast allen Treibölen enthalten. Der Schwefelgehalt beträgt bis zu 1,5%. Öle mit größeren Schwefelgehalt sollen möglichst nicht verwendet werden, da es unter Umständen nicht ausgeschlossen ist, daß durch die Bildung von Schwefeleisen insbesonders an den Nadeln der Düsen Beschädigungen auftreten können.

Naphthalin. Bei größerer Kälte scheidet sich das Naphthalin aus, so daß das Fortleiten und Zerstäuben des Kraftstoffes beeinträchtigt wird. Um dies zu verhindern, muß stark naphthalinhaltiges Öl bei niederen Raumtemperaturen vorgewärmt werden.

Asche. Ein Aschegehalt von über 0,03% kann unter Umständen zu rascherer Abnützung von Zylinderlaufbahn, Kolben und Kolbenringe führen.

Wasser. In den meisten Fällen enthalten Treiböle Wasser. Größerer Wassergehalt setzt den Heizwert des Öles herab, erschwert die Entzündung und Verbrennung und kann in Anwesenheit von Schwefel zur Bildung von Schwefelsäure beitragen. Der Wassergehalt soll nicht über 0,5% betragen.

Säuregehalt. Der Säuregehalt soll nicht über 0,3% betragen.

4. Schmiermittel und deren Auswahl.

Begriffe.

Einheitsgewicht (γ). Beim Schmieröl lassen sich aus dem Einheitsgewicht keine besonderen Schlüsse ziehen. Die Feststellung des Einheitsgewichtes kann höchstens dazu dienen um zu prüfen, ob das gelieferte Öl mit dem Muster übereinstimmt.

Unter Viskosität (Zähigkeit, innere Reibung) versteht man eine Zahl, welche angibt, wievielmal langsamer eine bestimmte Ölmenge aus einem engen Röhrchen ausfließt als eine gleichgroße Menge Wasser. Die Viskosität wird ausgedrückt in Englergraden (Deutschland) oder in Redwood (England) bzw. Seybold-Sekundenzahlen (V. St.) unter Angabe der Meßtemperatur. Bei den Zähigkeitsmessern von Redwood (R) und Seybold (S) wird als Zähigkeitsmaß die Ausflußzeit in Sekunden angegeben.

Der Englergrad ist das Verhältnis

$$\frac{\text{Ausflußzeit von 200 cm}^3 \text{ Öl bei der Meßtemperatur}}{\text{Ausflußzeit von 200 cm}^3 \text{ dest. Wasser von 20}^0 \text{ C.}}$$

Der Flammpunkt bezeichnet jene Temperatur, bei der sich bildende Dämpfe, wenn sie mit einer Flamme in Berührun g kommen entzünden, ohne daß sie jedoch weiterbrennen.

Stockpunkt ist jene Temperatur, bei welcher das Öl in der Eprouvette derart erstarrt, daß während zweier Minuten aus dieser kein Öl mehr ausfließt.

Notwendige Eigenschaften der Schmiermittel.

Nach dem heutigen Stande der Schmiertechnik unterscheidet man Flüssigkeitsreibung, Mischreibung und trockene Reibung. Letztere scheidet bei aufeinander beweglichen Teilen fast vollkommen aus. Das erstrebenswerte Ziel ist die Flüssigkeitsreibung, bei welcher eine völlige Trennung der Gleitflächen durch eine zusammenhängende Schmierschichte erreicht wird. Dieser Zustand ist möglich, aber bis heute in der Praxis trotzdem selten anzutreffen.

Selbst feingeschliffene Wellen weisen, unter dem Mikroskop betrachtet, noch bedeutende Unebenheiten auf. Ebenso die Laufflächen der Lagerschalen. Nähern sich nun Welle und Lagerschale so weit, daß die Vorsprünge der Unebenheiten sich berühren, dann wird der geschlossene Schmierfilm zerstört, die Flüssigkeitsreibung geht in Mischreibung über, d. h. zu der Flüssigkeitsreibung kommt noch metallische Reibung dazu.

Diesen Umständen soll nun das Schmieröl weitgehendst Rechnung tragen und es muß daher die Eigenschaften besitzen, welche die Bildung eines möglichst geschlossenen Schmierfilms begünstigen. Das Schmiermittel muß somit an den sich bewegenden Teile gut anhaften, um metallische Reibung möglichst zu verhindern. Aber selbst bei Ausschaltung jeder metallischen Reibung wird die Größe der Reibung auch noch von dem Grade der Zähflüssigkeit (Viskosität) beeinflußt. Je geringer die Viskosität, desto dünnflüssiger ist das Öl, desto geringer die Reibung und desto kleiner die zur Bewegung erforderliche Kraft. Daraus darf aber nicht der Schluß gezogen werden, daß ein Öl von kleinster Viskosität das beste Schmiermittel ist. Aus der Viskosität allein kann überhaupt nicht auf die Güte des Schmieröles geschlossen werden. Die Viskosität ist hauptsächlich abhängig von der Außentemperatur und von der Betriebstemperatur. Ein Öl, welches im Winter gute Dienste leistet, kann im Sommer, sobald die Temperatur über 30° C steigt, so dünnflüssig werden, daß es dem äußeren Druck keinen Widerstand entgegensetzen kann. Das Öl wird dadurch von der Schmierfläche entfernt und die Flächen kommen dann in unmittelbare Berührung. Die Reibung und die dadurch erzeugte Wärme steigt, das Lager geht heiß. Die Zuführung großer Mengen Öles kann den Übelstand nicht beheben, sondern nur verschleiern, da eine größere Kühlwirkung eintritt.

Im allgemeinen muß ein gutes Schmieröl, besonders für Verbrennungskraftmaschinen, folgende Eigenschaften besitzen:

1. Es soll klebrig sein, d. h. es muß an den Flächen gut anhaften.
2. Es soll seinen günstigen Zustand gegenüber Druck und Temperatur möglichst wenig verändern.

3. Es muß die seinem Verwendungszwecke angepaßte Viskosität haben. Zu zähes Öl verursacht Kraftverlust und erschwert das Anlassen.
4. Es darf keine das Material angreifende Säuren und krustenbildende Harze enthalten.
5. Es muß frei von mechanischen Unreinigkeiten sein und darf an der Luft nicht eintrocknen oder verdicken.
6. Es muß schmieren, kühlen und abdichten. Gutes Schmieröl soll möglichst rückstandsfrei verbrennen.

Die physikalischen und chemischen Eigenschaften der im Handel befindlichen Schmieröle sind dem Käufer meistens unbekannt. Dagegen sind die hauptsächlichsten Analysendaten, wie:

> Viskosität,
> Einheitsgewicht,
> Flammpunkt,
> Stockpunkt,

von den meisten Schmierölen bekannt. Wenn auch diese Daten schon einen Schluß auf die Verwendbarkeit des Öles für einen bestimmten Zweck zulassen, muß man sich trotzdem hüten, aus diesen Daten allein auch auf die Qualität zu schließen. Es gibt verschiedene Schmieröle, welche fast gleiche obige Daten aufweisen und trotzdem in Qualität grundverschieden sind. Bemerkenswert ist noch, daß z. B. zwei Schmieröle, die bei einer gewissen Temperatur die gleiche Viskosität haben, bei einer höheren oder niedrigeren Temperatur erheblich voneinander abweichen.

Um jene Ölsorte feststellen zu können, die dem gewünschten Zwecke am besten entspricht, sind reiche Erfahrungen notwendig. Diese Erfahrungen können nur durch gründliche Versuche in den Fabrikbetrieben erworben werden. Damit diese Versuche verläßliche Ergebnisse zeitigen, müssen sie in größerem Maßstabe durch eine längere Zeit ausgeführt werden und sind auf eine größere Anzahl von Maschinen auszudehnen. In den Betriebsvorschriften der meisten Fabriken findet man daher für die Maschinen, und besonders Spezialmaschinen, Hinweise für die am besten geeigneten Schmierölsorten.

Für die Schmierung von Verbrennungskraftmaschinen kommen durchwegs Mineralöle in Betracht. Langsamlaufende und nicht hohen Temperaturen ausgesetzte Maschinenteile, wie z. B. Kolben der Wasserpumpen u. a. werden mitunter mit Starrschmiere (konsistente Fette) geschmiert.

Mineralöle werden hauptsächlich durch Destillation und Raffination des Erdöles (Rohöl, Naphtha) oder auch durch trockene Destillation aus Braunkohle, Steinkohle, Torf, Erdwachs usw. gewonnen. Letztere Gewinnungsart kommt für Motorenöle fast nicht in Betracht. Diese Öle dienen mehr als Beimengungen zu anderen Ölen. Die Mineralöle unterscheiden sich in ihrer chemischen Zusammensetzung von den Pflanzen- und Tierfetten bzw. Ölen dadurch, daß sie reine Kohlenwasserstoffe sind, also nicht wie jene Sauerstoff enthalten. Im auffallenden Licht zeigen alle Mineralöle einen eigentümlichen bläulichen Schimmer, wodurch sie leicht von anderen Ölen unterschieden werden können. Das Einheitsgewicht der Mineralöle liegt zwischen 0,88 und 0,94, sie entwickeln brennbare Gase bei 120⁰ bis 250⁰ C. In der Farbe sind sie sehr verschieden, wasserhell, licht- bis dunkelblau und auch undurchsichtig. Es ist jedoch hervorzuheben, daß die Farbe des Öles keinen Schluß auf die Qualität zuläßt. Da oft lichtere Öle den dunkleren vorgezogen werden, tragen die Raffinerien diesem Umstande Rechnung und überbleichen die von Natur dunkleren Öle.

Brauchbare Dieselmotoröle haben durchschnittlich folgende Eigenschaften:

Einheitsgewicht . . . . ca. 0,93
Viskosität nach Engler bei 50⁰ C . . . . .   6...9
Stockpunkt höchstens . . . .   —5⁰ C
Flammpunkt im offenen Tiegel . . . . .   200...250⁰ C.

Die Werte des Sommer- und Winteröle für Fahrzeugmotoren können aus Zahlentafel S. 110 entnommen werden.

Unter besonderen Umständen erscheint die Verwendung sog. gefetteter Öle (Compoundöle) empfehlenswert. Dies gilt u. a. da, wo Zutritt von Wasser zur einzelnen Schmierstelle, reines Mineralöl fortwaschen würde, während gefettetes Öl emulgiert und haftet. Die Fettung der Öle erfolgt durch Zusatz von entsprechenden ausgewählten tierischen und pfanzlichen Fettstoffen.

Starrschmiere oder konsistente Fette sind gewöhnlich Mischungen von Pflanzenölen mit Kalk und Natronlauge. Um eine Absonderung des Öles zu verhindern, wird etwas Kolophonium beigemengt. Ein gutes konsistentes Fett soll möglichst harz- und säurefrei sein.

Zähigkeitsmaße

$E =$ Englergrade,
$R =$ Redwood-Standard-Sekundenzahlen,
$S =$ Saybold-Universal-Sekundenzahlen.

Beispiel: Für $E = 140$ ist $R = 4100$ s und $S = 4830$ s.

Besondere Hinweise

Einfluß der Zähigkeit (Viskosität). Im allgemeinen kann man sagen, daß dünne Öle dort angewendet werden müssen, wo die Welle mit hoher Geschwindigkeit umläuft, der Lagerdruck und die Lagertemperatur gering sind und

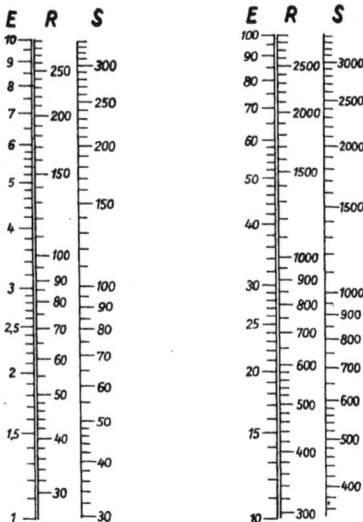

Diese Leiter gilt auch für die zehnfachen Werte.

Bild 48.

sich die Lager, da zweckmäßig gebaut, im guten Betriebszustande befinden.

Dickflüssige Öle sind bei langsamlaufenden Wellen, großen Lagerdrücken oder hohen Lagertemperaturen anzuwenden.

Ausnützung der Öle. Je nach verschiedenartiger Konstruktion und Arbeitsweise der betreffenden zu schmierenden Maschine findet man die verschiedensten Schmiersysteme angewendet (Frischölschmierung, Schleuderschmierung, Umlaufschmierung u. a.).

Dort, wo das Öl nach Passieren der Schmierstelle ausläuft, ist die Veränderung, die das Öl nach der Arbeitsleistung erfahren hat, von geringer Bedeutung. In Fällen aber, wo das Öl nach Durchlaufen durch die Lager gesammelt und nach Filtration entweder in demselben Lager oder zu ähnlichen Zwecken wieder verwendet wird, muß es solche Eigenschaften besitzen, wie sie für Umlaufzwecke erforderlich sind.

Öle und Fette (Kenndaten).

Öl- bzw. Fettart	Zähigkeit[1] (°E) bei (°C)		Stockpunkt (°C)	Flammpunkt (°C)	Einh.-Gewicht (g/cm³).
Maschinenöle					
Dieselmotorenöl . . .	6..:9	50	< −5	200 (b. 250)	0,88...0,93
Lagerschmieröl . . .	3...7	50	< −5	> 165	< 0,93
Elektromotorenöl . .	3...8[2])	50	< −5	> 180	0,87...0,93
Verdichteröl (normal)	4...10	50	< −5	> 200	< 0,93
Verdichteröl (für Hochdruck) . .	4...6	100	< −5	> 250 (b. 300)	< 0,94
Zylinderöl (für Dampfmasch). .	4...8	100	12	> 280 (b. 330)	0,94
Kältemaschinenöl . .	6...12	20	< −20 (b. −40)	> 145	0,88...0,92
Werkstattöle					
Automatenöl	2...5	50	< 0	> 140 (b. 220)	0,88...0,92
Bohröl	—	—	—	—	0,95
Härteöl	22...24	50	< 10	> 180 (b. 330)	0,90
Rüböl	11..15	50	10...15	220	0,91
Autoöle					
Motor-Sommeröl . .	12...20	50	< 0 (b. −18)	> 230 (b. 280)	0,88...0,94
Motor-Winteröl . . .	4...12	50	< −10 (b. −30)	> 200 (b. 250)	0,88...0,93
Flugmotorenöl	12...24	50	< −15 (b. −25)	> 240 (b. 290)	0,88...0,92
Getriebeöl , ...	20...24	50	< −10	> 175	< 0,95

Fette	Tropfpunkt (°C)				
Getriebefett	> 120		−35	205	0,95
Kugellagerfett	> 80 (b. 180)		−40	160	0,91...0,95
Heißlagerfett	> 140 (b. 175)		−15	270	0,95
Starrfett	> 80		−65	—	0,90...0,94

[1]) Zähigkeitsmaße s. S. 106.

[2]) Unter 4,5° E für schnellaufende, über 4,5° E für langsamlaufende Motoren.

Öle für Spritzöl und Umlaufschmierung müssen wegen der unausgesetzten Beanspruchung, welcher sie ausgesetzt sind, von besonderer Güte sein und eine gewisse Widerstandsfähigkeit gegen den Luftsauerstoff und gegen Erhitzung auch in dünner Schicht aufweisen.

Alte, abgenützte Schmieröle können durch Filtration oder Schleudern nicht mehr die frühere Güte erhalten. Soll die frühere Schmierfähigkeit wieder erreicht werden, so müssen sie gewissen Regenerationsverfahren unterzogen werden.

Ölpflege. Der Pflege des Schmieröles soll man möglichst weitgehende Sorgfalt angedeihen lassen. Dies gilt insbesondere dann, wenn das Öl mehrfache Verwendung finden soll. Es sind alle in das Öl eingedrungenen Verunreinigungen, wie Wasser, Schmutz usw., zu entfernen, um es für Wiederverwendung oder andauernden Gebrauch ausnützungsfähig zu erhalten. Im Umlaufsystem arbeitende Öle dehnt sich die Pflege auch auf die Instandhaltung der dem gesunden Zustand der Öle beeinflussenden Einrichtungen, wie Ölkühler, Ölfilter usw., aus.

Die Behandlung wenig gebrauchten Öles zur Wiederverwendung wird in geeigneter Weise derart vorgenommen, daß die zur Reinigung bestimmter Ölmengen entweder in Schleudern (Zentrifugen) gereinigt werden oder die Reinigung in mechanischen Filtern erfolgt. Nötigenfalls müßte das Schmieröl in Klärbassins vorgereinigt werden. Bei Reinigung in Filtern empfiehlt es sich, die Öltemperatur auf etwa 70⁰ zu bringen.

V. Aufstellung und Montage ortsfester Dieselanlagen.

1. Das Motorfundament.

Die Aufstellung ortsfester Dieselmotoren erfolgt in der Regel auf gemauerten Fundamenten. In Ausnahmefällen können für kleinere Motoren auch Holzfundamente benützt werden, doch handelt es sich meist hierbei um provisorische Anlagen.

Für die Ausführung der Fundamente stellt gewöhnlich die Lieferfirma die nötigen Zeichnungen bei, weshalb im nachstehenden nur die für die Anfertigung eines Motorenfundamentes allgemein gültigen Richtlinien angeführt werden.

Aufstellungsort. Den Aufstellungsort bestimmen fast immer die Platzverhältnisse, die Lage der anzutreibenden Maschinen u. a.

Da Dieselmotoren im Betriebe ein ihnen eigenes Geräusch verursachen und unter Umständen störende Erschütterungen auslösen, muß dies bei Wahl des Aufstellungsortes berücksichtigt werden. Gleichzeitig ist in Betracht zu ziehen, daß nicht genügend gedämpfte Abgase einen gewissen Lärm verursachen, welcher insbesondere in der Nähe von Wohnungen störend wirken kann. Schließlich können auch Auspuffgase durch Geruch die Nachbarschaft belästigen. Aus diesen Gründen ist bei der Wahl des Aufstellungsortes Rücksicht zu

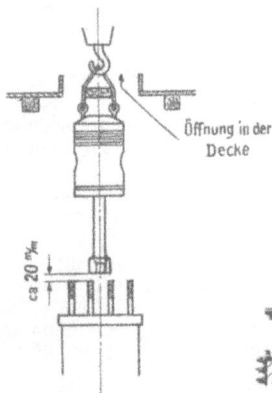

Öffnung in der
Decke

ca 20 %

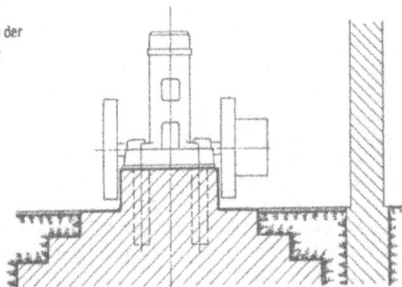

Bild 49.   Bild 50. Treppenfundament.

nehmen und müssen schon bei Aufstellung einer Dieselanlage, die nötigen Vorkehrungen zur Vermeidung von Störungen oder Belästigungen getroffen werden.

Bestehen bezüglich der Bodenbeschaffenheit Zweifel, dann ziehe man einen erfahrenen Bauunternehmer zu Rate und lasse den Baugrund untersuchen, um, wenn nötig, schon entsprechende Isolierungen gegen Erschütterungen vorsehen zu können. Dies ist auch aus dem Grunde notwendig, weil es oft nicht ausgeschlossen ist, daß die Eigenschwingungen eines Gebäudes mit den Schwingungen des Fundamentes bzw. der Maschine zusammenfallen können und somit durch Resonanz bedeutende Erschütterungen auslösen würden. Oft sind solche Erschütterungen am Aufstellungsort kaum merkbar und stören aber besonders in darüber liegenden Stockwerken oder benachbarten Gebäuden. Solche Störungen können mitunter auch dann noch auftreten, wenn keine direkte Verbindung zwischen Motorfundament und umgebenden Bau oder Erdreichteilen vorliegt.

Erlauben es die Platzverhältnisse, so sei darauf hingewiesen, daß die Aufstellung eines besonderen Maschinenhauses in den meisten Fällen Vorteile bietet.

Die Höhe des Motorenraumes soll so bemessen sein, daß bei Motoren stehender Bauart der Kolben samt Triebwerk aus dem Zylinder gezogen werden kann (Bild 49). Erlauben es die Raumverhältnisse, so ordne man auch einen Träger zur Befestigung eines Flaschenzuges an. Läßt der Raum eine solche Höhe nicht zu, dann muß in der Decke oberhalb des Motors eine Öffnung angebracht werden, durch welche der Kolben samt Triebwerk gezogen werden kann.

Um den Motorenraum stets ordentlich und sauber halten zu können, empfiehlt es sich, den Fußboden zu belegen. Ein geeigneter Bodenbelag für solche Zwecke sind Fliesen (Kacheln), da von diesen Öl und Schmutz leicht entfernt werden können.

112

Motorfundament. Für größere Dieselmotoren soll der Fundamentklotz entweder aus hartgebrannten Ziegeln oder Portland-Beton bestehen. Die Form des Klotzes selbst hängt besonders in seinem unteren Teil von der Beschaffenheit des Baugrundes ab.

Die Zeichnungen der Lieferfirma enthalten gewöhnlich keine Angaben über die Tiefe des Fundamentes, sondern führen lediglich an, daß das Fundament bis auf gewachsenen Grund zu führen ist. Unter gewachsenem Grund wird fester, nicht aufgeschütteter Boden verstanden.

Bei schlechtem Baugrund müssen bezüglich der Form des Fundamentes besondere Vorkehrungen getroffen werden. Es muß das Fundament so verbreitert werden, daß ein möglichst geringer Flächendruck auf den Baugrund zu wirken kommt. Die Verbreiterung erfolgt durch treppenförmiges Absetzen des Fundamentes (Bild 50).

Ist ein Baugrund sehr weich (Morast), so wird die Verwendung eines Pfahlrostes nach Bild 51 notwendig. Die Pfähle müssen entweder bis auf tragfähigen Grund getrieben oder mindestens so bemessen werden, daß die Reibung des Erdreiches am Pfahlumfang das aufgesetzte

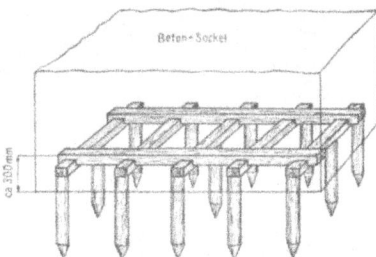

Bild 51. Pfahlrost.

Fundament trägt. Um ein Verfaulen des Pfahlrostes zu verhindern, sind die einzelnen Teile vor Verwendung gut zu imprägnieren. Der Rost ist so tief zu legen, daß der niederste Grundwasserspiegel mindestens 50 cm über denselben zu liegen kommt.

Anzeichnen des Fundamentes. Für das Anzeichnen oder Ausschnüren eines Motorfundamentes sind zwei Gesichtspunkte maßgebend:

a) Die Transmission oder anzutreibende Maschine ist bereits vorhanden. Der Antriebsmotor wird neu aufgestellt;
b) die ganze Anlage wird neu aufgestellt.

a) Transmission ist bereits vorhanden

Ausgangspunkt für das Aufzeichnen des Fundamentes ist die Transmission bzw. die Lage der vom Motor angetriebenen Riemenscheibe. Motorachse und Transmissionswelle müssen genau parallel liegen.

Für die Erfüllung dieser Bedingung wird die genaue Lage der Transmissionswelle abgesenkelt und am Fußboden unterhalb der Welle eine Richtlinie (Ausgangslinie) gezogen oder durch eine gespannte Schnur gekennzeichnet (Bild 51a). Die Festlegung der Lage der Transmissionsriemenscheibe ist gleichfalls nötig, und auch diese wird durch Absenkeln auf den Fußboden übertragen. Bei Durchführung dieser

Arbeit empfiehlt es sich, an die Riemenscheibe ein etwa 1,5 m langes Richtscheit zu befestigen und an dessen Ende herabzusenkeln. Nach einer Drehung der Transmissionswelle um 180° wird nochmals gesenkelt und die zwei so erhaltenen Lotpunkte durch eine Linie verbunden. Diese Verbindungslinie wird nun über die Mitte des neu aufzustellenden Fundamentes gezogen.

Von den beiden so erhaltenen Richtlinien ausgehend, können alle wichtigen Punkte des zu errichtenden Fundamentes festgelegt werden.

Um Irrtümer zu vermeiden, empfiehlt es sich, die Lotpunkte auf am Boden befestigte kleine Holzbrettchen zu bezeichnen und die Verbindungslinien durch an die Wand befestigte Schnüre festzuhalten.

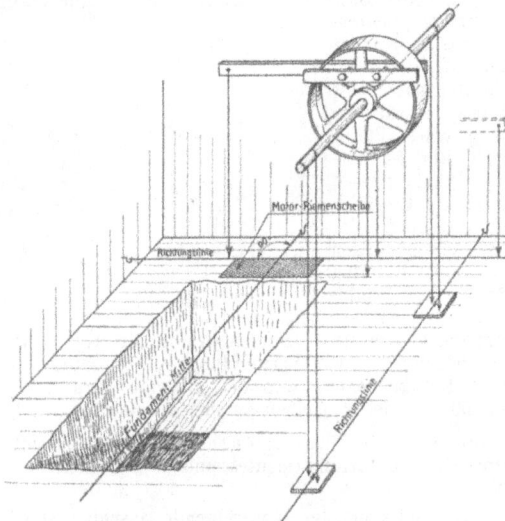

Bild 51 a. Ausschnüren.

Sind die Wände zu weit entfernt, so befestige man die Schnüre an im Boden eingeschlagene Holzpflöcke.

Für die weiteren Arbeiten am Fundament erweist sich die Verwendung einer Lattenschablone nach Bild 52 als sehr nützlich. Diese Schablone stellt in ihren Ausmaßen den Grundriß des Fundamentes in natürlicher Größe dar. Sie enthält alle notwendigen Mittelrisse, Ausnehmungen für Fundamentschrauben, Schwungräder usw. und erspart so wiederholtes Messen.

Bei größeren Anlagen werden über den Fundamentschacht Balken und Bretter gelegt und die Mittellinien sowie nötige Ausnehmungen durch Brettchen bezeichnet. Von den so bezeichneten Stellen kann dann auf die Fußsohle gesenkt werden.

114

b) Motor und Transmission werden neu aufgestellt

Bei vollkommenen Neuaufstellungen ist es einfacher, erst die genaue Lage der Transmission auszumitteln und dann die Lage des Motorfundamentes zu bestimmen. Kleine Abweichungen können nachträglich durch die Lage des Motors ausgeglichen werden.

Die Ausmittelung einer Transmissionswelle gestaltet sich einfach, doch ist zu beachten, daß keine übermäßigen Nacharbeiten oder Unterlagen an Konsolen-, Wand- oder Hängelager notwendig werden.

Ziegelfundamente. In neuerer Zeit werden die früher viel angewandten Ziegelfundamente immer mehr durch Betonfundamente ersetzt. Dies hat seinen Grund darin, weil Betonfundamente je m³ schwerer als Ziegelfundamente sind und sich mitunter auch billiger stellen. (1 m³ Ziegelfundament wiegt 1600 kg gegen 2200 kg bei Beton.)

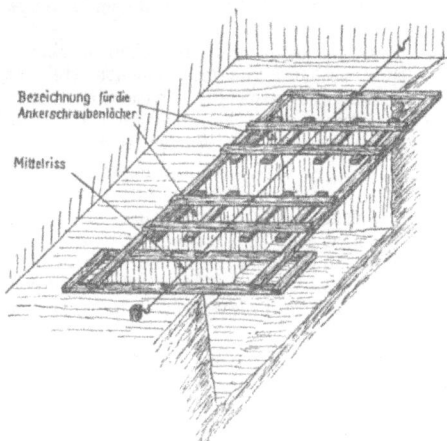

Bild 52. Lattenschablone.

Die Anwendung von Ziegelfundamenten erstreckt sich immer mehr auf behelfsmäsige Fundamente, wo es darauf ankommt, diese wieder leicht abtragen zu können.

Der Materialbedarf eines Ziegelfundamentes ist, wenn keine Öffnungen vorhanden sind, ca. 400 Stück hartgebrannte Ziegel je m³. Der verbindende Mörtel besteht aus einem Teil Portlandzement und 3 Teilen körnigen, nicht lehmhaltigen Sand. Die erforderliche Mörtelmenge kann je m³ Fundament mit 0,28 m³ angenommen werden.

Damit der Mörtel besser bindet, müssen die Ziegelsteine vor Vermauern gut mit Wasser benetzt werden.

Für das Abbinden eines solchen Fundamentes können unter normalen Temperaturverhältnissen ca. 5 Tage gerechnet werden. Fehlt die für das Abbinden notwendige Zeit, dann füge man bei behelfsmäßigen Ziegelfundamenten dem Mörtel etwas Gips bei oder verwende Metallzement. Letzterer bindet auch bei Frost und ermöglicht so eine raschere Benützung des Fundamentes.

Betonfundamente. Das Material für Betonfundamente ist Portlandzement, Quarzsand und Kies. Die Mischungsverhältnisse können je nach an das Fundament gestellte Anforderungen verschiedene sein. Für Dieselmotoren ist ein Mischungsverhältnis von 1:3:6 gebräuchlich. Bei diesem Mischungsverhältnis werden je m³ benötigt:

ca. 240 kg Zement,
0,45 m³ Sand und
0,9 m³ Kies.

Der Kies muß gemischt sein, und zwar in Stücken von Erbsengröße bis etwa 5 cm Durchmesser. Steht Flußkies zur Verfügung, so kann man durch Aussieben das Verhältnis zwischen Sand und trockenem Kies feststellen und danach die hinzuzufügende Menge von grobem Kies berechnen.

Besteht der verfügbare Kies nur aus groben Stücken, dann müssen die freibleibenden Zwischenräume mit Zementmörtel ausgefüllt werden. Zur Bestimmung der notwendigen zusätzlichen Mörtelmenge ist ein Gefäß von bekanntem Inhalt mit solchem Kies zu füllen und der Inhalt der Zwischenräume mittels Wasser festzustellen.

Die Vorbereitungen für die Aufführung eines Betonfundamentes bestehen im Ausheben der Fundamentgrube und Anfertigung einer Holzverschalung, welche den Fundamentsockel ringsherum umgeben muß. Gewöhnlich wird zwecks Vermeidung einer Übertragung von Schall und Erschütterungen ein Luftspalt von ca. 50 bis 100 mm zwischen Fundament und umgebenden Erdreich vorgesehen (Bild 53). In solchen Fällen muß die Holzverschalung bis auf die Sohle des Fundamentes reichen.

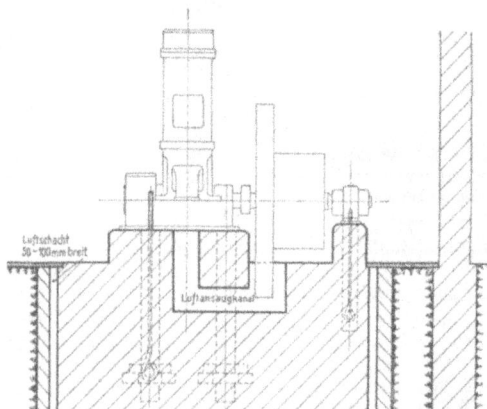

Bild 53. Betonfundament eines 40-PS-Zweitakt-Dieselmotors.

Für Hohlräume oder Ausnehmungen etwa für Ankerschrauben u. dgl. sind rechtzeitig Sparhölzer an die betreffenden Stellen zu bringen. Solche Sparhölzer müssen genügend konisch und glatt ausgeführt sein. Sie können entweder aus einem Stück oder aus Bretter zusammengefügt werden (Bild 54).

Bei Aufbereitung des Betons werden ein Teil Zement mit drei Teilen Quarzsand trocken gut durchgemischt und dann mit Wasser derart befeuchtet, daß nach nochmaligem Durchschaufeln eine feuchte Masse entsteht. Hierauf werden sechs Teile des mit Wasser benetzten Kieses dem Mörtel zugegeben und das Ganze gehörig durchgemischt. Der zur Verarbeitung gelangende Beton muß erdfeucht sein.

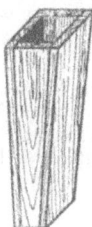

Bild 54. Sparholz.   Bild 55. Steinschraube.   Bild 56.

Bild 57. Fundamentanker.   Bild 58. Fundamentanker mit Ankerplatte.

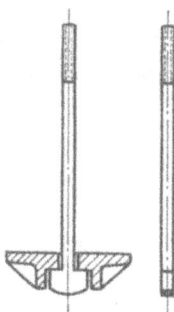

Die Aufführung des Fundamentes erfolgt in Schichten von 10 bis 15 cm Höhe, wobei der Beton solange gestampft wird, bis die einzelnen Steinchen gut aneinander geschmiegt sind. Die Aufbereitung und Verarbeitung muß ziemlich rasch erfolgen, da sonst die Güte des Materials leidet.

Während des Betonierens werden die für die Ankerschrauben vorgesehenen Sparhölzer mit fortschreitendem Bau langsam nach oben gezogen, um sie schließlich bis nach Anziehen des Betons oben zu belassen. Um ein Festsetzen der Hölzer durch Aufquellen zu ver-

117

meiden, sind diese nach Fertigstellung des Bauwerkes täglich leicht zu bewegen und können nach Erhärten des Betons entfernt werden.

Sind gußeiserne Platten für die Fundamentanker vorgesehen, so müssen dieselben während des Fundamentbaues mit einbetoniert werden (Bild 56). Damit beim Bau des Fundamentes nicht etwa Material in den Raum (*A*) fällt und diesen vollfüllt, empfiehlt es sich, auf die Ankerplatte ein Stück dünner Dachpappe zu legen, welche man dann beim Einbringen der Ankerschraube durchstößt.

Die Höhe des aufzuführenden Fundamentes halte man etwa 3 cm unterhalb des in der Zeichnung angegebenen Maßes, um nach Untergießen der Maschine auf die zeichnungsmäßige Höhe zu kommen.

Das Abbinden größerer Betonfundamente erfordert etwa 8 bis 10 Tage, wonach mit der Montage der Maschine begonnen werden kann. Die Inbetriebsetzung der Maschine selbst soll erst nach weiteren 14 Tagen erfolgen.

Holzfundamente. Kleinere Motoren, welche den Aufstellungsort viel wechseln müssen, wie z. B. Motoren zum Antrieb von Waldsägen u. a. werden oft auf Holzfundamente gebaut. Ein solches Fundament besteht aus einem soliden Holzrahmen, welcher auf in den Boden geschlagenen Pfählen ruht und darauf befestigt wird.

2. Transportarbeiten.

Maschinen und deren Bestandteile sind immer empfindliche Transportgüter, weshalb schon von der Fabrik aus durch entsprechende Verpackung gegen Schäden vorgesorgt wird.

Kleine Motoren gelangen fast immer montiert zur Versendung, während große Maschinen wegen des höheren Gewichtes in noch gut transportable Bestandteile zerlegt werden müssen.

Um einen leichteren Transport auf Walzen und sonstigen Hilfsmitteln zu ermöglichen, wird das Transportgut vorteilhaft auf einen soliden Holzschlitten aufgeschraubt und dann von Wänden so umgeben, daß das Ganze die Form einer Kiste annimmt (Bild 59). Schwere und rohe Bestandteile werden nicht verschalt, sondern nur auf Holzschlitten montiert.

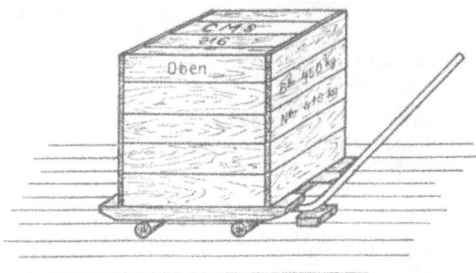

Bild 59. Transportgut auf Walzen.

Die Fortbewegung der so verpackten Güter in waagerechter Richtung erfolgt auf Eisenwalzen, welche gewöhnlich aus Gasrohren mit einem Durchmesser von ca. 50 mm bestehen. Die Last wird mittels Brecheisen (Hebebaum) angehoben und vorerst eine Walze eingeschoben. Ist dies erfolgt, dann wird sie mittels Brecheisen so lange langsam fortbewegt, bis eine Kippstellung eintritt und das Unterschieben einer zweiten Walze ermöglicht. Läuft eine Walze aus, dann wird diese ausgehoben und vorne wieder eingeschoben. Will man die Richtung ändern, so ist die vordere Walze unter einen entsprechenden Winkel einzulegen.

Alle Bewegungen dürfen nur langsam durchgeführt werden, da große Massen, wenn sie in zu rasche Bewegung geraten, nur schwer beherrscht werden können.

Schrägtransporte führe man immer auf einer Bohlenbahn durch, dabei sind Walzen ganz zu vermeiden; außerdem sichere man die Last durch Seile. Erweist sich die gleitende Reibung als zu groß, dann helfe man mit einem Gleitmittel (Schmierseife) nach.

Stufenweiser Transport durch Unterklotzen ist, da schwierig und gefährlich, nach Möglichkeit zu vermeiden.

Für senkrechte Bewegung einer Last bediene man sich eines guten Flaschenzuges, welcher an Balken oder an einem Dreifuß befestigt wird. Mitunter benützt man auch Handwinden. Bei letzteren sorge man dafür, daß diese immer gut fassen und ihr Fuß einen sicheren Halt besitzen.

Anbindearbeiten.

Für das Heben von Lasten finden hauptsächlich Hanfseile oder Drahtseile Verwendung. Ketten werden nur vereinzelt benützt, da bei diesen etwaige Beschädigungen der Glieder nur schwer bemerkt werden können. Bei Verwendung von Ketten unterziehe man diese vor Gebrauch einer genauen Untersuchung.

Das bequemste Anbindemittel ist das Hanfseil, da es gut schmiegsam ist und sich leicht knoten läßt. Drahtseile finden mehr als Schlingen (Schlupfen) Anwendung. Einige Ausführungen von Seilknoten, Verbindungen und Anhängearten zeigt Bild 61.

Die Beschaffenheit eines richtigen Knotens muß so sein, daß er durch das Gewicht der angehängten Last nicht auseinandergezogen werden kann, andererseits aber seine Lösung ohne Schwierigkeit erfolgt.

Um einen Knoten wieder leicht lösen zu können, empfiehlt es sich, durch die Schlinge einen Holzkeil zu stecken.

Scharfe Kanten beschädigen die Seile. Man vermeidet dies dadurch, daß die Kanten mit Polster oder. Lappen umwunden oder diese zwischen Kante und Seil geklemmt werden.

Wird eine Last an den Kranhaken gebunden, dann beachte man, daß deren Schwerpunkt unter denselben zu liegen kommt. Dadurch

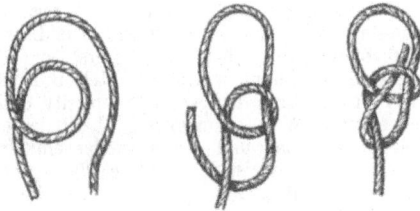

Bild 60. Schlingen eines Knotens.

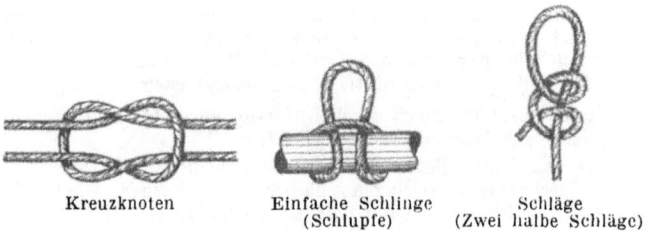

| Kreuzknoten | Einfache Schlinge (Schlupfe) | Schläge (Zwei halbe Schläge) |

| Hakenstich einfach | Hakenstich mit Schleife | Schotenstich |

Bild 61. Verbindungen und Anhängearten.

wird ein Kippen oder Schrägziehen der Last vermieden. Das gewaltsame Einzwängen von Seilen in den Kranhaken mit Hammer oder sonst harten Gegenständen ist unzulässig, weil dadurch die Seile beschädigt werden.

Angehängte Lasten sollen immer erst dann abgehängt werden, wenn man sich von der sicheren Lagerung derselben überzeugt hat. Auch ist es ein Gebot der Sicherheit, Arbeiten unter hängenden Lasten zu vermeiden oder auch die Lasten unnötig lange am Kranhaken hängen zu lassen.

Hat eine Last keine Einhängevorrichtung, dann lagere man sie immer so, daß jederzeit Seile unter dieselbe geschoben werden können. Dies wird durch Unterschieben eines Holzbalkens zwischen Last und Boden erreicht.

Zulässige Belastung von Hanf- und Drahtseilen.

Seil	Zug gerade			Zug unter 45°
	einfach	zweifach	vierfach	vierfach
Seildurch-messer				
mm	kg	kg	kg	kg

Runde Hanfseile aus reinem, ungeteertem Schleißhanf
bei achtfacher Sicherheit.

15	150	300	600	400
20	275	450	900	650
25	450	900	1800	1200
30	610	1250	2500	1700
35	825	1650	3300	2200
40	1100	2200	4400	3050
45	1400	2800	5600	3700
50	1700	3400	6800	5200
60	2400	4800	9600	6400

Runde, verzinkte Drahtseile bei achtfacher Sicherheit.

10	520	1050	2100	1400
12	820	1650	3300	2200
14	1100	2200	4400	3050
16	1650	3300	6600	4400
18	2100	4200	8400	5600
20	2400	4800	9600	6400
22	2850	5700	11400	7600
24	3300	6600	13200	8800

Zulässige Belastung von Lastketten.

Eisenstärke in mm	5	6	6,5	7	8	9	10	11
Nutzlast in kg	250	360	400	490	640	810	1000	1210

Eisenstärke in mm	12	13	14	15	16	17	18	19
Nutzlast in kg	1440	1690	1960	2250	2560	2900	3240	3600

Eisenstärke in mm	20	21	22	23	24	25	26	27
Nutzlast in kg	4000	4400	4840	5300	5760	6260	6760	7280

121

3. Aufbau des Motors am Fundament.

Vorbereitungen und Arbeitsgang. Während kleine Motoren komplett montiert auf ihr Fundament gestellt werden können, müssen große Motoren erst am Fundament wieder aufgebaut werden.

Mit Beginn der Motoraufstellung warte man bis der Motorraum überdacht sowie Türen und Fenster angebracht sind. Während der Montage dürfen Bauarbeiten nicht mehr im Raum vorgenommen werden, um ein Eindringen von Maurersand oder sonstiger Verunreinigungen in die Motorteile zu vermeiden. Der Fußboden wird gewöhnlich nach Montage des Motors gelegt; um auch von hier aus nichts befürchten zu müssen, muß dieser reingefegt und mit Wasser besprengt werden. Für entsprechende Hebezeuge, wie Flaschenzüge, Balken, Holzgerüste u. a. ist beizeiten Vorsorge zu treffen, damit die Arbeiten nicht erst durch Beschaffung der notwendigen Hilfsmittel verzögert werden. Gleichfalls bereite man schlanke Eisenkeile von ca. 40 mm Breite und 100 mm Länge für das Unterlegen der Grundplatte vor. Man benötigt für jeden Fundamentanker je 2 Stück, wovon einer links und einer rechts angeordnet wird. Liegen die Fundamentanker sehr weit auseinander, so ist auch zwischen den Ankern je ein Keil vorzusehen. Stehen keine Eisenkeile als Unterlagen zur Verfügung, so ist starkes Eisenblech zu verwenden. Unterlagen aus Holz sind nicht zu empfehlen, da Holz leicht eingedrückt wird und durch Feuchtigkeit aufquellen kann.

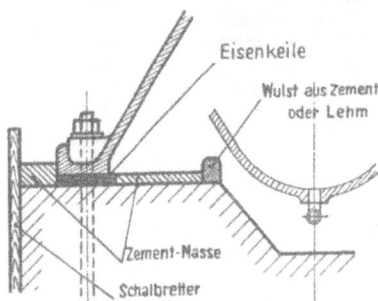

Bild 62.

Die Sparhölzer werden aus dem bereits gut angezogenen Fundamentklotz gezogen und in die so entstandenen Ausnehmungen die Fundamentankerschrauben eingesetzt. Um letztere aber leicht in die Bohrungen der Motorgrundplatte bringen zu können, empfiehlt es sich, an jede Ankerschraube ein Stück Binddraht zu befestigen, mit welcher sie dann hoch gezogen werden kann.

Werden Ankerplatten verwendet, so versäume man nicht, vor Einbringen der Ankerschraube die Stellung des Hammerkopfes an deren Ende zu bezeichnen, um dann die Schraube in die richtige Lage bringen zu können. Nach dem Einstecken wird der Hammerkopf um 90 Grad verdreht.

Ragt das Kurbelgehäuse unter der Grundplatte vor und befindet sich hiefür eine entsprechende Ausnehmung im Fundament, dann ordne man für das spätere Untergießen des Motors am Rande dieser Ausnehmung einen Zementdamm nach Bild 62 an. Dies ist für alle sonstigen Ausnehmungen, wie etwa für Rohre, Luftansaugeschaft u. a. notwendig. Der Zementdamm soll das spätere Eindringen von Vergußmasse in die entsprechenden Ausnehmungen verhindern.

Für das Heben der Grundplatte sind die Kurbelwelle samt Lager zu entfernen und die Lagerdeckel wieder an ihren Platz zu schrauben. Durch die Lagerdeckel wird ein starkes Rundholz geschoben, an welchem dann Hebetaue befestigt werden. Bei gehobener Grundplatte untersuche man nochmals alle unterhalb derselben befindlichen Rohre auf gute Verbindung, da diese Teile meist nach späterem Untergießen nicht mehr zugänglich sind.

Das Ausrichten. Die auf das Fundament gehobene Grundplatte ruht vorerst·unbefestigt auf ihren Unterlagskeilen. Nach Einlegen der Hauptlager (Grundlager) kann die Welle eingehoben werden· Durch Beilegen eines Stückchens Pappe zwischen Lageroberteil und Kurbelwelle wird letztere mittels der Lagerdeckel fest in ihre Bettung gepreßt. Ist das Schwungrad einteilig, so muß es noch vor Einlegen der Kurbelwelle auf seinen Platz gebracht werden. Bei zweiteiligem Schwungrad muß vor Einlegen der Welle bereits eine Schwungradhälfte in deren Grube liegen.

Für das Ausrichten nach der Transmission empfiehlt es sich, die Riemenscheibe schon jetzt zu montieren und von dieser auf die Transmission zu schnüren. Ohne montierte Riemenscheibe kann man den Motor nicht genau ausrichten.

Die genaue Lage der beiden Wellen zueinander wird dann erreicht, wenn die beiden Kränze der Riemenscheiben parallel liegen. Man prüft das so, indem man eine Schnur an die rechtwinkelig zu den Scheiben liegenden Ebenen legt und beobachtet, welcher der vier vorhandenen Punkte vorerst die Schnur berührt (Bild 63). Man rückt dann den Motor bis alle vier Punkte beider Scheiben die Schnur gleichzeitig berühren. Nach Vornahme dieser Arbeit wird die Grundplatte in Waage gestellt. Hierfür bedient man sich einer genauen Wasserwaage, welche abwechselnd auf die gehobelten Flächen der Grundplatte und auf den Kurbelzapfen gelegt wird (Bild 64). Das Ausrichten erfolgt mittels der Unterlagen, welche je nach Bedarf erhöht oder vermindert werden.

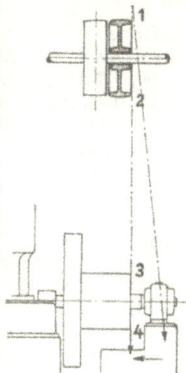

Bild 63.

Bei Vorhandensein eines Außenlagers ist dieses auf den hierzu bestimmten Sockel zu stellen und mittels Blechbeilagen so lange zu heben, bis es auf der Welle satt aufliegt und auch in Waage steht.

Nach erfolgtem Ausrichten müssen Grundplatte samt Außenlager vollkommen eben und die Motorwelle parallel zur Transmission liegen, d. h. die Mittelebenen beider Riemenscheiben müssen zusammenfallen. Ist dies der Fall, so kann zum Eingießen der Fundamentanker und eventuell zum Untergießen der Motorgrundplatte geschritten werden.

Für das Eingießen der Fundamentanker sowie auch das Untergießen der Grundplatte verwendet man eine Ausgußmasse, bestehend aus einem Teil Zement und zwei Teilen reschen Flußsand, welcher Mischung man so viel Wasser zusetzt, bis ein gußfähiger Brei entsteht. Dieser Mörtel wird durch die im Fundament bereits vor-

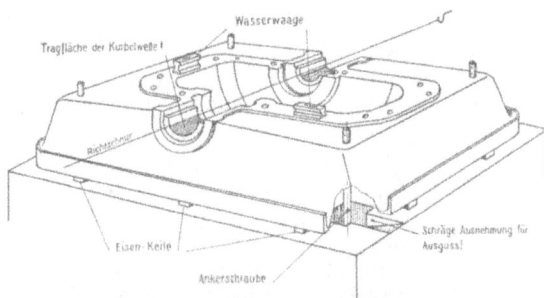

Bild 64. Ausrichten der Grundplatte.

bereiteten Eingußtrichter (Bild 64) gegossen, wobei während des Eingießens kleine Kieselstückchen in etwa Nußgröße mit eingeführt werden. Mittels eines Hakens aus starkem Eisendraht wird die Masse gerührt und nachgestoßen, um so ein Entweichen der Luft zu ermöglichen. Die mit Zement verlegten Ankerschrauben dürfen jedoch noch nicht angezogen werden. Erst nach Ablauf von etwa 3 Tagen ist die Bindung des Mörtels so weit fortgeschritten, daß leicht angezogen werden kann. Das vollständige Anziehen der Ankerschrauben geschieht erst dann, wenn die Sicherheit besteht, daß eine ausreichende Bindung eingetreten ist.

Das Untergießen der Grundplatte erfolgt gewöhnlich gleichzeitig mit dem Eingießen der Ankerschrauben. Um ein Überrinnen des Mörtels zu verhindern, wird das Fundament mit einer Holzverschalung nach Bild 62 umgeben. Die Gleichmäßigkeit des Untergusses erhält man durch Untergießen von drei oder mehr Stellen.

4. Die Motormontage.

Da natürlich die Bauarten der Motoren verschieden sind, richtet sich die Montage eines Motors hiernach. In den verschiedenen Betriebsvorschriften der Motorenfabriken sind auch meistens die entsprechenden Hinweise enthalten. Es genügt daher, nachfolgend nur auf wenige wichtige Punkte, welche unabhängig von dem betreffenden Fabrikat bei allen Montagen größerer Motoren zu beachten sind, aufmerksam zu machen.

Lagern der Kurbelwelle. Nach Auflegen einer Motor-Grundplatte auf ihr Fundament ist es vor Fortsetzung der weiteren Montage notwendig, die Kurbelwelle auf sattes Aufliegen in ihren Grundlagern zu untersuchen. Obwohl das richtige Einpassen der Lager schon in der Fabrik erfolgte, wird es infolge der neuen Lage fast immer notwendig sein, eine Korrektur der Auflage vorzunehmen. Zur Prüfung der Auflage wird die Kurbelwelle ausgehoben und deren Laufstellen leicht mit einem Tuschiermittel (Rötel oder Ruß mit Öl gemischt) überstrichen. Hierauf wird die Welle in ihr Bett gelegt und von Hand aus

124

einige Male durchgedreht. Nach neuerlichem Ausheben der Welle ist deren Auflage auf den Lagerstellen sichtbar und kann entsprechend nachgearbeitet werden.

Da das Auftuschieren der Lager ohne aufgekeiltes Schwungrad erfolgen muß, ist auf eine Durchbiegung der Welle auf der dem Schwungrade zugekehrten Lagerstelle Rücksicht zu nehmen und das Lager an dieser Stelle etwas mehr auszuschaben. Gleichfalls ist zu berücksichtigen, daß sich die Welle am Kurbelschenkel etwas durchbiegt und daher die Lager an den beiden den Schenkeln zugekehrten Seiten mehr freizuschaben sind.

Für die letzte Kontrolle wird schließlich die Welle ohne Tuschiermittel eingelegt und nach einigen Umdrehungen von Hand aus nochmals ausgehoben. Die Auflage ist jetzt nur mehr durch ganz leichte Glanzstellen, welche nach Anhauchen besser sichtbar werden, kenntlich. Bei richtiger Auflage zeigt das schwungradseitige Lager eine Auflagefläche, welche von der Mitte ausgehend, sanft nach beiden Außenseiten abnimmt. Die Auflage des anderen Grundlagers nimmt auch gegen außen ab, aber nur nach einer Seite, und zwar gegen den Kurbelschenkel zu. Selbstverständlich dürfen die so vorgenommenen Korrekturen nur Spuren betragen, und es hängt deren richtige Bemessung von der Erfahrung des Monteurs ab. Bestätigt die nochmals vorgenommene Prüfung, daß die Kurbelwelle gut aufliegt, ihre Lage nach der Wasserwaage stimmt und sie parallel zur Transmission liegt, dann kann die weitere Motormontage fortgesetzt werden. Meist folgt dann das Aufsetzen der Zylinder und der Einbau der Kolben.

Einbau des Triebwerkes. Vor Einbau des Kolbens ist die Zylinderlaufbahn mittels eines sauberen Lappens gut zu reinigen und gleichmäßig einzuölen. Die Kolbenringe werden, falls Fixierstifte vorhanden, an diesen geordnet. Sind keine Fixierstifte vorgesehen, dann ordne man die Teilfugen der einzelnen Ringe so, daß sie gegeneinander um 180° versetzt zu stehen kommen.

Das Einführen des Kolbens erfolgt am bequemsten mittels eines Einführringes nach Bild 65. Steht kein solcher zur Verfügung, dann

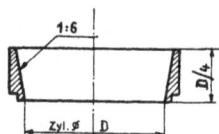

Bild 65. Kolbeneinführring.

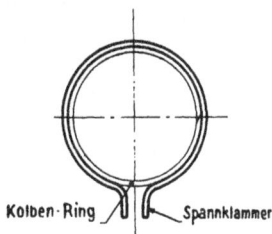

Bild 66. Spannklammer.

fertige man sich eine Spannklammer nach Bild 66 an. Die Drahtstärke dieser Klammer, für welche am günstigsten Stahldraht verwendet wird, hängt von der Spannung und Größe des Kolbenringes ab. Gewöhnlich genügt eine Drahtstärke von 5 bis 6 mm. Der dem Zylinder zunächst liegende Kolbenring wird während des Einführens mittels dieser Klammer gespannt, wobei leicht mit einem Bleihammer so lange auf den Kolbenboden geklopft wird, bis der nächste Ring vor die Zylinderbohrung zu stehen kommt. Hierauf wird die Klammer auf den neuen Ring gesetzt und der erstbeschriebene Vorgang wiederholt.

Das Spannen der Kolbenringe mittels harter Werkzeuge, wie Schraubenzieher u. dgl., ist zu unterlassen, da dadurch Kolben und Ringe beschädigt werden könnten. Gebrochene oder sonst verletzte Kolbenringe dürfen keinesfalls eingebaut werden.

Einbau des Pleuelstangenlagers (Kurbellager). Bei Montage des Kurbellagers sowie bei der weiteren Montage überhaupt, achte man auf die vorhandenen Montagezeichen. Diese bestehen entweder aus eingeschlagenen Zahlen oder Buchstaben und sind meist so angeordnet, daß die ganze Zeichenreihe auf nur einer Maschinenseite liegt. Ist z. B. der Kolben gegen die Bedienungsseite zu gezeichnet, so sind sämtliche anderen Zeichen, wie etwa an Schubstange, Kurbellager usw. gegen die Bedienungsseite zu, zu richten.

Vor Einbau des Pleuelstangenlagers muß der Kurbelzapfen gut gereinigt und geölt werden. Das Lager wird mit den zueinandergehörigen Montagezeichen eingebaut und die Schubstangenschrauben sind fest anzuziehen. Bei dieser Gelegenheit versäume man nicht, die Schrauben gegen etwaiges Lösen zu sichern.

Nach erfolgter Montage hat man sich zu überzeugen, ob das Lager nicht etwa klemmt. Dies erfolgt durch seitliches Verschieben der Schubstangen mittels eines Hebels. Das Lager muß seitlich ein gut merkliches und beim Anheben nach oben ein kaum fühlbares Lose haben. Es empfiehlt sich, vor endgültiger Inbetriebnahme des Motors die Kurbellager nach kurzem Probelauf nochmals auszubauen und auf satte und richtige Auflage zu untersuchen.

Montage der übrigen Teile. Die weitere Montage richtet sich, wie schon eingangs erwähnt, nach der Art des Fabrikates, und es kann daher nur die allgemeine Reihenfolge angeführt werden. Nach Einbau des Kolbens erfolgt gewöhnlich das Aufsetzen des Zylinderdeckels, dann Aufbau der Steuerung. Ferner das Aufkeilen des Schwungrades und der Riemenscheibe sowie Befestigung des Außenlagers. Nach oder gleichzeitig mit diesen Arbeiten kann mit der Verlegung der Rohre begonnen werden.

Aufkeilen des Schwungrades. Bei einteiligem Schwungrad muß, wie bereits früher angeführt, das Schwungrad vor Einbau der Kurbelwelle auf diese geschoben werden. Das Einschlagen des mit Talk gut gefetteten Keiles erfolge mit Vorsicht, und zwar so, bis man das Gefühl hat, daß der aufschlagende Hammer rückzuprellen beginnt. Weiteres gewaltsames Einschlagen ist zu vermeiden, da sonst Gefahr besteht, die Nabe zu sprengen.

Bei zweiteiligem Schwungrad liegt während der Montage die eine Schwungradhälfte bereits unterhalb der Welle in der Schwungradgrube. Die zweite Hälfte ist mittels Hebezeuges darüber zu heben, der Schwungradkeil ein kurzes Stück einzuschieben und das Schwungrad vorerst an der Nabe zusammenzuschrauben. Auch hier achte man auf die vorhandenen Montagezeichen, damit die Teile richtig aneinandergefügt sind. Nach erfolgter Verschraubung der Nabe kann der Kranz verschraubt und gesichert werden. Den Schwungradkeil kann man nun wie vorbeschrieben endgültig einschlagen.

Bei Schwungrädern mit Zuglaschen versäume man nicht, die Laschen vor Auflegen der zweiten Radhälfte in den Kranz einzulegen. Nach erfolgtem Festziehen der Nabe werden die Laschenkeile im Schwungradkranz eingeschlagen und gesichert. Diese Keile treibe man sehr fest ein.

Anordnung sonstiger Einrichtungen

Druckluftbehälter. Der Druckluftbehälter ist so nahe wie möglich beim Motor anzuordnen, da sonst der in den Rohrleitungen entstehende Druckverlust einen unnötig hohen Behälterdruck erfordert. Der Behälter kann liegend oder stehend angeordnet werden. Jedenfalls muß der Behälter einen solchen Platz erhalten, daß er leicht zugänglich ist und für das Anlassen keine unbequemen Handgriffe nötig werden. Das Druckmanometer kann entweder am Druckbehälter selbst oder federnd an der Maschine befestigt werden.

Kraftstoffbehälter. Bei größeren Anlagen werden die Kraftstoffbehälter ausschließlich auf an die Wand des Motorraumes angebrachten Konsolen montiert. Als Mindesthöhe sind etwa 300 mm oberhalb der Kraftstoffpumpe zu wählen. Die Größe des Behälters bemesse man so, daß sein Inhalt für den Bedarf eines Arbeitstages reicht. Um jederzeit eine Kontrolle über den Inhalt ausüben zu könenn, soll der Behälter ein Schauglas oder eine sonst den Stand anzeigende Einrichtung besitzen. Für das Ablassen des etwa im Kraftstoff befindlichen Wassers ist ungefähr 30 mm über den Boden des Behälters ein Wasserablaßhahn anzuordnen. Ein vor dem Anschluß der Kraftstoffleitung vorzusehendes Sieb soll etwaige Unreinigkeiten, welche sonst in die Leitung gelangen könnten, zurückhalten. Für das Auffüllen des Tagesbehälters wird gewöhnlich eine Handpumpe so montiert, daß von deren Standort das Schauglas des Behälters überwacht werden kann.

Hilfsverdichter. Meist erzeugen Dieselmotoren die für das Anlassen notwendige Druckluft selbst. Immerhin ist es aber möglich, daß bei etwaigem Luftverlust durch undichte Druckbehälter die Anlaßluft verlorengeht. Für solche Fälle ist es angezeigt, einen Hand-Luftverdichter oder sonst eine Möglichkeit der Luftbeschaffung schon bei Aufstellung der Anlage vorzusehen. Auch wähle man den Standort des Verdichters so, daß die Leitung zum Druckbehälter wegen des sonst entstehenden Druckverlustes möglichst kurz wird. Bei Platzmangel treffe man Vorkehrungen, einen Ersatz-Verdichter jederzeit rasch montieren zu können.

Rohrleitungen

Bei der Verlegung von Rohrleitungen trachte man, sämtliche zur Maschine gehörigen Rohre übersichtlich und wenig störend zu verlegen. Am besten eignet sich hiezu ein unter Flur verlegter Rohrschacht. Dieser muß leicht zugänglich sein und man benutze zu dessen Abdeckung geriffeltes Blech (Flurblech) mit Abhebegriffen. Bei billiger Ausführung kann der Schacht durch ein passendes Holzbrett verdeckt werden. Müssen die Leitungen an Wänden entlang geführt werden, so sind diese von der Mauer so weit entfernt zu halten, daß die Verbindungsstellen bequem mit dem Schraubenschlüssel zugänglich sind. Bei sehr vielen Rohren empfiehlt es sich, die einzelnen Leitungen mit verschiedener Farbe zu bezeichnen, damit jederzeit die richtige Leitung schnell aufgefunden wird. Man vermeide Rohrleitungen frei im Raum zu verlegen, da sonst die ganze Anlage schwer zugänglich und unübersichtlich wird. Auch ergeben sich in solchen Fällen viele unnötige Mehrarbeiten bei etwa notwendig werdenden Demontagen.

Kraftstoff-Zulaufleitung. Als Rohrmaterial für Kraftstoffleitungen eignen sich am besten Kupferrohre, da sich diese leicht biegen und bearbeiten lassen. Bei weit abgelegenem Kraftstoffbehälter wähle man den Rohrquerschnitt nicht zu knapp, damit auch bei niederer Raumtemperatur und daher zähflüssigerem Kraftstoff der Rohrwiderstand nicht zu groß wird. Die Leitungen verlege man leicht fallend, um die Bildung von Luftsäcken zu vermeiden. Zu Beginn und am Ende der Kraftstoff-Zulaufleitung ist je ein Absperrorgan vorzusehen. Leitungen, welche starken Erschütterungen ausgesetzt sind (z. B. bei Lokomobilen, Fahrzeugen), statte man an geeigneter Stelle mit einer Schleife (Spirale) oder Gummimuffe aus, damit sie dadurch elastischer werden. Verbindungsstellen werden am günstigsten mit Lötkonus und Druckmutter hergestellt.

Kühlwasser-Zu- und -Ablaufleitung. Die Kühlwasser-Saugleitung wird gewöhnlich aus Gasrohr gefertigt. Man wähle den Rohrquerschnitt ebenfalls nicht zu eng und vermeide scharfe Krümmungen. Im allgemeinen haben die an den Motoren befindlichen Kühlwasserpumpen eine geringe Saugwirkung. Muß aber das Kühlwasser aus größerer Tiefe gesaugt werden, dann sehe man eine Zubringepumpe vor. Diese Pumpe fördert das Wasser in einen in den Boden eingelassenen Behälter, von wo es dann durch die Kühlwasserpumpe angesaugt wird.

Um die richtige Ablauftemperatur des Kühlwassers jederzeit einstellen zu können, ordne man in die Saugleitung unmittelbar vor die Pumpe einen Drosselhahn an.

Die Kühlwasserablaufleitung wird wegen eines besseren Aussehens meist in Kupfer ausgeführt. Zur Vermeidung von Dampfsäcken im Zylinderkopf ist die Ablaufleitung unmittelbar nach dem Anschluß etwa 100 bis 200 mm hochzuführen.

Zur Überprüfung der Kühlwassermenge lasse man das Kühlwasser über einen Trichter in den Ablauf fließen. Da das durch den Trichter fließende Wasser ziemlich drucklos ist, sorge man für entsprechenden geringen Ablaufwiderstand durch Wahl eines großen Rohrquerschnittes und Vermeidung von scharfen Krümmungen.

Sämtliche Wasserleitungen sind leicht fallend zu verlegen und an deren tiefste Stellen mit Ablaufhähnen zu versehen. Dies ist notwendig, um bei Frostgefahr das Wasser ablassen zu können. Selbstverständlich dürfen solche Hähne nicht zu klein gewählt werden, damit nicht etwa schon während des Ausfließens das Wasser friert.

Bei Anlagen mit nur zeitweiser Wartung empfiehlt es sich, für .das Kühlwasser eine automatische Kontrolleinrichtung zu schaffen

Anlaß- und Ladeluftleitung. Beide Leitungen sind so kurz wie möglich anzulegen. Wegen des in der Anlaßluft enthaltenen Kondenswassers wähle man für beide Leitungen Kupfer. Die Verbindungen erfolgen meist durch Lötkonus und Druckmutter.

Auspuffleitung. Auspuffleitungen führe man stets so, daß die Abgase die Nachbarn nicht stören und eine Feuersgefahr etwa durch heiße Rohre oder Funkenflug vermieden wird. Das Auspuffrohr soll mindestens einen Meter über Dach münden. Befinden sich in Nähe des Auspuffrohres leicht entzündbare Gegenstände, dann ist ein Funkenfänger anzuordnen; auch müssen sämtliche Durchführungen mittels Asbest oder sonstiger Isoliermittel gegen Feuersgefahr geschützt werden. Bild 65 veranschaulicht eine Durchführung des Auspuffrohres durch ein Dach.

Wird für die Abführung der Auspuffgase ein Kamin verwendet, so darf dieser nur für die Abgase und keinen anderen Zweck benützt werden.

Man ordne eine Auspuffleitung stets so an, daß sie jederzeit leicht abgenommen und gereinigt werden kann. Gleichfalls vernachlässige man nicht die durch Temperaturwechsel auftretenden Längenveränderungen. Für je 10 m Rohrlänge kann eine durchschnittliche Längenveränderung von 15 bis 20 mm angenommen werden. Nahe der Maschine sind diese Veränderungen größer und betragen diese bis zu

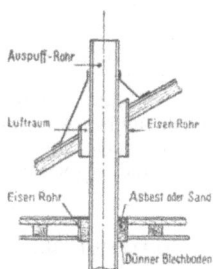 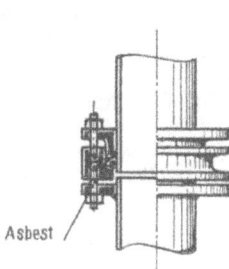 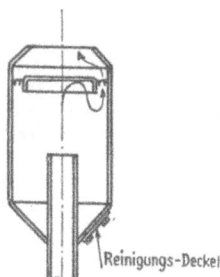

Bild 65.	Bild 66.	Bild 67.
Rohrdurchführung.	Stopfbüchse.	Funkenfänger.

5 mm pro m Rohrlänge. Manchmal genügt die Beweglichkeit in der Längsrichtung allein nicht. Es können an Richtungsänderungen oder Bogen Veränderungen eintreten, die sich nicht einfach durch Stopfbüchsen beherrschen lassen, sondern hiefür eigene Ausgleichsmittel notwendig werden. Um teuere Sonderkonstruktionen zu vermeiden, trachte man stets durch eine entsprechende Gesamtanordnung mit einfachen Mitteln (Rollen, Stopfbüchsen) auszukommen.

Schließlich ist noch zu bemerken, daß seitliche Abführung der Auspuffgase (durch Ablenker an der Steigrohrmündung) einen Rückdruck hervorrufen, welcher sich auf die Gebäudemauer und dem Steigrohr selbst durch Schwingungen nachteilig bemerkbar macht. Ablenker sind daher besonders bei großen Maschinen zu vermeiden.

5. Einfluß der Auspuffleitung.

Während bei Viertaktmotoren oder bei Maschinen mit Fremd-spülung der Widerstand der Auspuffleitung eine verhältnismäßig geringe nachteilige Wirkung auslöst, ist die richtige Abstimmung der Leitung bei Zweitaktmotoren mit Kurbelkastenladepumpe von ausschlaggebender Bedeutung. In der Auspuffleitung solcher Maschinen muß ein bestimmter Widerstand vorhanden sein, der ein Höchstmaß nicht überschreiten darf. Wird der Widerstand aus irgendeiner Ursache (Rohrlänge, Rohrquerschnitt, Krümmungen usw.) zu groß, so reicht der Spüldruck nicht, die Restgase aus dem Zylinder zu treiben. Bei sehr ungünstigen Verhältnissen kann es sogar vorkommen, daß ein Teil der Auspuffgase durch die Spülschlitze in den Kurbelkasten gelangt und dort die Frischluft verunreinigt. Die nächste Folge ist schlechte Verbrennung, verbunden mit Leistungsabfall, sowie Verrußen der Zylinderlaufbahn. Die erwähnten Nachteile machen sich besonders bei einer Belastung, welche höher ist als 75% der Normallast, ganz besonders bemerkbar.

Aus dem Angeführten kann aber nicht geschlossen werden, daß die Auspuffleitungen solcher Maschinen auch beliebig groß im Durchmesser gewählt werden können, und daß dieselben je größer, je besser sind. Macht man die Auspuffleitung zu groß, wodurch der Auspuffwiderstand bedeutend verringert wird, dann verschlechtert sich wieder die Füllung des Zylinders, und zwar infolge zu großer Frischluftverluste durch den Auspuff. Darunter leiden wieder die gesamten Betriebsverhältnisse, wenn auch nicht in dem Maße wie bei zu großem Auspuffwiderstand.

Um etwaige Mißgriffe in der Ausführung der Auspuffleitung (besonders bei Zweitaktmotoren mit Kurbelkastenladepumpe) zu vermeiden, empfiehlt es sich, die Leitung möglichst nach den von den Lieferfirmen beigestellten Normalplänen auszuführen und in Zweifelsfällen rückzufragen.

6. Isolierung gegen Geräusche und Erschütterungen.

Jede Antriebsmaschine verursacht im Betrieb gewisse Geräusche und Erschütterungen. Beim Dieselmotor sind solche im Gegensatz zu etwa Elektromotoren besonders ausgeprägt, weshalb es angebracht ist, diesem Umstande schon bei Aufstellung der Anlage, besonders aber in bewohnten Gebäuden Rechnung zu tragen. Jedenfalls ist es wirtschaftlicher, rechtzeitig schon bei Aufstellung vorbeugende Maßnahmen zu treffen, da nachträgliche Änderungen meist kostspieliger und mit einer Betriebsstörung verbunden sind.

Die Behebung von Geräuschen und Erschütterungen kann nicht nach einer allgemeinen Regel erfolgen. Es muß vielmehr jede Anlage einzeln behandelt werden. Da die Isoliertechnik ein auf Erfahrungen gestütztes Sondergebiet ist, empfiehlt es sich, bei solchen Fragen den Rat erfahrener Firmen einzuholen.

Nachstehendes soll nur aufzeigen, worauf es bei einer Isolierung ankommt und welche Mittel hierfür zur Verfügung stehen.

Die Isolierung soll Erschütterungen und Geräusche von der Nachbarschaft fernhalten oder mindestens auf ein erträgliches Maß herabsetzen.

Bei Geräuschen ist zunächst zu untersuchen, ob es sich um Beseitigung von Luftschall oder Bodenschall handeln soll.

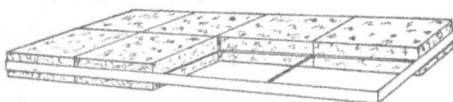

Bild 68. Korkplattenunterlage.

Luftschall. Bei Luftschall gerät die die Maschine umgebende Luft in Schwingungen und läßt so den Schall an unser Ohr gelangen. Da das Motorgeräusch im Raum, in welchem die Maschine steht, weniger stört, ist nur Sorge zu tragen, dieses möglichst nur auf den Motorraum zu begrenzen.

Schutz hierfür bieten luftdichter Abschluß, gedichtete Doppelfenster und gut schließende gedichtete Türen. Eine mindestens einen Stein starke Mauer ohne Öffnungen verhindert die Übertragung noch so starken Luftschalles. Unbrauchbar sind dünner Filz, Doppelwände mit Torf oder Kunstkorkfüllung, kurz alle Materialien, die wegen ihrer Porosität Luftschall fast ungehindert durchlassen.

Bodenschall, welcher von den Vibrationen der Maschine herrührt, ist oft sehr schwer vom Luftschall zu unterscheiden. Der Träger dieser Schallschwingungen ist das Fundament bzw. die Decke auf der die Maschine steht, das angrenzende Mauerwerk und der Erdboden. (Stehen Maschinen auf Gewölben oder hohlen Räumen, so vereinigen sich Luft und Bodenschall und es tritt eine Verstärkung der Geräusche ein.) In den meisten Fällen findet aber die Übertragung von Geräuschen durch Bodenschall statt, weshalb es Aufgabe der Isolierung ist, besonders diese Schallübertragung nach Möglichkeit zu verhindern.

Schutz bieten Trennung des Maschinenfundamentes durch einen ringsherumgehenden Luftspalt und elastische Aufnahme der Schwingungen mittels einer dauernd elastischen Isolierschicht (Bild 68). Treten in seitlicher Richtung Kräfte auf (Riemenzug u. dgl.), so ist der Luftspalt auf der Druckseite ebenfalls durch eine Isolierschicht aufzufüllen, damit diese seitlichen Kräfte aufgenommen werden.

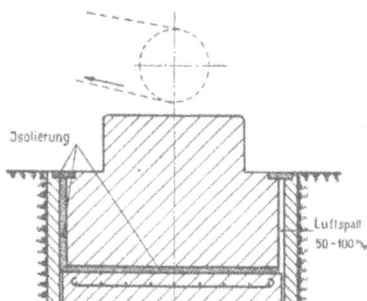

Bild 69. Isolierung eines Maschinenfundamentes.

Als Isoliermaterial hat sich am besten bewährt Naturkork von nicht unter 60 mm Stärke. Solche Korkplatten werden durch schmale

Eisenrahmen zusammengehalten und erhalten durch eine besondere Imprägnierung eine große Dauerfestigkeit (Bild 68). Federnde Unterlagsplatten wirken durch ihre Volumenelastizität, d. h. die Fähigkeit, den Rauminhalt federnd zu verändern. Dies ist Voraussetzung für die Isolierung gegen Vibrationsfortleitung, da eine Isolierplatte nur federnd wirken kann, wenn ihr Volumen den schwingenden Kräften folgen kann.

Ungeeignet sind Fundamentisolierungen aus hartem Filz, Korkstein oder solchen Materialien, die entweder von vornherein zu unelastisch sind oder nach kurzer Zeit verhärten.

Bei Dieselmaschinen spielen bei Übertragung des Bodenschalles insbesonders auch die Rohrleitungen eine große Rolle. Es müssen daher auch diese einer Isolierung unterzogen werden. Bild 70 zeigt die Isolierung eines Auspuffrohres.

► Erschütterungen lassen sich durch elastische Zwischenlagen, jedoch nicht in allen Fällen befriedigend, beseitigen. Für solche Zwecke eignen sich am besten verstellbare mechanische Schwingungsdämpfer. Bild 71 zeigt das Prinzip eines solchen Dämpfers, bei dem das Gehäuse (a) mit dem Fundament, auf welches die Maschine zu stehen kommt, verbunden wird. In diesem Gehäuse befindet sich die Schwingplatte (b), die ihrerseits mit der zu isolierenden Maschine verschraubt wird. Die Schwingplatte ist gegenüber dem Gehäuse elastisch gelagert, wobei durch Kombination von Spiralfedern die Schwingungen abgedämpft werden. Diese Art von Schwingungsdämpfer wird je nach Verwendungszweck verschieden ausgeführt.

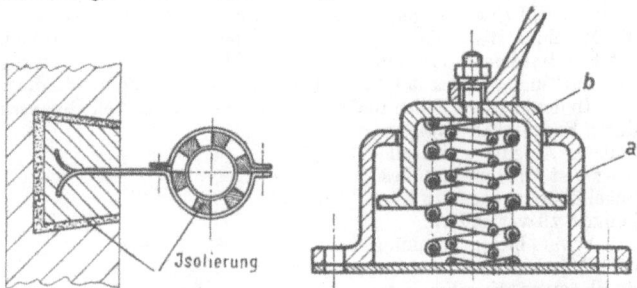

Bild 70. Isolierung eines Rohres.   Bild 71. Schwingungsdämpfer.

Auspuffgeräusch. Die in den heißen und gespannten Abgasen enthaltene Energie macht sich bei Austritt der Gase ins Freie durch Schall bemerkbar (Auspuffgeräusch). Die Aufgabe sämtlicher Dämpfungsmittel ist, den Schall auf ein erträgliches Maß zu bringen, ohne aber durch die getroffenen Maßnahmen einen zu großen Strömungswiderstand (Gegendruck) hervorzurufen. Großer Gegendruck verursacht Verluste an nutzbarer Arbeit und hat Erhitzung des Motors und der Auspuffventile zur Folge.

Zweitaktmotoren mit Kurbelkasten!adepumpe sind gegen Strömungswiderstände besonders empfindlich, da die Güte des Spülvorganges bzw. die Aufladung mit Frischluft sehr stark vom raschen Entweichen der Auspuffgase abhängt.

Die Dämpfung des Auspuffgeräusches kann entweder durch Entspannen der Abgase in Töpfen (Auspufftopf, Auspuffgrube) erfolgen, oder es kann der Schall durch Reibung vermindert werden (Schalldämpfer).

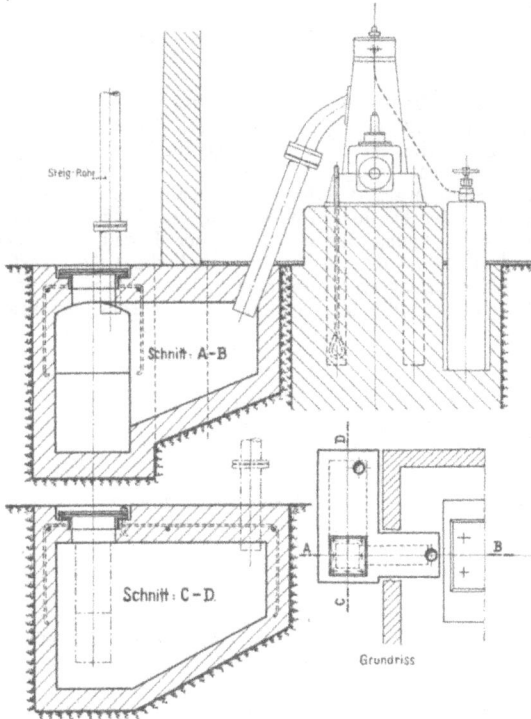

Bild 72. Auspuffgrube.

Bei ortsfesten Dieselanlagen sowie Schiffsmaschinen werden zur Dämpfung des Auspuffgeräusches gewöhnlich Auspufftöpfe verwendet. Da aber bei Auspufftöpfen eine leidliche Dämpfung erst bei einem Inhalt von etwa dem 20fachen des Hubvolumens erreicht wird, der Topf somit zu große Abmessungen erhalten würde, ist es in vielen Fällen angebracht, statt einen Topf mehrere kleine Töpfe in die Auspuffleitung zu schalten. Mit Rücksicht auf eine gute Dämpfung ist es aber wichtig, die Rohrlängen zu den einzelnen Töpfen nicht zu kurz zu wählen und am Ende des letzten Topfes ein mindestens 1,5 m langes Abführungsrohr anzubringen. Um Schwingungen der Wandun-

133

gen zu vermeiden, sind die Töpfe sowie Rohrleitungen nicht zu dünnwandig zu wählen, da sonst die Dämpferwirkung durch zusätzliche Geräusche aufgehoben wird.

Eine weitere Möglichkeit, die Auspuffgase stark zu entspannen, bietet bei ortsfesten Motoren die Anwendung einer Auspuffgrube. Bild 72 veranschaulicht die Ausführung einer solchen Grube, deren Inhalt etwa dem 150fachen des Hubvolumens entspricht.

Bei sehr hohen Anforderungen an Dämpfung hat sich oft eine Verbindung von Auspuffgrube und Schalldämpfer als zweckmäßig erwiesen.

Bei kleinen Boots- und Fahrzeugmotoren steht nicht immer der für die Aufstellung eines genügend großen Topfes notwendige Platz zur Verfügung. Hier muß das Auspuffgeräusch mittels Schalldämpfer gemindert werden.

Wie bereits erwähnt, erfolgt bei Schalldämpfern die Minderung des Auspuffgeräusches durch Reibung. Dies wird entweder durch starke Querschnittsverengung mit anschließender Erweiterung oder durch häufige Umkehrung oder auch durch Aufteilung des Gasstromes in Einzelströme erreicht. Die hierzu nötigen Maßnahmen, wie im Dämpfer eingebaute Zwischenräume, Schallkammern oder sonstige Einrichtungen

Bild 73. Absorptionsdämpfer.

verursachen fast immer einen unerwünschten Gegendruck, so daß die Güte der Dämpfung mit einem Verlust an Motorleistung erkauft werden muß.

Sehr gute Erfahrungen wurden mit sog. Absorptionsdämpfern gemacht. Die Konstruktion dieser Dämpfer beruht auf der Erfahrung, daß eine dicht gelochte Metallwand den sie treffenden Schall nicht in gleicher Stärke zurückwirft, sondern ein Großteil aufsaugt (absorbiert), wenn hinter ihr eine geräuschdämpfende Masse sich befindet.

▶ Bild 73 zeigt einen auf diesem Prinzip aufgebauten Absorptionsdämpfer. Wie aus der Skizze ersichtlich, durchziehen die Auspuffgase ungehindert ein gelochtes Rohr, um welches ein Blechmantel liegt. Zwischen Mantel und Rohr befindet sich als aufsaugende Masse Glaswolle oder besser Aluminiummatte.

Die Wirkung dieser Dämpfer ist eine sehr gute, und es tritt ein wesentlicher Rückdruck nicht auf. Wie bei allen Schalldämpfern werden auch hier die Auspuffgeräusche durch Reibung vermindert. Die Reibungsfläche bildet die aufsaugende Masse bzw. deren Zwischenräume.

Die Wirkung solcher Dämpfer steigt mit ihrer Länge. Oft erweist sich auch die Hintereinanderschaltung mehrerer Absorptionsdämpfer als noch besser wirkend. Solche Dämpfer eignen sich auch zur Dämpfung von Ansauggeräuschen.

134

VI. Mittel zur Kraftübertragung.

1. Riementriebe.

Das meist angewandte Mittel zur Übertragung einer Kraft von einer Welle auf die andere ist der Riementrieb. Man unterscheidet offenen, gekreuzten und halbgeschränkten Trieb (Halbkreuztrieb). Außer diesen drei Hauptantriebsarten findet man nicht selten noch den Winkeltrieb.

Der meist verwendete Riementrieb ist der offene Trieb, da dieser für die Lebensdauer des Riemens am wenigsten schädlich ist (Bild 74. Beim offenen Trieb haben beide Wellen gleiche Drehrichtung.

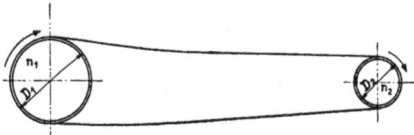

Bild 74.

Das Übersetzungsverhältnis (größere Drehzahl zur kleineren Drehzahl) ist hauptsächlich abhängig vom Achsenabstand. Bei größerem Achsenabstand ist auch ein größeres Übersetzungsverhältnis zulässig. Dasselbe soll jedoch den Wert 6:1 nicht überschreiten, wobei möglichst großer Achsenabstand Voraussetzung ist.

Beim gewöhnlichen Riementrieb und normalen Achsenabstand kann für das Übersetzungsverhältnis allgemein festgehalten werden, daß der Durchmesser zweier zusammenarbeitender Riemenscheiben höchstens im Verhältnis 1:5 gewählt werden soll. Bei Überschreitung dieses Verhältnisses wird der vom Riemen umspannte Scheibenbogen zu klein. Im Notfall geht man mit dem Übersetzungsverhältnis bis zu 1:10. Mit Rücksicht auf einen gesicherten Betrieb sollen jedoch solche Übersetzungsverhältnisse durch Anbringung eines Vorgeleges umgangen oder eine Spannrolle verwendet werden.

Bei Bestimmung der Riemenscheibendurchmesser ist noch der Riemenschlupf zu berücksichtigen. Dieser beträgt bei normal arbeitenden Riemen ca. 1—3%. Der Durchmesser ist ferner abhängig von der Riemengeschwindigkeit. Diese wählt man vorteilhaft zwischen 15 bis 30 m/s. Die höchstzulässige Riemengeschwindigkeit ist 40 m/s, doch sollen mit Rücksicht auf die Wirkung der Fliehkraft, die bei solchen Geschwindigkeiten an schweren Gußscheiben auftritt, 30 m/s nicht überschritten werden.

Berechnung der Übersetzung. Bezeichnet nach Bild 74 D_1 und D_2 die Durchmesser zweier Scheiben und n_1, n_2 die zugehörigen Umlaufzahlen, dann ist das Übersetzungsverhältnis:

$$D_1 : D_2 = n_2 : n_1 \text{ und daraus}$$

$$D_1 = \frac{D_2 \cdot n_2}{n_1} \; ; \quad D_2 = \frac{D_1 \cdot n_1}{n_2}$$

$$n_1 = \frac{D_2 \cdot n_2}{D_1} \; ; \quad n_2 = \frac{D_1 \cdot n_1}{D_2} \, .$$

Zur Berücksichtigung des Riemenschlupfes ist bei Errechnung des Durchmessers bei

einer getriebenen Scheibe ein Abzug, bei
einer treibenden Scheibe ein Zuschlag

zu dem errechneten Durchmesser zu machen. Dieser Abzug bzw. Zuschlag beträgt bei offenen Riemenscheiben je nach dem ungespannten Bogen 1—3% und bei Spannrollentrieben 1%.

Beispiel: Der Riemenscheibendurchmesser eines Antriebsmotors beträgt $D_1 = 500$ mm,

die Drehzahl $n_1 = 400$ U/min. Die anzutreibende Transmissionswelle soll $n_2 = 180$ U/min. erhalten.

Es soll der Riemenscheibendurchmesser D_2 der Transmissionsriemenscheibe errechnet werden.

$$D_2 = \frac{D_1 \cdot n_1}{n_2} = \frac{500 \cdot 400}{180} \text{ rund } 1100 \text{ mm.}$$

Da es sich um eine getriebene Scheibe handelt, berücksichtigen wir einen Abzug von 2% des errechneten Durchmessers, das ist:

1110—22,2 = 1087,8 oder rd. 1090 mm.

Beispiel: Eine Transmissionswelle besitzt eine Riemenscheibe mit einem Durchmesser $D_2 = 2000$ mm. Die Drehzahl dieser Welle soll $n_2 = 200$ U/min. sein. Welche Drehzahl muß der Antriebsmotor haben, wenn dessen Riemenscheibendurchmesser $D_1 = 500$ mm beträgt?

$$n_1 = \frac{2000 \cdot 200}{150} = 800 \text{ U/min.}$$

Berücksichtigen wir einen Riemenschlupf von 3%, das sind 24 U/min., so erhalten wir:

$$n_1 = 800 + 24 = 824 \text{ U/min.}$$

Achsenabstand. Zur Erreichung einer sicheren Kraftübertragung muß der Riemen seinen elastischen Spannungskräften entsprechend bei Montage mit einer Vorspannung auf die Scheiben aufgelegt werden. Die nutzbare Gesamtelastizität steigt mit der Riemenlänge, so daß die Vorspannung mit der Achsentfernung fällt. Der Riemenlänge bzw. dem Achsenabstand ist jedoch dadurch eine Grenze gesetzt, daß bei zu langen Riemen die Durchhängung zu groß wird und der Riemen zu schlagen beginnt.

Wird dagegen die Achsenentfernung zu klein gewählt, dann benötigt der Riemen zufolge der kleineren Gesamtelastizität eine sehr große Vorspannung. Die dadurch verursachten Achsdrücke wirken sich auf die Lager ungünstig aus. Da das Auflegen solcher Riemen nach dem Gefühl geschieht, sind Achsdrücke bis zur sechsfachen

Umfangskraft keine Seltenheit. In solchem Maße vorgespannte Riemen dehnen sich schon nach kurzer Betriebszeit und müssen des öfteren gekürzt und nachgespannt werden. Lassen sich kleine Achsenentfernungen nicht umgehen und findet kein Spannrollentrieb Anwendung, dann wähle man die Riemen breiter, als die Rechnung ergibt.

Normaler Achsenabstand in m
(abhängig von den Durchmessern der Riemenscheiben und von der Breite der Riemen).

Unterschied der Scheibendurchmesser mm	Riemenbreite in cm							
	6	8	10	12	14	16	18	20
400	3,5	3.7	3,9	4,1	4,3	4,5	4,7	5
500	3,6	3,8	4	4,2	4,4	4,6	4,8	5,2
600	3,8	4	4,2	4,4	4,6	4,8	5	5,3
700	4	4,2	4,4	4,6	4,8	5	5,2	5,4
800	4,2	4,4	4,6	4,8	5	5,2	5,4	5,5
900	4,4	4,6	4,8	5	5,2	5,4	5,5	5,6
1000	4,5	4,7	4,9	5,1	5,3	5,5	5,6	5,7
1100	4,6	4,8	5	5,2	5,4	5,6	5,8	5,9
1200	4,8	5	5,2	5,4	5,6	5,8	5,9	6
1400	5	5,2	5,4	5,6	5,8	6	6,1	6,2

Höchstzulässiger Achsenabstand in m
(Abhängig von der Riemenbreite).

Für eine Riemenbreite von cm	6	8	10	12	14	16	18	20
soll der Achsenabstand nicht mehr betragen als m	5,5	6	6,5	7	7,5	8	8,5	9

Kleinstzulässiger Achsenabstand in m
(abhängig vom Durchmesser der Riemenscheiben).

Durchmesser der kleinen Scheibe in mm	Durchmesser der größeren Scheibe in mm										
	200	300	400	500	600	700	800	900	1000	1100	1200
50	1,0	1,25	1,5	1,75	2,0	2,25	2,5	2,75	3,0	3,25	3,5
100		1,0	1,25	1,5	1,75	2,0	2,25	2,5	2,75	3,0	3,25
150			1,5	1,25	1,5	1,75	2,0	2,25	2,5	2,75	3,0
200			0,9	1,2	1,3	1,6	1,8	2,1	2,3	2,5	2,8
250				0,8	1,0	1,2	1,5	1,8	2,1	2,4	2,7
300				0,7	1,1	1,5	2,0	2,2	2,4	2,6	2,7
350					0,9	1,1	1,3	1,5	1,7	1,9	2,1
400					0,7	0,9	1,1	1,1	1,5	1,75	2,0
450						0,75	0,9	1,1	1,4	1,6	1,9
500						0,7	0,9	1,0	1,2	1,5	1,7

Riemenverbindungen. Man unterscheidet feste und lösbare Riemenverbindungen. Zu ersteren gehören die Verbindungen durch Leimen, Nähen, Nieten u. dgl. Die lösbaren Verbindungen werden gewöhnlich mittels Drahthaken hergestellt.

Die beste und zweckmäßigste Verbindung der einzelnen Riemenenden ist das Verleimen. Hierzu werden die beiden Enden auf 150 bis 200 mm abgeschrägt und die abgeschrägten Flächen gut aufgerauht, damit der Leim besser haftet. Zum Leimen. verwendet man einen dünnflüssigen aber kräftigen, säure- und fettfreien Spezialleim bester Qualität. Bei Geweberiemen werden entsprechende Klebemittel wie Balata u. dgl. angewandt.

Bild 75. Drahthaken, eingedrückt und lose.

Vor dem Auftragen des Leimes sind die schrägen Stoßflächen mittels vorgewärmter Holzbretter, welche darübergelegt und mittels Schraubenzwingen festgehalten werden müssen, vorzuwärmen. (Die Temperatur soll etwa 40⁰ C betragen.) Hierauf werden die Holzbretter wieder entfernt und die schrägen Flächen möglichst rasch in nicht zu dicker Schicht mit heißem Leim bestrichen. Alsdann sind die Holzbretter wieder beiderseitig aufzulegen und mit Schraubenzwingen anzupressen (Bild 76).

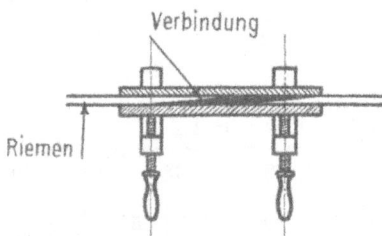

Bild 76.

In warmen Räumen trocknet die Leimstelle in etwa 3—4 Stunden. Mit der Belastung des Riemens ist jedoch noch einige Stunden zu warten. Auf eine saubere Ausführung ist insbesonders bei Dynamomaschinen Wert zu legen, da verdickte oder unsauber verbundene Riemen Lichtzuckungen verursachen können.

Bei Auflegen eines geleimten Riemens muß darauf geachtet werden daß durch die gegenseitige Bewegung zwischen Riemen und Scheibe (Schlupf) die Leimstelle nicht aufgerollt wird. Da der Schlupf auf den beiden Scheiben entgegengesetzt stattfindet, richtet man sich nach der kleineren Scheibe, auf der der Schlupf größer ist

Lösbare Riemenverbindungen verwendet man nur bei Riemen bis zu 100 mm Breite, und diese nur dann, wenn kein Spannrollentrieb vorliegt. Bei Spannrollentrieb sind stets geleimte bzw. verkittete Riemen zu verwenden.

Spannrollen ermöglichen die Verminderung des Achsenabstandes unter Umständen bis auf den Durchmesser der großen Riemenscheibe und erlauben eine Vergrößerung des Übersetzungsverhältnisses bis etwa 1 : 20. Infolge der geringen Spannungen im Riemen selbst sowie fast gänzlichen Fortfalles der sonst notwendigen großen Vorspannung,

138

gestatten Spannrollentriebe auch die Verwendung eines schmäleren Riemens.

Bei Antrieben mit stoßweiser Belastung sind zur Beruhigung der Bewegungen der Spannrolle Schwingungsdämpfer anzuordnen, welche bei plötzlichen Belastungsschwankungen auftretende Schwingungen des Riemens und der Spannrolle aufnehmen und mildern.

Für Spannrollentriebe verwende man nur Spezialriemen erster Firmen; auch müssen solche Riemen geleimt oder gekittet sein.

Als Anhalt für die Riemenstärke diene folgendes:

Bis 100 mm Scheibendurchmesser . . . 3 mm Dicke.
,, 150 ,, ,, . . . 3,5—4 ,, ,,
,, 200 ,, ,, . . . 4,5 ,, ,,
,, 250 ,, ,, . . . 5 ,, ,,

Stärkere Riemen unterliegen einem rascheren Verschleiß.

Anordnung der Spannrolle

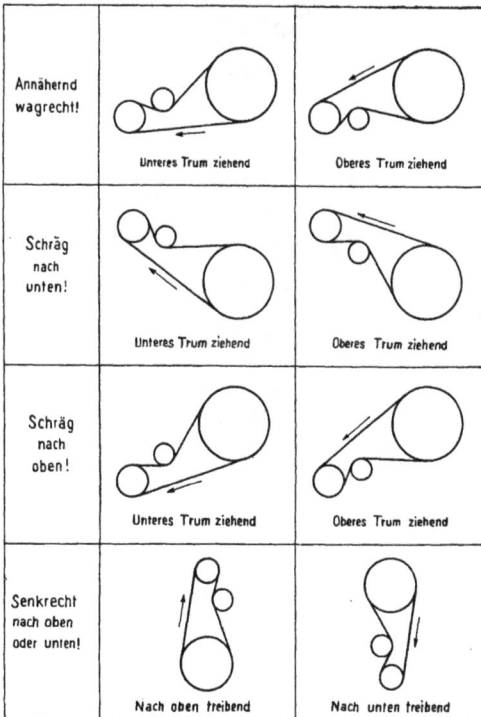

Abb. 77.

Durchmesser der kleinen Scheiben in mm		Umdrehungen der kleinen Scheibe									
		125	140	160	180	200	225	250	280	320	360
		Übertragbare Pferdestärken für									
200	einfachst. Riemen	0,5	0,6	0,7	0,8	0,9	0,9	1	1,2	1,4	1,5
	doppeltst. ,,	—	—	—	—	—	—	—	—	—	—
250	einfachst. Riemen	0,8	0,8	1	1,1	1,2	1,3	1,5	1,8	2	2,5
	doppeltst. ,,	—	—	—	—	—	—	—	—	—	—
280	einfachst. Riemen	1	1,1	1,3	1,5	1,7	1,9	2,1	2,4	3,2	3,6
	doppeltst. ,,	—	—	—	—	—	—	—	—	—	—
320	einfachst. Riemen	1,1	1,2	1,4	1,6	1,8	2,2	2,4	3,1	3,8	4,3
	doppeltst. ,.	—	—	—	—	—	—	—	—	—	—
360	einfachst. Riemen	1,3	1,4	1,6	1,9	2,3	2,7	2,9	3,9	4,6	5,3
	doppeltst. ,,	—	—	—	—	—	—	—	—	—	—
400	einfachst. Riemen	1,6	1,7	2,1	2,2	2,8	3,4	4,4	5,2	6,3	7
	doppeltst. ,,	2,6	3	3,7	4,5	5,3	5,5	6	7	7,8	8,6
450	einfachst. Riemen	1,9	2,1	2,4	2,6	3,4	4,2	5,1	6,3	7,2	8,5
	doppeltst. ,,	3,3	3,8	4,8	5,6	6,4	7	8	9,5	10	11,5
500	einfachst. Riemen	2,2	2,6	3,2	4,1	5,2	6,1	6,9	8	9,1	10,5
	doppeltst. ,,	4	4,6	5,8	6,6	7,5	8,5	9,5	12	13	15
560	einfachst. Riemen	2,7	3,1	4,3	5,4	6,4	7,6	8,1	8,8	10,5	12
	doppeltst. .,,	4,7	5,5	6,7	8,3	9,6	10,5	12,3	13,6	15,5	19
630	einfachst. Riemen	3,1	4,1	5,1	6,2	7,4	8,8	9,2	10	11,9	13,5
	doppeltst. ,,	5,4	6,5	8	10,4	11,8	13	15	16,5	18	23
710	einfachst. Riemen	3,9	5,4	6,5	7,4	9	11	12,2	14	16	18
	doppeltst. ,. .	6,5	8	10	12,5	13,8	15,5	18	19,5	23,5	27
800	einfachst. Riemen	5,2	6,9	7,6	8,8	11	12,8	13,6	15,5	17,8	20
	doppeltst. ,,	8	10	12,5	15	17	19	22,5	24	28	32
900	einfachst. Riemen	6,6	7,9	8,9	11,3	13,2	14,5	15,3	17	20,5	23
	doppeltst. ,,	9,5	12	15	18,5	20	23	27	29	33	38
1000	einfachst. Riemen	8	10	12	14	16	18	19	22	26	29
	doppeltst. ,,	11	14	18	20	23	27	32	34	38	44
1250	einfachst. Riemen	10	12	16	17	19	21	24	28	38	41
	doppeltst. ,,	17,5	21	25	29	33	37	43	48	54	61
1600	einfachst. Riemen	15	18	22	26	28	31	33	42	50	54
	doppeltst. ,,	24	31	34	40	45	49	57	64	73	81
1800	einfachst. Riemen	18	22	26	28,5	32	37	42	51	57	62
	doppeltst. ,,	31	38	44	49	56	61	70	79	88	95
2000	einfachst. Riemen	20	24	30	34	40	46	52	57	67	72
	doppeltst. ,,	38	45	54	58	68	74	82,5	95	103	110

von Lederriemen.

400	450	500	560	630	710	800	900	1000	in der Minute	Durchmesser der kleinen Scheiben in mm
									je 100 mm Riemenbreite	
1,7	2,1	2,8	3,4	4,1	5	6	7	8	einfachst. Riemen	200
—	—	—	—	—	—	—	—	—	doppeltst. ,,	
3	3,5	4	4,5	5,3	6,3	7,4	8,6	9	einfachst. Riemen	250
—	—	—	—	—	—	—	—	—	doppeltst. ,,	
4	4,6	5,4	6,4	8	9	10	12,5	14,5	einfachst. Riemen	280
—	—	—	—	—	—	—	—	—	doppeltst. ,,	
5	6	7	9	10	12	14	17	18	einfachst. Riemen	320
—	—	—	—	—	—	—	—	—	doppeltst. ,,	
6	8	9	11,5	13	15	17	20	22	einfachst. Riemen	360
—	—	—	—	—	—	—	—	—	doppeltst. ,,	
8,6	10	11,5	14	16	18	21,5	24	27	einfachst. Riemen	400
11	12,5	13,5	15,5	17	19	22,5	26	29	doppeltst. ,,	
10	12,5	14	15	19	21	25	28	31	einfachst. Riemen	450
14	15,5	17,5	20	22	25	30	34	38	doppeltst. ,,	
13	15,5	17	20	22	25	29	33	37	einfachst. Riemen	500
17	18,5	22	24	27	32	37	43	48	doppeltst. ,,	
14	18	19,5	23	27	31	36	40	44	einfachst. Riemen	560
21	23	27	30	35	40	46	53	59	doppeltst. ,,	
15	20	23	27	31	35	40	48	55	einfachst. Riemen	630
25	28	32	36	44	49	57	64	71	doppeltst. ,,	
22	24	28	32	37	43	50	55	62	einfachst. Riemen	710
30	33	38	43	53	58	67	75	82	doppeltst. ,,	
24	27	32	37	42	48	55	60	68	einfachst. Riemen	800
37	41	47	53	62	69	76	84	—	doppeltst. ,,	
26	33	36	43	48	54	60	64	78	einfachst. Riemen	900
45	49	57	64	73	81	87	—	—	doppeltst. ,,	
35	41	47	53	60	66	75	83	—	einfachst. Riemen	1000
53	57	67	75	83	93	97	—	—	doppeltst. ,,	
45	53	61	69	74	80	—	—	—	einfachst. Riemen	1250
70	76	82	—	—	—	—	—	—	doppeltst. ,,	
62	68	73	77	—	—	—	—	—	einfachst. Riemen	1600
90	100	—	—	—	—	—	—	—	doppeltst. ,,	
70	75	79	—	—	—	—	—	—	einfachst. Riemen	1800
102	112	—	—	—	—	—	—	—	doppeltst. ,,	
75	80	—	—	—	—	—	—	—	einfachst. Riemen	2000
115	—	—	—	—	—	—	—	—	doppeltst. ,,	

2. Bestimmung der Riemenabmessungen.

Umfangsgeschwindigkeit (Riemengeschwindigkeit) ist jene Geschwindigkeit in m/s, welche ein Punkt am Umfange einer drehenden Scheibe besitzt. Treibt eine solche Scheibe einen Riemen, so ist dessen Geschwindigkeit rund gleich der Umfangsgeschwindigkeit und wird mit Riemengeschwindigkeit bezeichnet

Bedeuten: d = Durchmesser einer Scheibe in m,

n = minutliche Drehzahl,

π = 3,14,

so errechnet man die Umfangsgeschwindigkeit aus:

$$v = \frac{d \cdot \pi \cdot n}{60} \text{ m/s}.$$

Beispiel: Eine Riemenscheibe von d = 1500 mm hat eine minutliche Drehzahl von n = 300.

Die Umfangsgeschwindigkeit ist:

$$v = \frac{1,5 \cdot 3,14 \cdot 300}{60} = 23,55 \text{ m/s}.$$

Riemenbreite. Die Übertragungsleistung eines Riemens hängt ab von:

Riemenstärke, Riemengeschwindigkeit, Durchmesser der kleinen Scheibe und den Betriebsverhältnissen wie Wellendistanz, Neigung, Kreuzung, Temperatur, Belastungsart, Anlaufmoment usw.

Die richtige Beurteilung der erwähnten Verhältnisse setzt ein gewisses Maß von Erfahrung voraus, weshalb es empfehlenswert ist, besonders bei Anlage eines größeren Triebes, den Rat eines tüchtigen Fachmannes einzuholen.

Die nachstehenden Zahlentafeln über Riemenbreite sind aus oben angeführten Gründen nur Mittelwerte und bedürfen je nach Verwendung dünnerer oder stärkerer Riemen einer den jeweiligen Verhältnissen angepaßten Berichtigung.

Anwendungsbeispiel: Die kleine Scheibe eines Riementriebes hat d = 450 mm Durchmesser. Die Drehzahl ist n = 500. Es ist aus Zahlentafel die überschlägige Riemenbreite eines einfach starken Riemens für eine zu übertragende Leistung von 20 PS zu bestimmen.

Aus Zahlentafel für einfach starke Riemen ist zu entnehmen, daß bei einem Durchmesser der kleinen Scheibe von 450 mm und einer Drehzahl von 500 U/min. für je 100 mm Riemenbreite 14 PS übertragen werden können.

Für eine zu übertragende Leistung von 20 PS wird daher die Riemenbreite:

$$b = \frac{100 \cdot 20}{14} = 142,85 \text{ rund 145 mm}.$$

Riemenlänge des offenen Treibriemens ist annähernd gleich der Summe aus dem Durchmesser der beiden Riemenscheiben, multipliziert mit 3,14, dieses Produkt durch 2 dividiert und addiert hierzu 2 mal die Entfernung von Mitte zu Mitte Welle.

Beispiel: Die treibende Scheibe eines offenen Riementriebes hat einen Durchmesser von 400 mm; die getriebene Scheibe einen solchen von 800 mm. Die Achsenentfernung von Mitte zu Mitte Welle ist 3000 mm.

$$\text{Riemenlänge } l = \frac{(400 + 800) \cdot 3,14}{2} + 2 \cdot 3000 = 7884 \text{ mm.}$$

Bei gekreuzten oder auch halbgeschränkten Riemen empfiehlt es sich, die Riemenlänge nicht durch Rechnung, sondern durch Messen mittels eines Bindfadens zu bestimmen.

3. Keilriemen.

Keilriemen fanden ursprünglich nur auf dem Gebiete des Kraft- fahrwesens Verwendung. In neuerer Zeit setzt sich der Keilriemen vermöge seiner Vorzüge, wie kürzester Achsenabstand, geringster Raum- bedarf, größte Übersetzung ohne Spannrollen, geringste Vorspannung, geringe Lagerbelastung, kein Schlupf, große Elastizität und ins- besonders Einfachheit des Triebes, immer mehr durch.

Man unterscheidet Vollkeilriemen und Zahnkeilriemen (Bild 79). Während Vollkeilriemen bis zu bestimmten Stärken (40 × 25 mm) und endlos hergestellt werden, können Zahnkeilriemen ab· be- stimmten Stärken aufwärts auch endlich geliefert werden. Letzte- re werden dann mittels Spezial- schlösser verbunden.

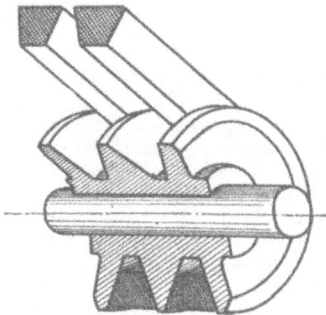

Bild 78. Keilriemen.

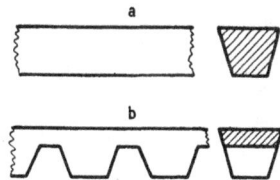

Bild 79. a) Vollkeilriemen
b) Zahnkeilriemen.

Die größte zulässige Geschwindigkeit für Keilriemen liegt zwischen 20 und 30 m/s (je nach Stärke und Fabrikat), wobei die größere Ge- schwindigkeit für kleinere Profile und die kleinere Geschwindigkeit für größere Profile in Betracht kommt. Es ist ferner zu beachten, daß kurzer Achsenabstand größere und großer Achsenabstand kleinere Ge- schwindigkeiten bedingen.

Bedeuten D_1 und D_2 den Durchmesser der Keilriemenscheiben, so ist der kleinste Achsenabstand

$$A_{min} \cdot \frac{D_1 + D_2}{2} + 50 \text{ mm;}$$

143

der größte Achsenabstand

$$A_{max} = 2 \cdot (D_1 + D_2).$$

Von besonderer Bedeutung ist bei Montage von Keilriemen, daß die Scheiben genau ausgeschnürt sind und das Profil in den Scheiben genau dem des Riemens entspricht. Die Rillen in den Scheiben müssen besonders sauber ausgearbeitet sein. Die richtige Lage eines Keilriemens in dessen Scheibe zeigt Bild 80.

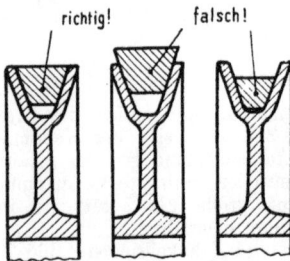

richtig!   falsch!

Bild 80. Richtige Lage des Keilriemens.

Keilriemen dürfen nur leicht und ohne Benützung von Hebeln usw. über die Keilräder geschoben werden. Bei endlosen Riemen muß eine Nachstellmöglichkeit durch Spannschienen bestehen. Endliche können nach Kürzen nachgespannt werden.

Keilriemen sind am Anfang nicht zu stramm einzulegen, da auch weniger stramm eingelegte Riemen infolge ihrer Keilwirkung einwandfrei arbeiten. Allzu starke Vorspannung schadet den Riemen; desgleichen schaden fette Öle, Benzin, Säuren u. dgl.

4. Transmissionen.

Umlaufzahl. Beim Einbau von Transmissionswellen ist zunächst zu berücksichtigen, daß je höher die Umlaufzahl, um so geringer die Wellenstärke und somit auch um so billiger die Anschaffung wird. Doch darf die Umlaufzahl nicht zu hoch sein, weil sonst die Riemenscheiben zu klein werden. Man wähle für schwere Triebwerke und für Wellen, die langsamlaufende Maschinen antreiben, 100—150 Umdr. pro Minute; zum Betrieb von schnellaufenden Maschinen, wie z. B. Holzbearbeitungs-Dynamo- und Spinnereimaschinen etwa 250 Umdr. pro Minute, wobei diese Zahl je nach Umständen bis auf 400 Umdr. pro Minute erhöht werden kann.

Montage von Transmissionen. Die Montage einer Transmission richtet sich nach den jeweiligen Verhältnissen, so daß hierfür keine genauen Regeln aufgestellt werden können. Grundbedingung ist, daß alle Wellenmittel von vornherein durch genaues Ausschnüren festgelegt werden und diese parallel zum Antriebsmotor liegen. Nach Anreißen und Ausbrechen aller Maueröffnungen, Löcher für Verankerungen, Herstellung der Fundamentsockel usw. wird mit der Verlegung der Transmission begonnen. Es ist darauf zu sehen, daß alle Wellen eines Stranges genau in einer Linie und nach der Wasserwaage montiert sind.

Bei Kugel-Stehlagern sollen die Deckelschrauben nicht übermäßig angezogen werden, um ein Verklemmen der Kugellager zu vermeiden. Hierbei ist zu beachten, daß die Gehäuse nur dann gut passen, wenn bei festangezogenen Deckelschrauben die Kugellager sich gerade noch von Hand seitlich im Gehäuse verschieben lassen. Bei Hängelagern ist darauf zu achten, daß die Spindeln mit Gefühl eingestellt werden.

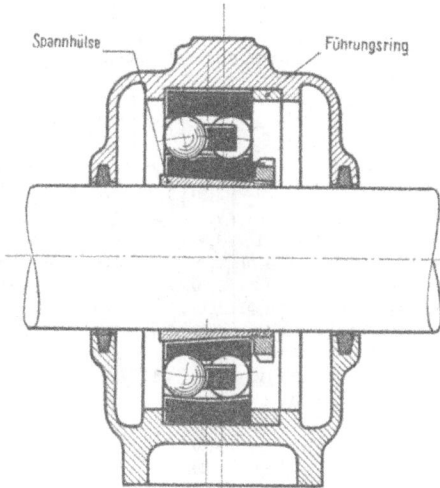

Bild 81. Transmissionslager.

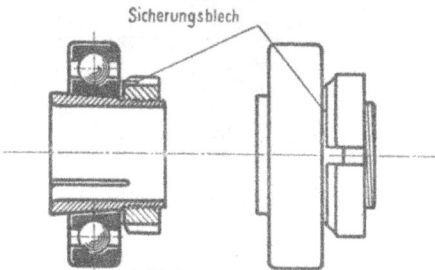

Bild 82. Spannhülse.

Vorteilhafte Lagerentfernungen.

Wellendurch- messer mm	25—45	50—70	80—90	100—160	darüber
Lagerent- fernung m	1,5—1,75	2,0—2,5	2,5—3,0	3,0—3,5	3,25—4

Man nehme die größeren Entfernungen, wenn die Kräfte in der Nähe der Lager, und die kleineren Entfernungen, wenn die Kraft-

Transmissionswellen.
Übertragbare Kraft in PS.

Last-dreh-zahl n	Wellendurchmesser in mm											
	25	30	35	40	45	50	55	60	70	80	90	100
	Übertragbare Pferdestärken											
25	—	—	—	—	—	—	1,10	1,60	2,90	5	7,90	12
28	—	—	—	—	—	—	1,30	1,80	3,20	5,50	8,90	13,50
32	—	—	—	—	—	—	1,40	2	3,70	6,30	10	15,50
36	—	—	—	—	—	1,08	1,60	2,30	4,20	7,10	11,40	17,40
40	—	—	—	—	—	1,20	1,80	2,50	4,60	7,90	12,70	19,30
45	—	—	—	—	—	1,35	2	2,80	5,20	8,90	14,20	21,70
50	0,10	0,20	0,36	0,62	1	1,50	2,20	3,10	5,80	10	16	24
56	0,11	0,22	0,40	0,69	1,10	1,70	2,50	3,50	6,50	11	18	27
63	0,12	0,25	0,46	0,78	1,25	1,90	2,80	4	7,30	12,50	20	30,50
71	0,13	0,28	0,51	0,88	1,40	2,10	3,10	4,50	8,20	14	22,50	34
80	0,15	0,31	0,58	1	1,60	2,40	3,50	5	9,20	15,80	25	38,50
90	0,17	0,35	0,65	1,10	1,80	2,70	4	5,60	10,40	17,80	28,50	43,50
100	0,19	0,39	0,72	1,20	2	3	4,40	6,30	11,50	19,80	32	48
112	0,21	0,44	0,81	1,40	2,20	3,40	5	7	13	22	35,50	54
125	0,23	0,49	0,90	1,50	2,50	3,80	5,50	7,80	14,50	25	39,50	60
140	0,26	0,55	1	1,70	2,80	4,20	6,20	8,80	16,20	28	44	68
160	0,30	0,62	1,16	2	3,20	4,80	7	10	18,50	32	50	77
180	0,34	0,70	1,30	2,20	3,60	5,40	8	11,20	21	36	57	87
200	0,38	0,78	1,45	2,50	4	6	8,80	12,50	23	40	63	96
225	0,42	0,88	1,60	2,80	4,50	6,80	10	14	26	45	71	109
250	0,47	0,98	1,80	3,10	5	7,50	11	15,60	29	50	79	120
280	0,53	1,10	2	3,50	5,50	8,40	12,40	17,50	32	55	89	135
320	0,60	1,25	2,30	4	6,40	9,60	14	20	37	63	100	154
360	0,68	1,40	2,60	4,40	7,10	10,80	16	22,50	42	71	114	174
400	0,75	1,56	2,90	5	8	12	17,60	25	46	79	127	193
450	0,85	1,75	3,20	5,60	9	13,50	20	28	52	89	142	217
500	0,94	1,95	3,60	6,20	10	15	22	31	58	100	158	241
560	1,10	2,20	4	7	11	17	25	35	65	110	177	270
630	1,20	2,45	4,60	7,80	12,50	19	28	40	73	125	200	304
710	1,30	2,80	5,10	8,80	14	21	31	45	82	140	225	342
800	1,50	3,10	5,80	10	16	24	35	50	92	158	253	385
900	1,70	3,50	6,50	11	18	27	40	56	104	178	285	435
1000	1,90	3,90	7,20	12	20	30	44	63	115	200	318	482
1120	2,10	4,40	8,10	14	22	34	50	70	130	220	355	540
1250	2,30	4,90	9	15	25	38	55	78	145	250	395	600
1400	2,60	5,50	10	17	28	42	62	88	162	280	443	675
1600	3	6,20	12	20	32	48	70	100	185	320	506	770

Transmissionswellen.
Übertragbare Kraft in PS.

Lastdrehzahl n	Wellendurchmesser in mm										
	110	125	140	160	180	200	220	240	260	280	300
	Übertragbare Pferdestärken										
25	18	29,4	46	79	127	193	282	400	550	740	978
28	20	33	52	88	142	216	316	448	618	830	1090
32	23	38	59	101	162	247	361	512	706	948	1250
36	25,5	42,4	67	114	182	278	406	576	794	1070	—
40	28	47	74	126	203	309	452	640	882	1185	—
45	32	53	83	142	228	347	508	720	992	—	—
50	35	59	93	158	253	386	564	800	1100	—	—
56	39,5	66	104	177	284	432	632	896	1235	—	—
63	44,5	74	117	199	318	486	712	1010	—	—	—
71	50	83,5	132	224	360	548	802	1136	—	—	—
80	56,5	94	148	253	405	618	904	1280	—	—	—
90	63,5	106	167	284	456	694	1016	—	—	—	—
100	71	118	185	316	506	772	1130	—	—	—	—
112	79	132	208	354	567	864	1265	—	—	—	—
125	88	147	232	395	633	965	—	—	—	—	—
140	99	165	258	442	710	1080	—	—	—	—	—
160	113	188	296	506	810	1235	—	—	—	—	—
180	127	212	333	568	912	—	—	—	—	—	—
200	141	235	370	632	1015	—	—	—	—	—	—
225	159	265	417	710	1140	—	—	—	—	—	—
250	177	294	463	790	1265	—	—	—	—	—	—
280	198	330	518	885	—	—	—	—	—	—	—
320	226	376	592	1010	—	—	—	—	—	—	—
360	254	424	666	1140	—	—	—	—	—	—	—
400	282	470	740	1265	—	—	—	—	—	—	—
450	318	530	833	—	—	—	—	—	—	—	—
500	353	588	926	—	—	—	—	—	—	—	—
560	395	660	1040	—	—	—	—	—	—	—	—
630	445	740	1166	—	—	—	—	—	—	—	—
710	500	835	—	—	—	—	—	—	—	—	—
800	565	940	—	—	—	—	—	—	—	—	—
900	635	1060	—	—	—	—	—	—	—	—	—
1000	706	1180	—	—	—	—	—	—	—	—	—
1120	790	—	—	—	—	—	—	—	—	—	—
1250	888	—	—	—	—	—	—	—	—	—	—
1400	988	—	—	—	—	—	—	—	—	—	—
1600	1130	—	—	—	—	—	—	—	—	—	—

abgabe an beliebiger Stelle zwischen zwei Lagern erfolgen soll. Sind an einzelnen Stellen der Welle verhältnismäßig größere Leistungen abzugeben, so sind entsprechend geringere Lagerentfernungen vorzusehen. Kupplungen müssen immer dicht an den Lagern sitzen.

VII. Die Pflege des Dieselmotors.

1. Winke für Pflege und Instandsetzung.

Motorengestell. (Grundplatte, Kurbelgehäuse, Ölwanne.) Dieselmotoren arbeiten dauernd unter wechselnden Beanspruchungen und Arbeitsdrücken. Außerdem verursachen die eigenen Massenkräfte gewisse Erschütterungen, welche sich auf die Schraubenverbindungen übertragen und diese zu lösen versuchen. Es bedürfen daher alle Fundamentschrauben und sonstige Verbindungen wie z. B. Befestigungsschrauben des Motorengestelles, die Schrauben der Grundlager u. a., einer gewissen Überwachung. Die Schraubenmuttern müssen zeitweise nachgezogen und die Sicherungen überprüft werden. Da auch mit Rißbildungen zu rechnen ist, müssen auch in dieser Richtung Überprüfungen angestellt werden.

Zylinderdeckel. Die Schrauben der Zylinderdeckel sind alle 4 Wochen nachzuziehen. Zum Nachziehen benütze man nicht Schlüsselverlängerungen. Durch die Verwendung solcher Verlängerungen geht das Gefühl für die Stärke des Anzuges verloren und es besteht Gefahr, die Schrauben zu überziehen. Besser ist es, mit einem normalen Schlüssel kräftig anzuziehen und den Anzug, durch 2 bis 3 nicht zu starke Hammerschläge auf den Schaft des Schlüssels, zu verstärken. Das Anziehen der Zylinderdeckelschrauben muß immer kreuzweise und gleichmäßig erfolgen.

Beim Einsetzen einer neuen Zylinderdeckeldichtung ist darauf zu achten, daß die Dichtflächen rein sind und die Dichtung nicht etwa Querschnittsverengungen der Durchgänge verursacht. Besteht die Dichtung aus einem Kupferring und stand sie schon in Verwendung, so untersuche man sie vor dem Einsetzen auf etwaige Beschädigungen. Ist die Dichtung in Ordnung, dann muß sie vor Benützung weich gemacht werden. Kupfer wird weich, indem man vorher bis auf kirschrot erwärmt und in kaltem Wasser abkühlt.

Waren die Zylinderdeckel abgebaut, so ist, nachdem der Motor das erstemal warm geworden ist, der Sitz der Schrauben zu prüfen und gegebenenfalls nachzuziehen.

Reinigung der Kolben. Kolben sollen auch bei einwandfreiem Arbeiten jährlich einmal gezogen werden. Beim Herausziehen des Kolbens ist darauf zu achten, daß der Pleuelstangenfuß nicht unter der Zylinderbüchse faßt und diese aufhebt.

Vor Ausbau eines Kolbens ist das Spiel zwischen Kolben und Zylinderdeckel zu messen, um bei etwaigem Austausch oder einer Nacharbeit des Kurbellagers wieder das gleiche Spiel einzuhalten und so die ursprüngliche Verdichtung herzustellen. Zur Festlegung dieses Spieles bedient man sich eines Stückchens Bleidrahtes, welches man

148

so auf den Kolbenboden legt, daß nach einmaligem Durchdrehen der Maschine der Draht zusammengedrückt wird. Die Stärke des so erhaltenen Abdruckes entspricht dem gesuchten Spiel.

Der Zylinderdeckel wird jetzt abgehoben und der am Zylinderrand haftende Ruß abgeschabt und entfernt. Ist an der höchsten Stelle der Zylinderlaufbahn eine Abnützung bemerkbar, so empfiehlt es sich vor Ausbau des Kolbens, diese Stelle gut einzufetten, damit die Kolbenringe nicht etwa daran hängen bleiben. Weiters untersuche man die Lage des Kolbens im Zylinder. Man prüfe mit Spion, ob das Spiel zwischen Kolben und Zylinder überall gleich ist und der Kolben nicht etwa schief steht oder an einer Seite zu stark anliegt. Sind Abweichungen vorhanden, dann merke man sich die Richtung, nach welcher der Kolben neigt, um bei Ersatz oder Instandsetzung des Kurbellagers die nötige Korrektur vornehmen zu können. Dies ist wichtig, weil schiefstehende oder nur an einer Seite anliegende Kolben besonders bei zunehmender Belastung klopfen.

Für den Ausbau des Kolbens entferne man sämtliches mit dem Kolben in Verbindung stehendes Gestänge und löse die Muttern der Schubstangenschrauben so weit, bis das Schubstangenlager nur mehr leicht gehalten wird. Der Kolben wird dann in die obere Totlage gebracht, und um beim weiteren Ausbau das Kurbellager nicht zu beschädigen, unter dieses ein Stückchen Holz gelegt. Bei dieser Gelegenheit überzeuge man sich auch, ob sämtliche Teile entsprechend bezeichnet sind, damit bei späterer Wiedermontage die Teile richtig aneinandergereiht werden.

Für das Hochziehen enthalten die Kolben gewöhnlich Gewindelöcher, in welche Anhängeösen geschraubt werden. Ist der Kolben angehängt, dann können die Muttern der Schubstangenschrauben ganz gelöst und der Kolben hochgezogen werden. Damit der Kolben beim Umlegen nicht beschädigt wird, klemme man zwischen diesen und der Schubstange ein passendes Holzstück. Auch achte man darauf, daß der Kolben nicht auf den Ringen zu liegen kommt.

Wenn die Abnahme der Kolbenringe nicht unbedingt erforderlich ist, so reinige man diese in eingebautem Zustande, weil selbst bei vorsichtigem Abziehen ein Verziehen während der Abnahme nicht ausgeschlossen ist. Sind Kolbenringe festgebrannt, so weiche man den Ruß mit Petroleum auf und versuche durch leichtes Klopfen mittels eines Holzhammers den Ring zu lösen. Dies ist bei einiger Geduld fast immer möglich.

Bei Ersatz von Kolbenringen bediene man sich für das Ab- und Aufziehen der Ringe dünner Stahlblechstreifen, welche so zwischen Ring und Kolben eingeführt werden, daß der behandelte Ring über die Nuten gleiten kann. Das oft angewandte Abstreifen der Ringe mittels Schlingen, wobei jedes Kolbenringende durch eine Schnurschlinge gefaßt und dann der Ring so weit auseinandergezogen wird, bis er über die Nuten gehoben werden kann, schadet dem Ring.

Bei Reinigungs- oder Instandsetzungsarbeiten ersetze man nur solche Kolbenringe, welche beschädigt sind, Abnützungserscheinungen aufweisen oder die ursprüngliche Spannung verloren haben. Ein

Austausch sämtlicher Ringe in Erwartung einer dadurch zu erwirkenden besseren Motorleistung bringt nicht immer den gewünschten Erfolg, weil neue Kolbenringe meist nicht sofort dicht halten und einer gewissen Einlaufzeit bedürfen.

Abgenützte Kolbenringe erkennt man daran, daß, wenn sie horizontal in den Zylinder gebracht werden, an der Stoßstelle ein abnormal großes Spiel bemerkbar wird. Auch haben abgenützte Ringe meist verschiedene Stärken und sind gewöhnlich in Nähe des Stoßes (Schloß) dünner. Bei Verlust der Spannung weist der frei in der Nut bewegliche Ring ein kaum merkliches oder gar kein Ausdehnungsspiel auf.

Bei neuen Kolbenringen muß das Ausdehnungsspiel (Spiel im Schloß) erst durch Abfeilen hergestellt werden, wobei für die Messung der Ring horizontal in den Zylinder gebracht wird. Die durchschnittliche Größe dieses Spieles ist etwa 1% des Zylinderdurchmessers. Kolbenringe mit zu knappem Spiel klappern im Betrieb und erhalten an den Stirnflächen der Stoßenden glänzende Stellen.

Zur Reinigung der verrußten Teile eignet sich am besten Petroleum, in welches die Teile gebracht werden. Die Schmierbohrungen sind mittels einer Handspritze gut durchzuspritzen und nach erfolgter Reinigung gegen Eindringen von Schmutz zu schützen.

Gelegentlich der Reinigungsarbeiten sind die Kolbenbolzen womöglich nicht auszubauen, sondern nur gut durchzuspritzen. Ist ein Ausbau aber notwendig, so erwärme man den Kolben in einem Ölbad auf eine Temperatur von etwa 80—100⁰ C. Durch die Erwärmung wird vermieden, daß infolge des stramm sitzenden Bolzens, der Kolben gelegentlich des Ein- und Ausbaues verzogen wird. Zum Herausschlagen des Kolbenbolzens verwende man einen Dorn aus weicherem Material.

Nach erfolgter Reinigung des Triebwerkes werden alle Teile mittels reiner Lappen getrocknet und für den Einbau vorbereitet (Einbau des Triebwerkes siehe S. 125).

Angeriebene Kolben. Das Fressen oder Reiben eines Kolbens kann u. U. auf folgende Ursachen zurückgeführt werden: Schlechte Verbrennung, Überlastung, durchlässige Kolbenringe, mangelhafte Schmierung, ungenügende Kühlung, Erhitzung des Kolbenbolzens oder schlecht eingepaßten Kolben.

Beim Kolbenfressen wird fast immer Material vom Kolben ab- und an die Zylinderwand aufgetragen. Die Reibstellen sind glashart und lassen sich meist nur mit Karborundum bearbeiten. Bei Instandsetzung kommt es darauf an, die aufgerauhten Stellen so zu bearbeiten, daß sie wieder möglichst glatt werden, ohne daß aber dabei zu viel gesundes Material abgenommen wird. Auf gute Glätte ist besonders Wert zu legen, da etwaige rauhe Stellen nicht nur Kraftverlust verursachen, sondern auch ein neuerliches Anreiben des Kolbens begünstigen.

Während die Instandsetzung des Kolbens selbst teilweise mit Karborundum, teilweise mit Feile (Schlicht- oder Staubfeile) verhältnismäßig einfach durchzuführen ist und nur getrachtet werden muß in der Rundung zu arbeiten, erfordert die Bearbeitung des Zylinders

150

wesentlich mehr Sorgfalt und Geschick. Würde die Reibstelle ohne besondere Vorbereitungen mittels Karborundum behandelt werden, so könnte es vorkommen, daß der Stein von der beschädigten Stelle abgleitet und an einer weicheren benachbarten Stelle eine unerwünschte Vertiefung einschleift.

Für ein sicheres und genaues Arbeiten ist es meist notwendig, den Zylinder abzubauen bzw. die Laufbüchse auszubauen und auf zwei Böcke zu legen. Handelt es sich um einen größeren Zylinder, dann versuche man erst das am gröbsten aufgetragene Material durch Strecken mittels eines stumpfen Hammers (mit leichten, aber vielen Schlägen) zu entfernen. Den dann noch restlich verbliebenen rauhen Teil schleife man vorsichtig mit Karborundum ab. Steht eine Schleifscheibe mit biegsamer Welle zur Verfügung, so kann diese für das Abschleifen der Reibstelle benützt werden. Die weitere Bearbeitung erfolgt nachher ebenfalls wieder von Hand.

Da während des Anreibens der Kolben örtlich stark erwärmt wird, ist meist mit einem Verziehen desselben zu rechnen. Es empfiehlt sich, eine etwaige Veränderung des Kolbens durch Einschleifen wieder auszugleichen. Auf diese Weise wird der Kolben wieder rund und die Reibstelle besser glatt. Für das Einschleifen ist der Kolben mit einer Haltevorrichtung zu versehen, mittels welcher er gedreht und aus- und eingeschoben werden kann. Sämtliche Schmierbohrungen sind mittels Fettpfropfen gegen eindringenden Schmirgelstaub zu schützen. Die Kolbenringe sind für das Einschleifen zu entfernen. Den Zylinder drehe man auf seinen Halteböcken so, daß die Reibstelle nach unten zu liegen kommt, damit beim späteren Einschleifen hauptsächlich die Reibstelle durch das Kolbengewicht gedrückt wird. Als Schleifmittel eignet sich feiner Schmirgelstaub oder feine Schmirgelpaste, wovon eine kleine Menge auf die Reibstelle zu bringen ist. Vor Beginn des Einschleifens öle man den Kolben sowie die Lauffläche des Zylinders gut ein, worauf der Kolben mit Halbdrehungen in den Zylinder einzuführen ist. Anfangs schleife man nur die Reibstellen gegeneinander. Nach fühlbarem abnehmendem Widerstand ist unter Ein- und Ausschieben der Kolben mit Sechsteldrehungen weiter zu drehen und das Einschleifen so lange fortzusetzen, bis Kolben und Zylinderlaufbahn gleichmäßig matt erscheinen.

Durch das Einschleifen wird das Spiel zwischen Kolben und Zylinder kaum merklich vergrößert, und ein zu großes Kolbenspiel ist nicht zu befürchten. Je nach der Art der Reibstelle und Größe des Zylinderdurchmessers erfordert gutes Einschleifen eine Arbeitszeit von 2 bis 8 Stunden.

Nach der so vorgenommenen Instandsetzung müssen Kolben und Zylinder peinlichst sauber gewaschen und die Schmierbohrungen durchgespritzt werden.

Bei dieser Gelegenheit sei darauf verwiesen, daß es sich nach eingetretenem Kolbenfressen immer als günstig erweist, auch die Schubstangenschrauben auszutauschen. Berücksichtigt man, daß bei Eintritt einer Verreibung oft die Maschine mit ihrer gesamten Kraft ruckartig stehen bleibt, so ist es verständlich, daß auch die Schubstangenschrauben übermäßig hoch beansprucht werden. Beschädigungen dieser Schrauben sind nicht immer sofort bemerkbar, und so können Brüche mit ihren schweren Folgen oft erst nach Monaten eintreten.

Kolbenspiel. Bei Anfertigung eines neuen Kolbens muß die Wärmeausdehnung durch ein entsprechendes Spiel zwischen Kolben und Zylinder (Kolbenspiel) berücksichtigt werden. Dieses Spiel kann je nach Fabrikat verschieden groß sein und ist bei Graugußkolben mit durchschnittlich 0,7—1$^0/_{00}$ und bei Leichtmetallkolben mit etwa 1,8$^0/_0$ anzunehmen. Hat z. B. ein Zylinder einen Durchmesser von 300 mm und wird ein Kolbenspiel von 1$^0/_{00}$ gewählt, so ist das Spiel $\dfrac{300 \cdot 1}{1000}$ = 0,3 mm, und demnach der Kolbendurchmesser 300—0,3 = 299,7 mm.

Da aber der Kolbenboden wesentlich wärmer als der Kolbenschaft wird, muß die Ausdehnung in Nähe des Bodens besonders berücksichtigt werden. Dies geschieht durch abgestufte oder konische Ausführung des Kolbens ab einer bestimmten Stelle. Der Anfang der Konizität ist bei den einzelnen Fabrikaten verschieden. Bei kleinen Kolben findet man oft den ganzen Kolben konisch, bei anderen Kolben beginnt die Konizität ab letztem Kolbenring, bei manchen wieder ab einer höheren Stelle. Die Durchmesserverkleinerung in Nähe des Kolbenbodens hängt von der Höhe der Erwärmung ab und beträgt meist 0,5% des Kolbendurchmessers. Hat ein Kolben beispielsweise 300 mm Durchmesser, so wird dessen Durchmesser in Nähe des Kolbenbodens 300 — $\left(\dfrac{300 \cdot 0,5}{100}\right)$ = 298,5 mm.

Trotz des vorgesehenen Ausdehnungsspieles kann es bei stark erhitzten oder lange im Betrieb gestandenen Kolben vorkommen, daß sie besonders am oberen Ende drücken, weil sie gewachsen sind. Diese Deformation bewirkt ein klopfendes Geräusch. Bei solchen Kolben müssen die durch Reibung kenntlich gemachten Stellen abgefeilt oder überdreht werden.

Formänderungen des Kolbens infolge Erwärmung des Kolbenbolzens berücksichtige man durch seitliches Bearbeiten des Kolbens in Nähe der Bolzenaugen.

Zylinderbüchsen. Neuzeitliche Dieselmotoren haben vorwiegend in das Zylindergestell eingezogene Zylinderbüchsen. Durch Verwendung solcher Einsätze ist es möglich, die verschlissene Laufbahn eines Zylinders gegen eine neue auszuwechseln, ohne genötigt zu sein, den ganzen Zylinderblock ersetzen oder aufschleifen zu müssen.

Bei jährlichen Instandsetzungen müssen die Zylinderdeckel abgebaut und die Zylinder gereinigt werden. War das Kühlwasser kalkhaltig oder wurden beispielsweise Schiffsmaschinen mit sandhaltigen Wasser gekühlt, so müssen zur Reinigung der Kühlräume auch die Zylinderbüchsen gezogen werden.

Die Untersuchung von Zylindern bzw. deren Büchsen erstreckt sich auf eine Untersuchung auf Anrisse, Anfressungen und sonstige Schäden. Dabei sind bei Zweitaktmotoren besonders die Stege der Abgas- und Spülschlitze auf Rißbildung zu prüfen.

152

Meist haben Zylinderbüchsen zur Abdichtung gegen das Zylindergestell Gummiringe. Werden Büchsen frisch eingezogen, so müssen diese Gummiringe — damit sie besser gleiten — mit Schmierseife oder Graphit eingeschmiert werden. (Schmieröl zerstört den Gummi.) Ferner müssen die Dichtflächen vollkommen rein sein. Nach dem Einziehen sind die Zylinderbüchsen auf Unrundsein zu untersuchen. Bei geringem Unrundsein — Abweichungen bis 0,02 mm sind zulässig — setzt man in die engste Stelle der eingebauten Büchse eine Spannschraube und schlägt mit Hammer und Klopfholz von außen auf die hohen Stellen der nach der Kurbelwelle hinausragenden Laufbüchse. Ist die Laufbüchse nicht rund zu bekommen, so muß sie ausgebaut und der Ursache nachgegangen werden.

Nach dem erfolgten Einbau von Zylinderbüchsen sind die Kühlwasserräume mit einem Wasserdruck von 2 kg/cm² abzupressen.

Stichmaß. Wird ein neuer Kolben bestellt und war die Maschine schon längere Zeit im Betrieb, so braucht die Lieferfirma zu dessen Anfertigung das genaue Zylindermaß. Meist stehen aber entsprechende

Bild 83. Stichmaß.

Meßwerkzeuge nicht zur Verfügung. In solchen Fällen muß ein Stichmaß nach Bild 83 angefertigt werden. Hierfür verwendet man Rund- oder Vierkantmaterial entsprechender Länge und einer Stärke von nicht unter 10 mm.

Die Bestimmung der Länge erfolgt so, daß ein Maßende an einer bestimmten Stelle der Zylinderwandung angedrückt wird und mit dem zweiten Ende an der genau gegenüberliegenden Stelle leichte Ausschläge ausgeführt werden. Bei richtiger Länge darf das Stichmaß weder klemmen noch am Paßpunkt ein merklicher Ausschlag möglich sein. Beim Anpassen des Stichmaßes achte man auch darauf, daß das Maß und der Zylinder gleiche Temperatur haben, und daß durch die Handwärme keine Meßfehler entstehen.

Zeigt der Zylinder im Durchmesser Unregelmäßigkeiten (konisch oder oval), so empfiehlt es sich, das Stichmaß entweder der engsten Stelle anzupassen oder mehrere Stichmaße anzufertigen. Diese sind dann entsprechend mit Körnerschlägen oder Nummern zu bezeichnen, um dann in einem Begleitschreiben auf das bezeichnete Stichmaß und die zugehörige Meßstelle hinweisen zu können. Außer den erwähnten Zeichen soll jedes Stichmaß auch die Motor- oder Kolbennummer führen.

Die Versendung eines Stichmaßes erfolgt am zweckmäßigsten in einem passenden Rohr, dessen Enden verkorkt werden.

Lager: Alle Lager müssen fest angezogen werden und sollen ein geringes Spiel haben. Dies gilt besonders für Pleuelstangen- und Grundlager. Nach längerem Betrieb ist es notwendig, die Lagerung der Kurbelwelle einer Nachprüfung zu unterziehen. Vernachlässigt man diese Prüfung und sind Unstimmigkeiten etwa durch Senkung des Fundamentes oder infolge anderer Ursachen entstanden, so kann die veränderte Lage unzulässige Wellenbeanspruchungen verursachen. Die entstandenen Beanspruchungen können zum Bruch der Kurbelwelle führen.

Bei Überprüfungen ist auch darauf zu achten, daß der bei den einzelnen Zylindern gemessene Kurbelwangenabstand zwischen oberer und unterer Totlage des Kolbens einen möglichst geringen Unterschied aufweist. Abweichungen bis zu 0,03 mm sind zulässig. Ist der Unterschied größer, so steht die Welle irgendwo (Außenlager, Drucklager) unter Spannung oder die Lagerung ist nicht in Ordnung. Es empfiehlt sich, die Meßstellen an der Kurbelwange etwas anzufeilen und mittels Körnerschlag zu bezeichnen. Gelegentlich der Messungen müssen die Meßstellen rein sein.

Um einen Überblick über die Größenverhältnisse der einzelnen Lagerspiele zu geben, werden nachstehend die Spiele eines mittelgroßen Viertaktmotors mit Weißmetallager angeführt:

Grundlager	. . . .	radial	0,06—0,12 mm
Pleuelstangenlager	. . . .	radial	0,1 —0,15 „
„	. . . .	seitlich	0,2 „
Kolbenbolzenlager	. . . .	radial	0,08—0,1 „
„	. . . .	seitlich je 2—2,5 „

Für Zweitaktmotoren können die größeren Werte gewählt werden. Haben Pleuelstangen Stahlschalen, in welche eine Schicht Bleibronze eingeschweißt ist, so muß das Lagerspiel reichlicher gewählt werden. Das Spiel soll so groß sein, daß die Pleuelstange leicht hin- und hergeschoben werden kann.

Ersatz eines Grundlagers. Bei Ersatz eines Grundlagers (Kurbelwellenlager) empfiehlt es sich fast immer, die Maschine so weit abzubauen, bis die Kurbelwelle frei liegt. Nur so kann Gewähr bestehen, daß das neue Lager einwandfrei eingeschabt werden kann und gut trägt. Auch kann bei dieser Gelegenheit die gesamte Wellenbettung untersucht und wenn nötig richtiggestellt werden (s. S. 124).

Ist ein Abbau der Maschine nicht möglich, dann hebe man außer dem beschädigten Lager auch das benachbarte unbeschädigte Grundlager aus, um von diesem die notwendige Lagerstärke, d. h. Höhe von Auflagefläche der Schale bis Auflage der Kurbelwelle abnehmen zu können. Das neue Lager kann dann auf der Drehbank entsprechend auf Maß gedreht werden, wobei für das spätere Ausschaben eine Zugabe von etwa 0,05—0,1 mm gemacht wird. Das so vorgedrehte Lager wird nun seitlich ausgeschabt und gleichzeitig die Tragfläche überschabt. Jetzt werden beide Lager eingebaut und die vorher mit einem Tuschiermittel leicht überstrichene Welle einige Male von Hand aus durchgedreht. Hierauf wird das neue Lager allein herausgenommen und auf gute Auflage untersucht. Dieser Vorgang muß so lange wiederholt werden, bis die Tragfläche in Ordnung ist. Zur letzten Überprüfung baue man wieder beide Lager aus, um sie auf gleich große und gleichmäßig verteilte Auflage zu untersuchen.

Bei Ersatz eines Grundlagers ist es nicht immer notwendig, auch das Lager-Oberteil zu erneuern. Meist ist das Oberteil nur durch vom Unterteil abgetragenes Material verschmiert, welches leicht mittels Schaber entfernt werden kann.

Das Lager-Oberteil soll nicht tragen, sondern nur kaum merklich an der Welle anliegen.

Ersatz eines Pleuelstangenlagers. Vor Einbau eines neuen Pleuellagers muß der Kurbelzapfen mittels Schmirgelpapier poliert werden. Die Schmierbohrung darf nicht durch vom alten Lager zurückgebliebene Weißmetallreste verstopft oder verunreinigt sein. Eine diesbezügliche Prüfung ist stets durchzuführen.

Beim Einschaben des Lagers achte man nicht nur auf die Güte der Auflage, sondern auch darauf, daß das Lager mit dem Kurbelzapfen in Waage steht. Am günstigsten geht man so vor, daß man die Lagerschalen vorerst gefühlsmäßig ausschabt und das Triebwerk ohne Kolbenringe samt neuen Lager einbaut. Nach einigen Umdrehungen der Kurbelwelle von Hand aus, ist das Lager wieder auszubauen und die notwendige Korrektur vorzunehmen. Dieser Vorgang ist so lange zu wiederholen, bis die nötige Auflage in entsprechender Übereinstimmung mit den Kurbelzapfen zustande gekommen ist.

Ein gut eingepaßtes Pleuellager darf in den Hohlkehlen nicht tragen und muß sich ohne besondere Kraftanstrengung etwas seitlich verschieben lassen. Das Lager-Unterteil soll nur leicht anliegen. und es empfiehlt sich für Ölumlauf und Ausdehnung je nach Kurbelzapfendurchmesser ein radiales Spiel von etwa 0,1 bis 0,15 mm vorzusehen. Das seitliche Spiel soll etwa 0,2 mm betragen. Etwa notwendige Schmiernuten sind wieder so auszuführen, wie sie ursprünglich angeordnet waren.

Nach Ersatz oder Ausbau eines Pleuellagers ist das Lager vor endgültiger Belastung der Maschine einige Zeit hindurch mit kleiner Belastung einzulaufen, wobei es wiederholt befühlt und auf übermäßige Erwärmung geprüft werden muß.

Erneuerung des Weißmetalls. Läuft ein Weißmetallager aus irgendeiner Ursache (schlechte Auflage, Ölmangel oder Sprünge im Weißmetall) heiß, so muß das angeschmorte oder ausgelaufene Metall durch neues ersetzt werden. Die Qualität des neuen Metalls soll der der anderen noch guten Lager gleich sein. Dies gilt besonders für Hauptlager (Grundlager). Die erforderliche Metallqualität steht aber oft nicht immer zur Verfügung. In solchen Fällen wähle man das Besterhältliche. Als Richtlinie diene, daß bei Dieselmotoren meist ein Metall mit über 80% Zinngehalt Verwendung findet. Keinesfalls darf altes Metall mit neuem gemischt werden, sondern es ist für den Ersatz stets frisches Weißmetall zu verwenden.

Der Vorgang des Ausgießens gestaltet sich im wesentlichen wie folgt: Die Reste des alten Lagermetalles werden ausgeschmolzen und die Innenseiten der Lagerschalen so gereinigt, daß sie metallisch rein werden. Nun wird das Lager gut mit Lötwasser bepinselt und mit Streuzinn bestreut. Steht kein Streuzinn zur Verfügung, dann verwende man für das Verzinnen Lötzinn. Die so vorbereiteten Lagerschalen werden jetzt so stark erwärmt, bis das daran haftende Zinn schmilzt, worauf nochmals mit Lötwasser bepinselt wird. Beim Verzinnen wird das geschmolzene Metall mit einem trockenen Lappen gut verrieben und geglättet. Um einen gleichmäßigen und glatten Überzug zu erhalten, muß der Vorgang rasch vor sich gehen.

Für das Schmelzen des neuen Metalles verwende man einen reinen Löffel. Man lege in den Löffel mehr Metall als das Lager aufzunehmen vermag. Die nötige Menge muß geschätzt oder durch Wiegen eines gleichen oder ähnlichen Lagers bestimmt werden. Für das Ausgießen bereite man sich etwas Lehm, Lötzinn, Lötwasser, Lötlampe, Binddraht und einen entsprechenden Dorn samt eiserner Unterlagsplatte vor. Der Dorn soll einen 4 bis 5 mm kleineren Durchmesser als die gewünschte Lagerbohrung haben. Die Unterlagsplatte soll so groß sein, daß sie gut erwärmt werden kann. Handelt es sich um zwei Lagerhälften, so wird in deren Teilfuge ein dünner Blechstreifen so eingelegt, daß ein Zusammenlöten der Lagerhälften vermieden wird. Für das Ausgießen werden die Lager, wie in Bild 84 veranschaulicht, vorbereitet, der Dorn eingelegt und sämtliche Fugen gut mit Lehm verschmiert, damit kein Metall entweichen kann. Dann wird die Unterlagsplatte samt Lagerschalen von unten nach oben gut angewärmt. Inzwischen schmilzt das Weißmetall im Löffel und dessen Temperatur soll vor dem Eingießen keinesfalls höher als 300 bis 320° betragen. In Ermangelung einer geeigneten Prüfeinrichtung prüft man die Temperatur mit Hilfe eines trockenen Tannenholzstabes, welcher beim Herausziehen aus der flüssigen Masse gerade nicht Feuer fangen darf. Zu stark erwärmtes Lagermetall wird spröde und erhält andere Eigenschaften. Nach den erwähnten Vorbereitungen soll das Weißmetall eingegossen werden. Während des Eingießens muß das Lager besonders im unteren Teil nachgewärmt werden. Das Nachwärmen bezweckt, dem Saugen, d. h. einem Nachsinken des Metalles während des Erkaltens vorzubeugen. Um die Bildung von Poren zu vermeiden, empfiehlt es sich, mittels eines Eisenstabes in der flüssigen Masse so lange zu pumpen, bis diese zu erstarren beginnt.

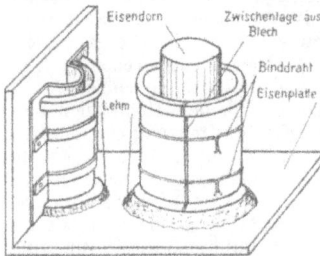

Bild 84. Befehlsmäßige Lagerausgieß-Vorrichtungen.

Das frisch ausgegossene Lager lasse man, falls die Zeit nicht drängt, ohne Zutun erkalten. Steht wenig Zeit zur Verfügung, so nehme man die Abkühlung mittels nasser Lappen von unten nach oben gehend vor.

Für das Ausgießen einteiliger Lager (Büchsen) ist ein sehr konischer Einlegedorn notwendig, da sonst dessen Entfernung unter Umständen sehr schwierig wird. Steht kein entsprechender Dorn zur Verfügung, so verwende man ein dünnes Eisen- oder Messingrohr, welches nach Erkalten des Weißmetalls im Lager belassen und nachträglich ausgedreht wird.

Reinigung der Kühlwasserräume. Hat die Kesselsteinablagerung eine Stärke von über 2 mm erreicht, so muß der Kesselstein entfernt werden. Eine Reinigung ist besonders in den Räumen um Ventile und Auspuffkanal notwendig, da sonst die gehinderte Wärmeabfuhr Spannungen auslöst, welche zu Rißbildungen führen.

An leicht zugänglichen Stellen kann der Kesselstein durch Lossprengen mittels eines Hammers entfernt werden. Um Kesselstein aus dem Zylinderkopf, den Zylinder oder Rohrleitungen zu entfernen, verwendet man meist handelsübliche rauchende Salzsäure (Salzsäure, die nicht raucht, ist für diesen Verwendungszweck zu schwach und wirkungslos).

Die zu reinigenden Teile werden von der Maschine abgebaut, die Armaturen entfernt und alle blanken Teile gut mit Starrfett oder Vaseline eingefettet. Man verschließe dann alle zu den zu reinigenden Wasserräumen führenden Bohrungen bis auf eine, durch welche verdünnte Salzsäure eingebracht wird. Die Höhe der vorzunehmenden Verdünnung richtet sich nach der Stärke der Ablagerung. Meist wird eine Mischung von zwei Teilen Wasser und einem Teil Salzsäure hergestellt. Die so vorbereitete Salzsäure fülle man vorsichtig in den zu reinigenden Wasserraum und lasse das Ganze etwa 4 bis 6 Stunden stehen. Der Kesselstein löst sich unter Aufwallen der Flüssigkeit langsam in eine schwammige Masse auf. Von Zeit zu Zeit helfe man mit einem zurechtgebogenen Drahthaken nach. Nach Nachlassen des Reinigungsprozesses, welcher an einer allmählich eintretenden Beruhigung der Flüssigkeit und Aufhören der Vergasung erkenntlich ist, kann die Flüssigkeit abgelassen werden. Der abgesetzte Schlamm wird entfernt und der Wasserraum gut durchgewaschen. Ist der Kesselstein nicht genügend entfernt, so muß der vorbeschriebene Vorgang wiederholt werden. Nach beendeter Reinigung spüle man die behandelten Teile mit heißem Wasser oder Sodalauge aus.

Während der Reinigung ist darauf zu achten, daß an die blanke Lauffläche des Zylinders oder an sonst blanke Teile keine Salzsäure gelangt. Desgleichen hüte man sich, Salzsäure in offene Wunden, in die Augen oder auf Schleimhäute zu bringen.

Bei Behandlung der Kühlräume mit rauchender Salzsäure kann, besonders bei mangelhafter Nachbehandlung, die gereinigte Fläche durch Korrosionen Schaden leiden. Um diesem Nachteil zu begegnen, werden sog. „Inhibitoren", welche aus Kupfersalzen und pflanzlichen Kolloiden bestehen, der Salzsäure beigegeben. Im selben Momente, als der Kesselstein gelöst ist, setzen sich sofort als Schutzmittel teilweise Elektrolytkupfer, teilweise die pflanzlichen Kolloide an die metallischen Wände an, so daß diese vor Angriffen durch die Säure geschützt werden.

Die so hergestellten Kesselstein-Reinigungsmittel erscheinen unter verschiedenen Namen im Handel.

Risse und Sprünge. Die Ursache aufgetretener Rißbildungen ist meist (außer bei Frostrissen) auf durch starke Temperaturunterschiede ausgelöste Materialspannungen zurückzuführen. Mitunter können auch Spannungen bereits im Material vorhanden sein.

Ist eine Rißbildung nicht weiter störend, so wird einer Verlängerung derselben dadurch vorgebeugt, daß man deren Ende abbohrt. Die angebrachte Bohrung kann dann mit einem M 4 od. M 6 starken Kupferpfropfen verschraubt werden.

Rißbildungen im Verbrennungsraum oder am Kolbenboden zeigen immer Neigung sich zu vergrößern, da durch die Erwärmung der Riß geöffnet wird und die Stichflamme der Verbrennungsgase diesen weitertreibt. Versuchte Abhilfe durch Verschweißen hat in den meisten Fällen nicht den gewünschten Erfolg. Schweißungen verursachen meist neuerliche Materialspannungen, welche sich oft nach einiger Zeit wieder auslösen.

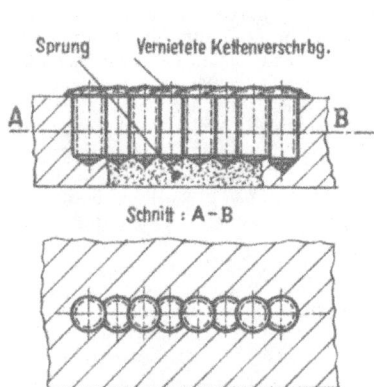

Bild 85. Kettenverschraubung.   Bild 86.

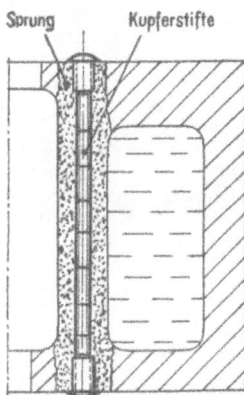

Steht kein Ersatzstück zur Verfügung, dann ist zu versuchen den vorhandenen Riß durch eine verkettete Verschraubung nach Bild 85 zu schließen. Als Material für die M 4 oder M 6 starken Schrauben wähle man Schweiß- oder Flußeisen. Für die Bearbeitung wird die Rißstelle vorerst mit entsprechender Teilung so angekörnert, daß die nächstfolgende Schraube mit etwa ein Sechstel ihres Umfanges in die vorhergehende zu liegen kommt. Gebohrt, verschraubt und vernietet wird zunächst jedes zweite Gewindeloch. Die einzuziehenden Schrauben bilde man stiftschraubenähnlich aus und lasse sie dann am Gewindeauslauf aufsitzen. Der vorstehende Schaft ist auf etwa 3 mm Höhe abzusägen und zu vernieten. Hierauf werden die Zwischenlöcher gebohrt und die zugehörigen Schrauben ebenfalls eingezogen und vernietet, so daß das Ganze schließlich einen gleichmäßigen Wulst bildet. So behandelte Risse sind wieder dicht, ohne daß dabei zu befürchten ist, daß etwa der Riß undicht wird oder sich erweitert. Ist die instandgesetzte Stelle sehr hohen Temperaturen ausgesetzt, dann empfiehlt es sich, die Nietstelle von Zeit zu Zeit etwas nachzunieten.

158

Bei Sprüngen im Kühlmantel oder in sonst dünnen Gußteilen wähle man für die Verschlußschrauben Kupfer, weil sich dieses Material leichter verklopfen läßt.

Vorhandene Risse im Kühlraum, welche wegen Platzmangel eine Bearbeitung nach vorbeschriebener Art nicht zulassen, können nach Bild 86 abgedichtet werden. Hierzu bringe man parallel zum Riß eine Längsbohrung an, welche dann mit weichen, etwa 10 mm langen und im Durchmesser passenden Kupferstiftchen gefüllt wird. Jeder Stift muß nach dessen Einführung mittels eines Dornes auseinandergetrieben werden. Auf diese Weise ist es möglich, in der Rißstelle eine dichtende Trennungswand zu bilden und den beschädigten oder undichten Teil wieder gebrauchsfertig zu machen.

Ein- und Auslaßventile. Die Ein- und Auslaßventile sind täglich zu schmieren. Hierfür eignet sich eine Mischung von je 1 Teil Petroleum und 1 Teil Gasöl. Bei Stillstand des Motors prüft man ein Ventil auf Gängigkeit, indem man es mit einem Hebel niederdrückt. Schlägt das Ventil rasch zurück, so ist es in Ordnung. Hängt ein Ventil während des Betriebes, so versuche man mit einigen Tropfen Petroleum, welche man in die Ventilführung bringt, das Ventil gängig zu machen. Bringt dies keinen Erfolg, so muß das Ventil ausgebaut werden.

Störungen an Einlaßventilen kommen ziemlich selten vor. Dagegen erfordern Auslaßventile angesichts der hohen Temperaturen, welchen sie ausgesetzt sind, eine häufigere Überholung. Undichte Ventile erkennt man an einem Nachlassen der Verdichtung und der damit verbundenen schlechteren Verbrennung und Motorleistung. Um festzustellen, welcher Zylinder eine schlechtere Verbrennung hat, öffne man nach der Reihe nach die Indikatorhähne oder, falls keine vorhanden, die Entlüftventile und beobachte die Verbrennungsflamme. Bei schlechter Verbrennung ist die Flamme nicht rein, sondern rötlich und mit Ruß vermischt.

Das im Prüfzeugnis der Maschine angegebene Spiel zwischen Ventilspindel und Ventilhebel muß wöchentlich einmal überprüft und wenn notwendig, nachgestellt werden. Es liegt je nach Motorgröße für Einlaß zwischen 0,3 und 0,5 mm und bei Auslaß zwischen 0,4 und 0,6 mm. Das Spiel soll bei warmem Motor gemessen werden. Bei zu großem Ventilspiel arbeitet die Ventilbetätigung stoßweise und kann zur Beschädigung der Nocken führen. Bei zu kleinem Spiel besteht die Möglichkeit, daß die Ventile nicht richtig schließen.

Undichte Ventile müssen rechtzeitig in Ordnung gebracht werden, da sonst die Sitzflächen ausbrennen. Zeigt das angebrannte Ventil keine zu großen Unebenheiten am Sitz, so genügt ein Nachschleifen mit Schmirgel. Sind aber die Unebenheiten durch Einschleifen nicht mehr zu beseitigen, dann müssen Sitz und Ventil nachgedreht werden. Nach dem Nachdrehen ist leicht einzuschleifen. Um einer Gratbildung während des Betriebes vorzubeugen ist zu erstreben, die Sitzbreiten von Sitz und Ventilspindel möglichst gleich breit zu halten.

Kraftstoff-Einspritzventil. Auch ein gut arbeitendes Einspritzventil soll zeitweise gereinigt und auf richtigen Abspritzdruck geprüft werden. Die Höhe des Abspritzdruckes ist bei den einzelnen

Motorbauarten verschieden und muß aus dem Prüfzeugnis des Motors entnommen werden.

Störungen am Einspritzventil sind in den meisten Fällen auf verunreinigten Kraftstoff zurückzuführen. Sie äußern sich in einer schlechteren Verbrennung und einer Veränderung der Auspufftemperatur des betreffenden Zylinders.

Wird das schadhafte Einspritzventil an der Abspritzpumpe probiert, so zeigt es entweder einen zu niederen Abspritzdruck oder es zerstäubt schlecht. Bei kurzem, kräftigem Pumpen soll ein gut arbeitendes Ventil während des Abspritzens brummen und muß dabei die Düsenplatte trocken bleiben. Kommt aber vor oder nach dem Abspritzen aus dem Einspritzventil Kraftstoff, so ist der Düsensitz undicht oder es klemmt die Nadel.

Alle Arbeiten am Einspritzventil müssen mit größter Sorgfalt und peinlichster Sauberkeit durchgeführt werden. Erfahrungsgemäß lassen sich die meisten Störungen durch eine gründliche Reinigung des Ventiles beheben. Gelegentlich solcher Reinigungen muß aber vermieden werden, daß nicht Teile eines Ventiles mit denselben Teilen eines zweiten Ventiles verwechselt werden. Die Teile des zur Reinigung zerlegten Einspritzventiles sind auf einem bereitgestellten Papier auszubreiten und der Reihe nach gründlich in reinem Gasöl zu waschen. Die Bohrungen der Düsenplatten sind am besten mittels eines Stahldrahtes (Klaviersaitendraht), dessen Stärke kleiner als die zu reinigende Bohrung ist, von Ölkohle frei zu machen. Sind Düsennadeln mit kegeligem Sitz nicht in Ordnung, so empfiehlt es sich, diese samt zugehöriger Büchse der Fabrik zur Instandsetzung einzusenden. Versuche, solche Nadeln selbst in Ordnung zu bringen, führen meist zu keinem Erfolg. Durch Einschleifen mit Schmirgel oder Schleifpasten wird der Zustand nur verschlechtert. Bei Einspritzventilen mit Plansitz (Flachsitz) ist die Möglichkeit einer Instandsetzung vorhanden. Solche Einspritzventile haben eine unten flache Düsennadel, welche eben und dichtend auf einer flachen, abnehmbaren Düsenplatte ruht. Ist bei einem so gebauten Einspritzventil der Sitz auf der Düsenplatte nur leicht undicht, dann genügt ein Planschleifen dieser Platte auf einer Tuschier- oder ebenen Glasplatte. Als Schleifmittel verwendet man vorerst feine Schleifmasse. Wird die Düsenplatte gleichmäßig matt, dann benütze man zum Nachschleifen die im Handel erhältliche Rasierriemenpaste. Beim Schleifen ist die Platte mit zwei Finger gleichmäßig gegen die Auflage zu drücken und zeitweise etwas zu drehen. Weist dagegen eine Düsenplatte starke Einschläge auf, dann empfiehlt es sich, dieselbe auszuwechseln.

Die Düsennadel kann nachgeschliffen werden, indem man sie samt ihrer Büchse schleift. Hierbei ist die Nadel gleichmäßig anzudrücken und diese sowie die Büchse zeitweise zu drehen. Da auch die Düsenplatte an der Düsenbüchse dichtend sitzen muß, sind ebenfalls Büchse und Platte zusammen zu schleifen. Schließlich wird die Düsenplatte mit der Düsenbüchse verschraubt und nochmals die Düsennadel an die Düsenplatte geschliffen. Für diese Arbeit darf nur mehr Rasierriemenpaste und dann Gasöl allein verwendet werden. Es ist so lange zu schleifen, bis die Düsennadel an ihrem Sitz eine gleichmäßige Auflage zeigt. Nach dieser Schleifart darf das Einspritzventil nicht mehr zerlegt werden.

Ob die Nadel in ihrer Büchse leicht geht, kann man dadurch prüfen, daß man die vorher mit Gasöl befeuchtete Nadel ein Stück anhebt und dann durch ihr Eigengewicht in die Büchse fallen läßt. Die Nadel muß gleichmäßig und langsam sinken. Dabei ist Voraussetzung, daß Nadel und Büchse vollkommen rein sind. Fällt dagegen die Nadel leicht und schnell zurück, so kann daraus geschlossen werden, daß das Einspritzventil undicht ist und viel Lecköl verliert.

Einspritzpumpe. Die hauptsächlichste Pflege der Einspritzpumpe liegt in der Reinhaltung des zur Pumpe gelangenden Kraftstoffes. Ferner muß darauf geachtet werden, daß keine Luft in die Einspritzpumpe gelangt. Es ist daher Sorge zu tragen, daß das der Pumpe vorgeschaltete Filter regelmäßig überprüft und gereinigt wird. Auch müssen die Zuführungsleitungen und die in diese Leitungen eingebauten Absperrorgane richtig dicht sein.

Nach längerer Betriebsunterbrechung sowie nach jeder Arbeit, bei der Kraftstoff abgelassen werden mußte, muß die Luft sorgfältig aus der Pumpe entfernt werden. Das Entlüften muß planmäßig vor sich gehen und sind die vorzunehmenden Handgriffe von der Bauart der Pumpe abhängig. Meist kann so vorgegangen werden, daß man vorerst den Hahn des Kraftstoffbehälters öffnet und die Leitung bis zur Pumpe durch Abfließenlassen des Kraftstoffes entlüftet. Sodann ist die Zuführungsleitung an die Pumpe zu schrauben und falls die Pumpe eine Entlüftschraube besitzt, durch diese so lange weiter zu entlüften, bis keine Luftblasen mehr aufscheinen. Ist dies erfolgt, dann drehe man das Schwungrad des Motors, bis der Pumpenkolben des zu entlüftenden Elementes seine unterste Lage erreicht hat. Darauf löse man den Anschluß der zugehörigen Druckleitung an der Kraftstoffpumpe und bringe die Pumpe auf vollste Förderung. Meist haben Einspritzpumpen eine Vorpumpeinrichtung, mittels welcher der Pumpenkolben betätigt werden kann. Mit Hilfe dieser Einrichtung oder eines ähnlichen Behelfes wird von Hand so lange gepumpt, bis am Druckanschluß blasenfreier Kraftstoff austritt. Ist die Pumpe in Ordnung und gut entlüftet, so muß mit Beginn eines Hubes — auch bei langsamem Pumpen — der Kraftstoff im Druckanschluß sofort ansteigen.

Die Dichtigkeit einer Pumpe wird dadurch geprüft, daß man an die angeschraubte Druckleitung ein entlüftbares Manometer befestigt und den Druckanstieg (bis 500 kg/cm²) verfolgt. Bei dichter Pumpe muß nach jedem Pumpenhub der Zeiger stehen oder nur ganz langsam sinken. Ist dies nicht der Fall, so ist ein Pumpenorgan undicht. Es müssen dann an der Prüfpumpe der Reihe nach Druck- und Saugventil (wenn vorhanden auch Überströmventil) sowie Pumpenkolben samt Zylinder einzeln auf Dichtigkeit geprüft werden. Dies geschieht am vorteilhaftesten mittels einer geeigneten Probierpumpe.

Für etwa notwendige Einschleifarbeiten an Ventilen der Einspritzpumpe benutze man nur feinste Schleifmasse (Schleifrot). Hat man sich nach dem Einschleifen überzeugt, daß Ventilsitz und Kegel keine

Unebenheiten mehr aufweisen, dann schleife man noch einige Zeit mit Gasöl nach. Hierauf sind sämtliche mit Schmirgel in Berührung gekommene Pumpenteile gründlich mit Gasöl zu waschen und durchzuspritzen. Die nochmalige Prüfung der Pumpe ist dann wie vorbeschrieben durchzuführen.

Anlaßluftpumpe. Für das Aufladen des Druckluftbehälters dient gewöhnlich ein zweistufiger Luftverdichter. Vielfach wird auch ein am Arbeitszylinder angeordnetes Aufladeventil benützt.

Um unnötige Drucksteigerungen in der Anlaßluftleitung zu vermeiden, mache man es sich zur Gewohnheit, vorerst das Ventil des Druckluftbehälters zu öffnen und erst dann das Saugventil des Luftverdichters bzw. des Aufladeventils. Das Abstellen des Verdichters erfolgt in umgekehrter Reihenfolge.

Betriebsstörungen am Luftverdichter, die sich durch Abnahme der Förderleistung äußern, haben ihren Grund entweder in einem undichten Kolben oder auch in verschmutzten oder undichten Ventilen. Eine starke Verschmutzung der Ventile ist auf zu reichliche Schmierung zurückzuführen. Müssen die Ventile während des Betriebes ausgebaut werden, so ist darauf zu achten, daß während der Arbeiten das Ansaugventil des Verdichters gut geschlossen ist.

Aufladeventil. Das am Arbeitszylinder angeordnete Aufladeventil ist als Rückschlagventil ausgebildet. Bei jedem Arbeitshub läßt dieses Ventil einen Teil der Verbrennungsgase in den Druckluftbehälter. Um zu vermeiden, daß der Ventilkegel anbrennt, darf nicht länger als etwa 10 Minuten dauernd geladen werden. Man setze die Ladung erst dann wieder fort, wenn das Aufladeventil etwas abgekühlt ist. Während des Aufladens muß der Motor mindestens halb belastet sein. Eine Aufladung des Druckbehälters mit überlastetem Motor ist zu vermeiden.

Kraftstoff- und Ölfilter. Die Pflege der Kraftstoff- und Schmierölfilter erstreckt sich auf ihre Reinigung und Instandhaltung. Wie oft eine Reinigung zu erfolgen hat, hängt von der Verschmutzung des Kraftstoffes bzw. des Schmieröles ab. Je nach Bauart des Filters können bei einer eintretenden Verschmutzung entweder die Siebe oder die Gewebe reißen, oder das Filter wird so verstopft, daß der Motor nicht genügend Kraftstoff bekommt.

Für die Reinigung verschmutzter Filter benützt man am vorteilhaftesten Gasöl, in welchem die Filter genügend gewaschen werden. Sind Filtergewebe oder Siebe beschädigt, so müssen solche Mängel sofort behoben werden.

Luftfilter. Je nach Staubhaltung des Betriebes müssen Luftfilter innerhalb längerer oder kürzerer Zeit gereinigt werden. Die Reinigung soll erfolgen, wenn auf der Innenseite des Filters eine Staubablagerung zu erkennen ist. Zwecks Reinigung werden die Filter in Benzin, Petroleum oder warmen Wasser mit etwas Sodazusatz kräftig hin- und hergeschwenkt. Nachdem das Filter vollkommen trocken ist, wird es durch Eintauchen in ein gutes Maschinenöl benetzt. Als wirksames Staubbindemittel bewährt sich auch eine Mischung von 1 Teil Zylinderöl mit 1 Teil Gasöl.

Bevor man das Filter wieder einbaut, muß das überschüssige Benetzungsmittel gut abgetropft oder abgeschleudert werden.

Lichtmaschine. Die Pflege der Lichtmaschine beschränkt sich auf eine zeitweise Auffüllung der Kugellager mit Heißlagerfett. Etwa alle 4 Monate sind Kollektor und Abnehmerbürsten nachzusehen. Es ist auch darauf zu achten, daß an den Keilriemen kein Öl gelangt, da er sonst rutscht. Lockere Riemen sind nachzuspannen.

Die Stromlieferung der Lichtmaschine kann an einer im Schaltkasten der Anlage angeordneten roten Kontrollampe beobachtet werden. Bei eingestecktem Schlüssel und stillstehendem Motor leuchtet die Lampe auf. Kommt die Anlage in Betrieb, so erlöscht die Lampe dann, wenn die Stromversorgung nicht mehr von der Batterie, sondern von der Lichtmaschine erfolgt und die Batterie geladen wird. Leuchtet aber die Kontrollampe auch bei in Betrieb befindlichem Motor, so ist daraus zu schließen, daß die Lichtmaschine keinen Strom liefert, sondern der benötigte Strom aus der Anlasser-Batterie entnommen wird. In solchen Fällen ist die Ursache der Störung festzustellen und der Fehler zu beheben. Nichtbeachtung führt zur Entleerung der Batterie.

Anlasser. Wird der Anlasser mittels Fußstarter oder Schalter eingeschaltet, so erfolgt zunächst die Schließung eines Hilfsstromkreises, welcher den Anlasser in langsame Drehung versetzt und das Antriebsritzel nach vorne schiebt. Nach einer Verschiebung des Ritzels um 4 mm, wird selbsttätig der Hauptstromkreis geschlossen und der Anlasser befähigt, den Motor anzuwerfen. Erfolgen die ersten Zündungen und dreht sich der Motor schneller als der Anlasser, so springt das Anlaßritzel von selbst zurück.

Die Pflege der Anlasser besteht in einer zeitweisen Schmierung der Kugellager und Überprüfung des Kollektors samt Bürsten. Bei neuen Maschinen ist die richtige Lage des Anlassers zu kontrollieren. Das Anlaßritzel soll 3 mm vom Zahnkranz des Schwungrades abstehen. Ist dies nicht der Fall, so wird der Hauptstromkreis früher geschlossen als das Ritzel einspurt und führt zur Zerstörung des Ritzels.

Um die Batterie zu schonen, benütze man den Anlasser nicht länger als 15 s und schalte Ruhepausen ein, damit sich die Batterie erholt.

Glühkerzen. Die Wirkungsweise der Glühkerzen wurde bereits auf Seite 76 behandelt. Ergänzend sei bemerkt, daß zur Überwachung des Glühzustandes im Stromkreis eine Kontrollampe mit Glühspirale liegt. Kontrollampe und Glühkerzen sind hintereinander geschaltet (Bild 37). Wird die Anlage eingeschaltet und sind die Glühkerzen in Ordnung, so leuchtet die Kontrollampe in etwa 15 bis 20 s auf und geht langsam auf kirschrot über. Glüht die Lampe schlecht oder nicht und sind sonst Leitungen und Batterie in Ordnung, so besteht die Möglichkeit, daß eine Glühspirale durchgebrannt ist Zur Aufsuchung der Störung empfiehlt es sich, vorerst die einzelnen Kerzen durch Abtasten zeitweilig zu überbrücken. Dadurch wird jeweilig nur eine Glühkerze aus dem Stromkreis genommen, ohne daß die so verursachte Spannungserhöhung den übrigen Kerzen schadet.

Es ist unstatthaft, zweipolige Glühkerzen dadurch zu prüfen, daß man von den einzelnen Kerzen auf Massenschluß geht. Durch einen Massenschluß werden alle nachgeschalteten Glühkerzen aus dem Stromkreis genommen und es liegen dann die übrigen Kerzen einschließlich Kontrollampe an der ganzen Batteriespannung. Dies wird um so gefährlicher, je mehr Glühkerzen durch Massenschluß aus dem Stromkreis abgeschaltet werden.

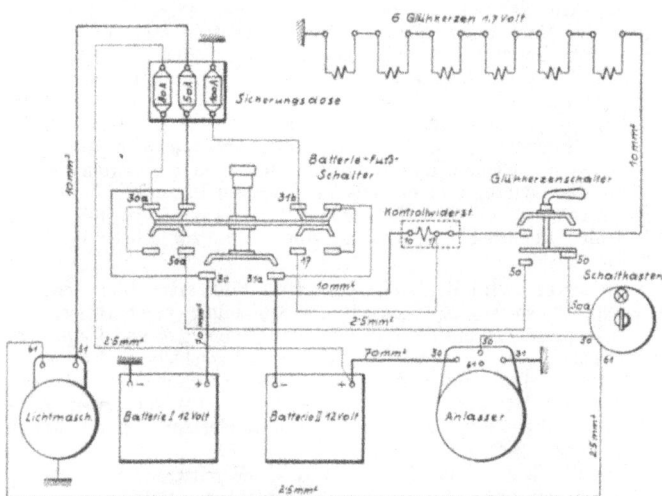

Bild 86 a. Schaltschema für 6-Zyl.-Dieselmotor mit 2-poligen Glühkerzen, 2×12-Volt-Batterie, 12-Volt Lichtmaschine und 24-Volt Anlaßer.

Läßt sich die Ursache einer auftretenden Störung schwer feststellen, dann empfiehlt es sich, entweder die einzelnen Glühkerzen herauszunehmen und im Freien zu beobachten, oder die Einspritzventile zu entfernen, um die Glühspiralen im Motor zu prüfen. Die Kerzen sollen annähernd zu gleicher Zeit und mit gleicher Helligkeit zum Glühen kommen.

Vor dem Einsetzen der Glühkerzen sind die Kerzengewinde mit einer Mischung aus Schmieröl und Graphit zu bestreichen. Durch diese Maßnahme verhindert man ein Festbrennen der Kerzen.

Akkumulatoren-Batterie. Obwohl die Batterie von allen elektrischen Einrichtungen (besonders beim Betätigen des Anlassers) ein am höchsten beanspruchter und wichtiger Teil ist, wird deren Wartung nicht immer die nötige Aufmerksamkeit geschenkt. Besonders bei Bootsmotoren ist die Batterie oft unzugänglich untergebracht und wird daher wenig beachtet.

Eine Akkumulatoren-Batterie kann nur dann leistungsfähig bleiben, wenn sie richtig gepflegt wird. Zu ihrer Pflege gehört in erster

Linie eine bequeme Zugänglichkeit. Die Batterie muß stets rein und trocken bleiben. Die Metallteile sind einzufetten. Etwaige Metallwerkzeuge dürfen nicht oberhalb der Batterie aufbewahrt werden. Durch Herunterfallen eines solchen Gegenstandes kann ein Kurzschluß entstehen, wodurch die Batterie zerstört wird. Alle 14 Tage ist der Säurestand zu prüfen. Die Säure soll 15 mm über der Plattenoberkante stehen. Ist Flüssigkeit verdunstet, so darf nur destilliertes Wasser, nicht Akkusäure nachgefüllt werden. Wurde aus irgendeinem Grunde Batterieflüssigkeit verschüttet, oder ist die Flüssigkeit teilweise ausgelaufen, dann muß mit Akkusäure ergänzt werden. Die Dichtigkeit der Ergänzungsflüssigkeit soll womöglich mit der noch in der Batterie befindlichen übereinstimmen. Steht eine Batterie nicht in Benützung, so ist sie mindestens alle 4 Wochen zu entladen und frisch aufzuladen. Batterien sind vor Frost zu schützen.

Durch Messung der Säuredichte mittels eines Ärometers (Säureprüfer) kann auf den Ladezustand der Batterie geschlossen werden. Doch haben solche Messungen nur dann einen Wert, wenn die Batterie stets richtig behandelt wurde.

Es bedeutet:

Säuredichte, Einh. Gew. 1,285 (32 Bé) Batterie gut geladen,
„   „   „   1,23   (27 Bé)   „   halb geladen,
„   „   „   1,11—1,14 (15—18 Bé) Batterie entladen.

Die Änderung der Säuredichte beruht darauf, daß beim Laden (durch chemische Vorgänge) das Wasser durch die Platten der Batterie gebunden und bei der Entladung wieder frei wird. Das frei gewordene Wasser verdünnt die Säure und ändert so die Säuredichte.

Zum Laden einer Akkumulatoren-Batterie darf nur Gleichstrom benützt werden. Der + Pol der Batterie muß mit dem + Pol der Ladeleitung verbunden werden. Kann nicht festgestellt werden, welcher der + oder — Pol ist, so benütze man ein Polreagenzpapier (Lakmuspapier). Man lege das leicht angefeuchtete Papier an einen Pol und beobachte die Färbung. Färbt sich das Papier rot, so handelt es sich um den — Pol.

Die Ladestromstärke ist im allgemeinen $^1/_{10}$ der Batterie-Kapazität (Fassungsvermögen). Hat beispielsweise eine Batterie eine Kapazität von 70 Ah, so soll der Ladestrom nicht mehr als 7 A betragen. Die Ladespannung richtet sich nach der Ladestromstärke und liegt im allgemeinen zwischen 2 und 3 V je Zelle.

Es wird so lange geladen, bis alle Zellen gasen (etwa ½ h lang) und die Zellenspannung der angeschalteten Batterie 2,6 bis 2,7 V beträgt. Unmittelbar nach Abschalten der Batterie sinkt diese Spannung auf 2,3 bis 2,4 V. Die Säuredichte soll das Einh. Gewicht von 1,285 (32 Bé) haben. Ist die Säuredichte höher, so ist destilliertes Wasser nachzufüllen. Gelegentlich der nochmaligen Messung ist zu beachten, daß das Wasser mit der Säure gut gemischt ist. Um diese Mischung zu erreichen, erweist es sich als vorteilhaft, noch etwa ½ h nachzuladen.

Betriebsstörungen, deren Ursache und Abhilfe.

Art der Störung	Mögliche Ursache	Abhilfe
Motor springt nicht an	1. Raumtemperatur zu nieder	Kühlwasser vorwärmen
	2. Schmieröl zu dickflüssig	Winteröl verwenden
	3. Glimmpapier erloschen	Nachsehen, gut anglimmen
	Glühkerzen zu wenig warm	Je nach Raumtemperatur 1—1½ Minute vorwärmen. Batterie nachsehen. Siehe auch S. 163
	4. Anlaßluftdruck zu gering	Druckbehälter auf mindestens 20 kg/cm² aufladen
	5. Anlaßvorrichtung klemmt	Ventile gängig machen
	6. Einspritzpumpe fördert nicht	Pumpe entlüften s. S. 161
	7. Ein- oder Auslaßventil bleiben hängen oder schließen schlecht	Ventile gängig machen, Ventilspiel überprüfen
	8. Motor nicht in Anlaßstellung (bei Drei-Zylindermotor)	Motor in Anlaßstellung bringen
Motor springt an aber dreht zu langsam oder bleibt nach kurzer Zeit stehen	9. Luft in Kraftstoffpumpe oder Filter Förderpumpe setzt aus	Filter und Pumpe entlüften, Förderpumpe nachsehen
	10. Regler klemmt	Regler überprüfen
	11. Schlechter Kraftstoff oder Wasser im Kraftstoff	Behälter, Filter und Leitungen gründlich säubern und neuen Kraftstoff verwenden

Art der Störung	Mögliche Ursache	Abhilfe
Motor arbeitet un-regelmäßig	12. Ein oder mehrere Zylinder zünden nicht	Siehe 9 und 11
	13. Kraftstoff bleibt aus	Siehe 6
	14. Luft in Kraftstoffpumpe	Siehe 6
	15. Kraftstoffzufuhr durch Schmutz gehindert	Filter reinigen
	16. Teile der Einspritzpumpe wie Druck- oder Saugventil, Überströmventil undicht oder hängen	Kraftstoffpumpe durchsehen und reinigen
	17. Einspritzventil nicht in Ordnung	Siehe S. 160
	18. Zu großes Spiel in der Antriebsklaue der Kraftstoffpumpe	Antriebsklaue auswechseln
	19. Ein- und Auslaßventil stark undicht oder bleiben hängen	Siehe S. 159
	20. Kolbenringe festgebrannt oder beschädigt, keine Verdichtung	Kolben ausbauen, Ringe gängig machen oder erneuern
	21. Reguliergestänge von Pumpe und Regler hängt	Gestänge gängig machen
	22. Regler klemmt	Regler durchsehen

Art der Störung	Mögliche Ursache	Abhilfe
Leistung oder Drehzahl läßt nach	23. Siehe zunächst unter 6, 7, 9, 10, 11, 12, 13, 14, 15, 16, 17, 19 und 20	
	24. Kolben oder Lager hat gefressen	Motor sofort abstellen. Kolben und Lager befühlen. Schaden beheben s. S. 150 u. 155
	25. Motor überlastet	Motorbelastung verringern
	26. Ein- oder mehrere Zylinder zünden nicht	Siehe 9 und 11
	27. Luftmangel	Ansaugluftfilter reinigen
Motor raucht weiß oder bläulich	28. Zweitaktmotor lange leer gelaufen. Öl in Auspuffleitung und Dämpfer	Motor längere Zeit hindurch normal belasten
	29. Bei Viertaktmotor Öldruck oder Ölstand zu hoch	Ölstand an Peilstab nachprüfen. Öldruck einstellen
	30. Schlechte Lager (Öldruck zu nieder). Lagerspiel zu groß. Kolbenringe sitzen fest	Ölleitung untersuchen. Lager auf Spiel prüfen. Kolbenringe erneuern. Ringnuten und Rücklauflöcher reinigen
	31. Starke Überschmierung	Öldruck am Druckregler oder Ölförderung an Zylinderschmierpumpe vermindern (Vorsicht)
Motor raucht schmutzig-grau oder schwarz	32. Siehe zunächst 9, 11, 12, 17, 19, 20, 24, 26 und 27	
	33. Einspritzpumpe fördert zu viel Kraftstoff	Einspritzpumpe nachprüfen. Jeden Zylinder auf gleiche Füllung stellen. Verbrennungsgase am geöffneten Indikatorventil oder Entlüfthahn beobachten.

Art der Störung	Mögliche Ursache	Abhilfe
Motor raucht schmutzig-grau oder schwarz	34. Abspritzdruck des Einspritzventiles zu gering	Ventil auf vorgeschriebenen Abspritzdruck nachspannen
	35. Bei Mehrlochdüsen einzelne Düsenbohrungen verlegt. Düsennadel klemmt	Ölkohle mit Düsenreinigungsnadel entfernen. Düsenkörper auswaschen
Ein Zylinder schlechte Verbrennung	36. Überlastung dieses Zylinders	Prüfen ob andere Zylinder noch voll und gleichmäßig arbeiten, siehe 33. Wenn ja, dann Fördermenge zurückstellen
	37. Einspritzventil arbeitet fehlerhaft	Prüfung und Instandsetzung s. S. 159
	38. Zünddruck zu niedrig	Kraftstoffnocken nachsehen ob nicht Einspritzzeitpunkt verstellt.
Motor klopft oder stößt	38. Kolben beginnt zu fressen	Motor sofort abstellen. Ursache nachgehen
	39. Pleuelstangenlager heißgelaufen	Instandsetzung s. S. 155
	40. Zuviel Spiel im Pleuelstangenlager	Lager bis auf vorgeschriebenes Spiel zusammenarbeiten s. S. 154
	41. Zuviel Spiel im Kolbenbolzenlager	Kolbenbolzenlager neu ausgießen oder ersetzen
	42. Ein Zylinder überlastet	Auspufftemperatur und Verbrennung beobachten. Füllung zurückstellen. Siehe auch 33
	43. Motor überlastet	Motorbelastung verringern
	44. Zünddruck zu hoch	Siehe 36
	45. Verdichtung zu gering	Siehe 20

Art der Störung	Mögliche Ursache	Abhilfe
Motor klopft oder stößt.	46. Einspritzventil arbeitet fehlerhaft	Siehe 35
	47. Kolbenringe gebrochen	Siehe 20
	48. Mangel an Schmieröl	Ölstand und Öler überprüfen
	49. Mangel an Kühlwasser	Abflußtemperatur prüfen. Mehr Kühlwasser geben
	50. Kupplung oder Schwungrad lose	Nachprüfen, festziehen
Motor kommt nicht auf Volleistung	51. Siehe 7, 9, 10, 11, 12, 14, 15, 16, 17, 19, 20, 21, 24, 34, 35, 37 und 47	
Motor geht über normale Drehzahl	52. Reglerfedern gebrochen. Klemmungen durch falsche Montage	Regler untersuchen. Klemmungen beheben
	53. Kraftstoffpumpe verstellt zu große Förderung	Kraftstoffpumpe prüfen ob mit Stoppstellung Kraftstofförderung aufhört
Motor läßt sich nicht abstellen	54. Kraftstoffpumpe zu sehr verstellt	Pumpe vorerst so einstellen, daß bei Stoppstellung Förderung aufhört. Dann Pumpenförderung so einstellen, daß alle Zylinder fast gleiche Auspufftemperaturen aufweisen
Motor raucht aus Stoßstangenführung oder Kurbelgehäuse	55. Kolben gefressen, Lager heiß	Instandsetzung s. S. 150
	56. Kolbenringe lassen Verdichtung durch	Instandsetzung s. S. 150

Art der Störung	Mögliche Ursache	Abhilfe
Öldruck läßt nach oder bleibt aus	57. Schmierölfilter verstopft	Filter reinigen s. S. 162
	58. Ölleitung undicht	Ölleitung nachprüfen
	59. Zu wenig Schmieröl im Ölbehälter	Ölstand mittels Peilstab überprüfen
	60. Saug- oder Druckleitung der Ölpumpe undicht	Ölleitungen abdichten
	61. Druckregulierventil hat sich verstellt	Ventil auf vorgeschriebenen Druck nachstellen
Druckluftanlaßleitung wird zu heiß	62. Anlaßventil undicht	Ventil ausbauen und nachschleifen
Wasser im Schmieröl	63. Riß in einem Kühlwasserraum. Abdichtung der Zylinderlaufbüchse undicht	Kühlwasserräume mit einem Wasserdruck von 2 kg/cm² abpressen, Instandsetzung s. S. 157 und 152
Schmieröl im Kühlwasser	64. Ölkühler undicht	Ölkühler abpressen
Druck im Druckluftbehälter läßt nach	65. Undichte Ventile, undichte Leitung, undichtes Anlaßventil	Ventile nachschleifen bzw. frisch verpacken. Leitungen abdichten
Glühkerzen-Kontroller leuchtet nicht auf	66. Bei 2poligen Glühkerzen eine Kerze schadhaft	Glühkerzen überprüfen und schadhafte Kerze austauschen s. S. 163

Art der Störung	Mögliche Ursache	Abhilfe
Glühkerzen-Kontroller glüht zu hell	67. Glühkerzen haben Körperschluß	Sofort ausschalten und Fehler aufsuchen
Glühkerzen glühen nicht	68. Stromzuführung unterbrochen. Schlechter Kontakt	Leitungen nachprüfen, Anschlüsse reinigen
	69. Glühkerzendraht durch Kurzschluß oder Fehler bei Einspritzorganen durchgebrannt	Neue Kerze einbauen. Bei vorzeitigem Schaden, vor Einsetzen einer neuen Kerze nach Ursache forschen
	70. Ersatzsicherungsdraht im Glühkontroller durchgebrannt	Neuen Draht einsetzen und gegebenenfalls Kurzschluß beheben
	71. Batterie fehlerhaft	Nachmessen, wenn notwendig untersuchen und nachladen
	72. Glühkerzen zu lange vorgeglüht	Nur 1 bis 1½ Minuten vorglühen, Kontrolldraht darf niemals bis zur Weißglut erhitzt werden
Anlasser dreht zu langsam oder gar nicht	73. Batterie erschöpft	Batterie nachladen
	74. Kalter Motor geht infolge zu zähen Schmieröles zu schwer	Bei niedereren Außentemperaturen Winteröl verwenden. Bei niederer Temperatur Kühlwasser vorwärmen
	75. Neue Lager und Kolben passen zu stramm	Nachprüfen und in Ordnung bringen
	76. Kupplung ist nicht frei	Richtig auskuppeln

Art der Störung	Mögliche Ursache	Abhilfe
Anlasser bewegt sich nicht beim Einschalten	77. Batterie leer	Aufladen
	78. Batterieanschlüsse oxydiert, Leitungen unterbrochen oder Körperschluß	Anschlüsse überprüfen und reinigen, Leitungen nachsehen
	79. Anlasserbürsten abgelaufen oder im Halter verklemmt. Kollektor verschmort oder verschmutzt	Anlasser überprüfen. Bürsten und Kollektor in Ordnung bringen
	80. Ritzel klemmt im Zahnkranz	Verschlagene Zähne in Ordnung bringen. Vorhandenen Grat entfernen. Prüfen ob Anlasser richtig montiert ist, s. S. 163
Anlasser dreht, Ritzel spurt nicht aus	81. Rückzugfeder lahm geworden, Grat bildung auf Zahnkranz oder Ritzel	Federzug prüfen. Zähne entgraten
Anlasser dreht, aber Ritzel spurt nicht ein	82. Gratbildung. Verschiebbare Ankerwelle klebt fest	Grat entfernen. Ankerwelle reinigen
Lichtmaschine ladet nicht	83. Kabel zur Batterie hat schlechten Kontakt	Kabel überprüfen. Anschlüsse reinigen
	84. Bürsten und Kollektor verschmutzt	Reinigen
	85. Keilriemen rutscht	Nachspannen. Wenn ölig gut abtrocknen
Batterie verliert rasch Spannung	86. Säuredichte hat nicht gestimmt	Säuredichte abstimmen, s. S. 165
	87. Batterieplatten haben Kurzschluß	Batterie instandsetzen lassen
Sicherungen brennen ständig durch	88. Irgendein Leitungskabel hat Körperschluß	Alle Leitungskabel auf Körperschluß untersuchen

3. Anlaßschwierigkeiten.

Für das einwandfreie Anlassen eines Dieselmotors sind folgende Voraussetzungen nötig: Es müssen Einspritzpumpe und Düse sowie die Triebwerkstelle in Ordnung sein, der Anlaßmechanismus muß störungslos arbeiten und der Motor darf während des Anlassens nicht belastet sein.

Sind diese Bedingungen erfüllt und springt der Motor trotzdem nicht an, so spricht man von Anlaßschwierigkeiten. Solche Schwierigkeiten zeigen sich dann, wenn auch äußere Einflüsse der ungestörten Abwicklung des Anlaßvorganges entgegenwirken.

Am schwersten gestaltet sich die Ingangsetzung eines Dieselmotors bei kaltem Wetter, weil die Verdichtungswärme oft nicht hinreicht, die für die Entzündung des Kraftstoffes notwendige Temperatur herzustellen. Selbst bei Anwendung der Hilfszündung, wie Glimmstift oder elektrische Glühkerzen, besteht in solchen Fällen nicht immer die Gewähr, daß der Motor auch tatsächlich zündet. Dies zeigt sich besonders bei kleinen Dieselmotoren, bei welchen die wärmeausstrahlende Oberfläche des Brennraumes im Verhältnis zu seiner Größe sehr groß ist.

Um solchen Schwierigkeiten zu begegnen, ist es in erster Linie nötig, die Voraussetzungen für die notwendige Verdichtung zu schaffen. Bei kaltem Wetter wird das Schmieröl im Zylinder zähflüssig; die Kolbenringe sind dadurch in ihrer Beweglichkeit gehindert und dichten nicht. Die kalten Motorwandungen entziehen der verdichteten Luft sehr viel Wärme. Ist die angesaugte Luft außerdem noch feucht, so wird das in ihr enthaltene Wasser während der Verdichtung verdampft und erfordert ebenfalls Wärme.

Daraus ergibt sich, daß es bei kaltem Wetter vorteilhaft ist, den Motorraum zu heizen. Bei Fahrzeugmotoren kann unter die Motorhaube ein kurzschlußsicherer elektrischer Heizkörper gestellt werden. Sehr gut eignen sich auch Katalyt-Heizöfen.

Ist es nicht möglich, den Motor entsprechend warm zu halten, dann muß dieser vor dem Anlassen mit warmem Kühlwasser vorgewärmt werden. Das Wasser ist solange zu wechseln, bis sich der Motor handwarm anfühlt. Das Schmieröl soll, wenn es durchführbar ist, ebenfalls etwas vorgewärmt sein.

Springt der Motor trotz dieser Vorbereitungen noch immer nicht an, dann versuche man es durch Einspritzen von kleinen Mengen leichterer Kraftstoffe, wie Benzin oder Petroleum. Dieser Vorgang wird gewöhnlich mit „Impfen" bezeichnet. Da die so angewandten leichten Kraftstoffe sich schon vor Ende der Verdichtung entzünden, ist besonders bei Andrehen von Hand Vorsicht zu üben, weil unter Umständen mit einem Rückschlagen zu rechnen ist. Das Impfen bringt nur dann Erfolg, wenn nicht zu viel Kraftstoff in den Zylinder eingespritzt wird. Große Mengen Petroleum oder Benzin verdünnen das Schmieröl und gestalten dann das Anlassen noch schwieriger.

Statt des Impfens ist es vorteilhafter, unter den Ansaugstutzen einen in Leichtbenzin getränkten Lappen zu halten, so daß die Benzindämpfe angesaugt werden. Das Benzin-Luftgemisch entzündet sich schon während der Verdichtung, und der am Ende der Verdichtung eingespritzte Kraftstoff findet die für die Zündung nötige Wärme bereits vor. Auch bei diesem Verfahren ist mit Rückschlägen (Vorzündung) zu rechnen.

Ganz zu verwerfen ist das von manchen Motorwärtern geübte Anwärmen des Motors mit Lötlampe oder ähnlichen Hilfsmitteln. Auch die Erwärmung des Ansaugstutzens mittels offener Flamme ist unstatthaft, weil bei solchen Mitteln, abgesehen von sonstigen Schäden, immer Brandgefahr besteht.

Den Anlaßschwierigkeiten suchen manche Motorwärter auch dadurch zu begegnen, daß sie nach dem Abstellen des Motors etwas Petroleum in den Zylinder einspritzen und den Motor einige Male durchdrehen. Das Petroleum löst etwaigen Ruß an den Kolbenringen und verdünnt das Schmieröl so weit, daß die Kolbenringe nicht kleben. Auch hier besteht die Gefahr einer zu starken Verdünnung des Schmieröles, so daß auch hier wegen mangelhafter Schmierung ernste Schäden entstehen können.

Sind Anlaßschwierigkeiten zu befürchten, dann mache man es sich zur Pflicht, frühzeitig genug an der Arbeitsstätte zu erscheinen, damit die für die Vorbereitungen nötige Zeit vorhanden ist. Besonders in solchen Fällen muß mit Überlegung und nötiger Ruhe gehandelt werden.

VIII. Der Schiffsmotor.

1. Schiffswiderstand und Kraftbedarf.

Schiffbautechnische Bezeichnungen und Begriffe.

D Verdrängung (Deplacement). Jeder im Wasser schwimmende Körper (Schiff) verdrängt eine Wassermenge, die ebenso schwer ist wie der Körper selbst. Das Gesamtgewicht eines Schiffes ist der Gesamtinhalt des vom Schiff verdrängten Wassers multipliziert mit dem Einheitsgewicht des Wassers (Süßwasser $\gamma = 1$, Seewasser $\gamma = 1{,}025$).

Hat beispielsweise ein Schiff ein Gewicht von 5 t, so ist die Wasserverdrängung 5 m³, da 1 m³ Wasser $\approx$ 1000 kg = 1 t wiegt.

δ Völligkeitsgrad der Verdrängung (Deplacementvölligkeitsgrad) ist das Verhältnis des eingetauchten Schiffsvolumens zu dem, die größten Tauchabmessungen umschließenden Prisma.

$$\delta = \frac{\text{Eingetauchtes Volumen}}{L \cdot B \cdot T} \cdot$$

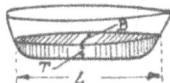

Wäre beispielsweise das eingetauchte Volumen ein Prisma, so ist die Verdrängung = Länge × Breite × Tauchtiefe ($D = L \cdot B \cdot T$). Da aber die Schiffsform vom Prisma abweicht, so muß dieser Abweichung Rechnung getragen werden; es erfolgt dies mit Hilfe des Wertes δ, und zwar: $D = L \cdot B \cdot T \cdot \delta$.

L **Schiffslänge.** Mit L bezeichnet man die Schiffslänge in der Schwimmebene.

B **Schiffsbreite.** B ist die größte Breite des Schiffes in der Schwimmebene und ist an der breitesten Stelle der Konstruktionswasserlinie (Tiefladelinie) zu messen.

T **Tauchtiefe** (Berechnungstiefe) ist zu messen im Hauptspant von der Schwimmebene bis Unterkante Spantwinkel (Oberkante Kiel).

Hauptspant ist das Spant mit der größten Fläche und liegt gewöhnlich nahe der Schiffsmitte.

CWL **Konstruktionswasserlinie** (Tiefladelinie) ist die Schwimmebene, bis zu welcher das Schiff in das Wasser eintaucht. Die Konstruktionswasserlinie ist die der Berechnung zugrunde gelegte Wasserlinie.

Beispiele:

1. Die Abmessungen eines Bootes in der Schwimmebene gemessen sind: $L = 8{,}5$ m, $B = 2{,}1$ m, $T = 0{,}7$ m. Der Völligkeitsgrad der Verdrängung ist $\delta = 0{,}4$.

   Wie groß ist das Deplacement?

   $D = L \cdot B \cdot T \cdot \delta = 8{,}5 \cdot 2{,}1 \cdot 0{,}7 \cdot 0{,}4 = 5$ t.

2. Ein Boot mit den Abmessungen $L = 8{,}5$ m, $B = 2{,}1$ m und $T = 0{,}7$ m hat ein eingetauchtes Volumen von 5 m³.

   Wie groß ist der Völligkeitsgrad der Verdrängung?

$$\delta = \frac{5}{8{,}5 \cdot 2{,}1 \cdot 0{,}7} = 0{,}4.$$

3. Es soll die Tauchtiefe eines Bootes mit einem Gesamtgewicht von 2,6 t und den Abmessungen $L = 9$ m, $B = 1{.}8$ m und $\delta = 0{,}5$ bestimmt werden.

Aus $D = L \cdot B \cdot T \cdot \delta$ ist $T = \dfrac{D}{L \cdot B \cdot \delta} = \dfrac{2{,}6}{9 \cdot 1{,}8 \cdot 0{,}5} = 0{,}32$ m.

Bestimmung der erforderlichen Motorleistung. Um die nötige Antriebskraft für die Fortbewegung eines Schiffes von gegebener Form und geforderter Geschwindigkeit bestimmen zu können, ist es nötig, den Widerstand zu kennen, den das Wasser der Fortbewegung des Schiffes entgegensetzt. Eine vollkommen sichere Formel zur Errechnung dieses Widerstandes gibt es noch nicht. Es ist aber möglich, aus den gewonnenen Ergebnissen von Probefahrten oder von Schleppversuchen mit Modellen, Annäherungsformeln für ähnliche Schiffe und ähnliche Verhältnisse zu entwickeln, welche dann die Errechnung der erforderlichen Maschinenleistung mit ziemlicher Genauigkeit ermöglichen.

Eine der einfachsten und gebräuchlichsten dieser Formeln ist:

$$\mathrm{PS_i} = \frac{\mathfrak{v}^3 \cdot D^{2/3}}{C} \quad \text{(Englische Formel)}.$$

Hierin bedeuten:

PS_i = Indizierte Leistung der Antriebsmaschine,

$\mathfrak{v}$ = Schiffsgeschwindigkeit in Knoten je Stunde (1 Knoten = 1852,01 m),

D = Gesamtgewicht des Schiffes oder Verdrängung in t,

C = Leistungswert von Schiff und Maschine. Der Wert C liegt bei kleineren Schiffen durchschnittlich zwischen 80 und 150. Anhaltspunkte für die Wahl des Wertes C gibt die auf S. 179 angeführte Zusammenstellung. Da Motoren nur in bestimmten Größen gebaut werden, empfiehlt es sich der Sicherheit halber, diejenige Motorengröße zu wählen, deren Leistung etwas höher liegt als die Rechnung ergibt.

Im allgemeinen sind die C-Werte von Schiffen, die mit Anhang fahren, kleiner als jene von freifahrenden Schiffen.

Beispiele:

1. Ein Fischkutter mit $L = 13$ m, $B = 3$ m, $T = 1,1$ m und $\delta = 0,52$ soll mit einem Dieselmotor ausgestattet werden. Die gewünschte Geschwindigkeit ist etwa 7 Knoten in der Stunde.

Welche ungefähre Motorstärke ist erforderlich?

Ohne vorläufig auf das Motorgewicht Rücksicht zu nehmen, ist die Verdrängung:

$$D = 13 \cdot 3 \cdot 1,1 \cdot 0,52 = 22,3 \text{ t}.$$

Nach Liste ist für ein ähnliches Boot $C = 120$.

$$\mathrm{PS_i} = \frac{\mathfrak{v} \cdot D^{2/3}}{C} = \frac{7^3 \cdot \sqrt[3]{22,3^2}}{120} = \frac{343 \cdot \sqrt[3]{497,2}}{120} = \frac{243 \cdot 7,92}{120} = 22,7.$$

Wird der mechanische Wirkungsgrad des Motors mit $\eta_m = 0,8$ angenommen, so ist die erforderliche effektive Motorleistung:

$$\mathrm{PS_e} = \eta_m \cdot \mathrm{PS_i} = 0,8 \cdot 22,7 = 18,1.$$

Gewählt wird ein Motor von 20 oder 25 $\mathrm{PS_e}$ Nennleistung.

2. Ein Motorboot mit den Abmessungen $L = 8,5$ m, $B = 2,1$ m, $T = 0,7$ m und $\delta = 0,4$, besitzt einen Motor von 8 $\mathrm{PS_e}$ Leistung und erreicht damit eine Geschwindigkeit von 6,9 Knoten in der Stunde.

Es ist beabsichtigt, den genannten Motor durch einen gleich schweren Motor, aber von 15 $\mathrm{PS_e}$ Leistung zu ersetzen.

a) Welchen Wert C hat das Boot?

b) Welche Geschwindigkeit ist mit dem neuen Motor zu erwarten?

Die Verdrängung des Bootes ist: $D = 8,5 \cdot 2,1 \cdot 0,7 \cdot 0,4 = 5$ t.

Unter Annahme eines mechanischen Wirkungsgrades von 0,8 ist

aus $\mathrm{PS_i} = \dfrac{\mathrm{PS_e}}{\eta_m}$ für 8 $\mathrm{PS_e}$, $\mathrm{PS_i} = 10$; für 15 $\mathrm{PS_e}$, $\mathrm{PS_i} = 18,8 \approx 19$.

Zu a)

$$\text{Aus } \mathrm{PS_i} = \frac{\mathfrak{v}^3 \cdot D^{2/3}}{C} \text{ ergibt sich } C = \frac{\mathfrak{v}^3 \cdot D^{2/3}}{\mathrm{PS_i}}.$$

$$C = \frac{6{,}9^3 \cdot \sqrt[3]{5^2}}{10} = 95.$$

Zu b)

$$\text{Aus } \mathrm{PS_i} = \frac{\mathfrak{v}^3 \cdot D^{2/3}}{C} \text{ ist } \mathfrak{v} = \sqrt[3]{\frac{C \cdot \mathrm{PS_i}}{D^{2/3}}}$$

$$\mathfrak{v} = \sqrt[3]{\frac{95 \cdot 19}{2{,}92}} \approx 8{,}5 \text{ Knoten in der Stunde.}$$

2. Die Schiffsschraube und deren Messung.

Das von der Antriebsmaschine erzeugte Drehmoment wird mittels der Schiffsschraube (Propeller) in Druckkraft umgewandelt und diese für den Vortrieb des Schiffes ausgenützt.

Schiffsschrauben können rechtsgängig oder linksgängig sein; auch werden sie 2-, 3- und 4flügelig ausgeführt. Eine Schiffsschraube ist rechtsgängig, wenn sie sich bei Vorwärtsfahrt des Schiffes von hinten nach vorn gesehen, im Uhrzeigersinn dreht.

Außer festen Schiffsschrauben finden besonders in der Motor-Kleinschiffahrt auch Schrauben Anwendung, deren Flügel drehbar sind (Verstellpropeller, Regulierpropeller). Solche Schiffsschrauben ermöglichen durch Verdrehen des Flügels eine Verstellung der Steigung und so ein Anpassen der Schraube an die Motorleistung bzw. an die Betriebsverhältnisse. Die Verstellmöglichkeit ist besonders dann von Vorteil, wenn es nicht möglich ist, die tatsächliche Leistung des Motors im Schiff sowie den Widerstand des Schiffes so anzugeben, wie es für eine genaue Berechnung der Schraube erforderlich ist. Die Größe der Verstellmöglichkeit ist bei den einzelnen Fabrikaten verschieden und z. B. bei Zeise Regulierpropeller bis 15% über und unter der Konstruktionssteigung.

Formeln, mittels welcher nur durch bloßes Einsetzen der Werte die Abmessungen der Schiffsschraube erhalten werden, gibt es nicht. Die Beurteilung und Bestimmung einer Schiffsschraube ist vielmehr erfahrenen Fachleuten vorbehalten, da die Festlegung der Abmessungen von verschiedenen Faktoren, wie Maschinenleistung, Drehzahl der Schraube, Bootsform, Zweck des Bootes u. a. abhängt.

Bei Bestellung einer Schiffsschraube ist der Zweck des Bootes sowie dessen Hauptabmessungen, wie: Länge in der Wasserlinie, Breite in der Wasserlinie, Tiefgang des Schiffsrumpfes, Wasserverdrängung (Deplacement) anzuführen und eine Stevenzeichnung mit genauer Lage der Wellenmitte und der Propellernabe einzusenden. Ist eine Stevenzeichnung nicht zu beschaffen, dann mache man Angaben über den aus räumlichen Gründen höchstzulässigen Propellerdurchmesser und den größten zulässigen Abstand des hintersten Flügelpunktes von

Ausgeführte Schiffe und Wert „C".

Fahrzeug	L	B	T	$\frac{L}{B}$	δ	v	C
Verkehrsboot	8,5	2,1	0,7	4,06	0,40	7,3	95
Verkehrsboot	9,0	2,1	0,7	4,3	0,40	8,8	105
Hafenboot	11,0	2,5	0,9	4,4	0,40	6,5	122
Lotsenboot	12,8	4,25	1,0	3,0	0,50	7,4	82
Rettungsboot	13,0	3,8	0,95	3,4	0,45	7,7	103
Motorboot	15,0	3,05	1,06	4,9	0,40	7,3	130
Motorboot	14,0	3,2	1,18	4,37	0,40	7,9	127
Sportboot	11,5	2,4	0,9	4,8	0,40	7,5	112
Yacht	11,5	2,0	0,7	5,75	0,35	7,5	110
Yacht	14,0	3,0	1,2	4,68	0,35	7,2	123
Yacht	20,0	3,4	1,7	5,87	0,35	10,0	126
Kutter	11,8	3,84	0,88	3,07	0,55	6,8	108
Kutter	24,0	5,2	1,75	4,6	0,55	7,4	130
Fischerboot	11,0	3,0	0,9	3,66	0,50	5,9	112
Fischkutter	12,0	4,1	1,0	2,92	0,50	7,1	104
Fischkutter	15,0	3,3	1,2	4,55	0,47	7,4	120
Fischkutter	17,5	3,8	1,4	4,6	0,50	8,0	124
Fischkutter	20,0	4,0	1,5	5,0	0,55	8,2	136
Nordseefischboot	18,0	5,6	2,1	3,2	0,55	7,0	104
Nordseekutter	20,8	6,2	2,4	3,35	0,52	7,4	100
Motorschoner	34,0	6,8	3,5	5,0	0,45	6,9	122
Motorschoner	20,7	5,8	3,7	3,56	0,55	5,2	88
Motorschoner	25,0	5,0	3,0	5,0	0,45	5,6	128
Leichter	21,0	5,0	1,55	4,2	0,80	7,1	112
Fracht- und Passagierboot	10,6	2,44	0,85	4,34	0,50	7,2	140
Schlepp- und Passagierboot	11,5	2,6	1,0	4,42	0,45	7,6	110
Passagierboot	11,0	2,74	0,9	4,0	0,40	7,2	104
Frachtboot	26,0	5,5	1,9	4,73	0,80	4,9	103
Frachtboot	18,5	4,78	1,3	3,86	0,55	7,4	124
Schlepp-Prahm	15,0	4,7	1,0	3,2	0,82	7,2	107
Fluß-Schlepper (Doppelschraubenschiff)	40,0	6,8	1,2	5,88	0,63	11,5	106
Fluß-Schlepper (Dreischraubenschiff)	55,0	8,0	1,32	6,88	0,839	11,4	74

Hinterkante Nabe. Gleichfalls ist es für den Lieferanten wichtig zu wissen, welche Erfahrungen mit einer etwa früher verwendeten Schraube gemacht wurden, und unter welchen Bedingungen die Resultate zustande kamen. Die Einsendung der alten Schraube oder einer Zeichnung derselben kann für die Kontrolle und Konstruktion der neuen Schraube oft von großem Nutzen sein. Auch für die Bearbeitung der Bohrung kann die alte Schraube als Muster dienen.

Sind keine Zeichnungen vorhanden und die Einsendung der alten Schraube nicht möglich, so müssen deren Hauptabmessungen angeführt werden. Diese sind:

Durchmesser,

Steigung (Steigung = Höhe einer Schraubenwindung),

abgewickelte Flügelfläche,

größte Flügelbreite,

Abstand H des hinteren Flügelpunktes von Hinterkante Nabe (Bild 87, Fig. 2),

Abmessungen der Bohrung und der Keilnute,

und schließlich die Angabe, ob die Schraube rechtsgängig oder linksgängig ist.

Bestimmung der abgewickelten Fläche. Auf die Druckseite der Schraube wird ein Bogen Papier gelegt und auf diesem wird der Umriß des Flügels abgedrückt und dann mit Bleistift nachgezogen. Ist dieses Verfahren z. B. bei großen Schrauben nicht durchführbar, so sind die Flügelbreiten am Umfang der Nabe und auf einem Kreisbogen zu messen, dessen Halbmesser 0,7 des Schraubenhalbmessers beträgt. Liegt die größte Flügelbreite nicht auf 0,7 des Schraubenhalbmessers, so ist diese unter Angabe des Radius noch besonders zu messen.

Bestimmung der Steigung. Im allgemeinen wird ein Aufmaß der Steigung auf 0,7 R ($R =$ Schraubenhalbmessers) auf allen Flügeln genügen. Bei Zweifeln wegen der Gleichmäßigkeit der Steigung wird man zweckmäßig noch auf 0,4 R und 0,8 R messen. Zeigen die Flügel keine Abbiegungen an der eintretenden Kante E und der austretenden Kante A, so genügt es, den Höhenunterschied h zwischen beiden Kanten festzustellen (s. Bild 87, Fig. 3).

Zeigen die Flügel dagegen Abbiegungen, wie in Fig. 4 gezeichnet, so mißt man die Flügel auf 3 Punkten auf (s. Fig. 4).

Hierbei ist zu beachten, daß die Meßpunkte 1 und 3 nicht in die Abbiegung fallen dürfen. Die Feststellung der Abbiegung geschieht am einfachsten in der Weise, daß man einen biegsamen Maßstab auf den Radius auflegt und sich den Beginn der Abbiegung anzeichnet.

Falls man einen Steigungsmesser zur Verfügung hat, der ein Aufmessen nach Winkelgraden α und den zugehörigen Höhen h ermöglicht, so errechnet sich die Steigung:

$$\text{Steigung} = \frac{360 \cdot h}{\alpha}.$$

Hat man keinen Meßapparat zur Verfügung, so zeichnet man sich den Radius 0,7 R für die Punkte A und E an und mißt die Länge des Bogens f (s. Fig. 5). Mittels eines Lineals, das man auf die gedrehte Hinterfläche der Schraubennabe auflegt, stellt man den Höhenunterschied h (Fig. 6) zwischen Ein- und Austrittspunkt E und A auf dem angezeichneten Radius fest. Aus f und h errechnet man die Projektion b von f:

$$b = \sqrt{f^2 - h^2} \quad \text{(Fig. 6)}$$

Aus der Proportion 2 $R\pi : b = 360^0 : \alpha^0$ wird

$$\alpha^0 = \frac{180 \cdot b}{\pi \cdot R}$$

bestimmt, woraus sich wieder

$$\text{Steigung} = \frac{360 \cdot h}{\alpha} \text{ errechnet.}$$

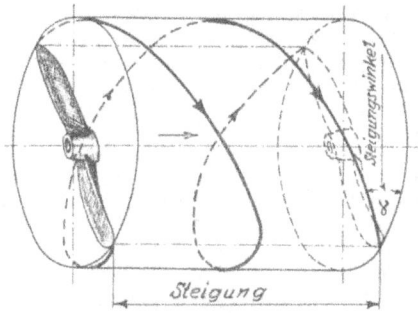

Fig. 1

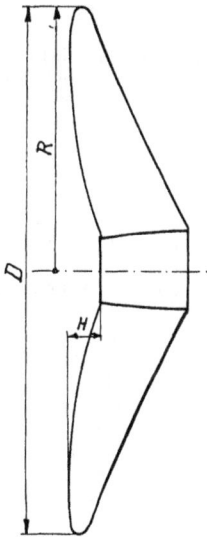

Fig. 2

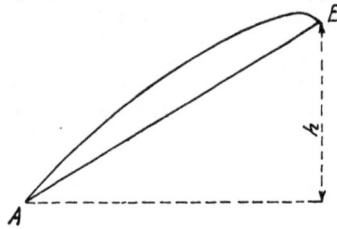

Fig. 3

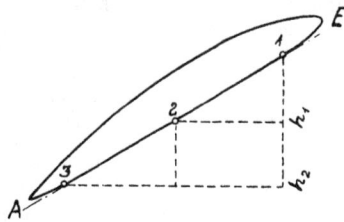

Fig. 4

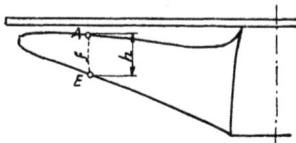

Fig. 5

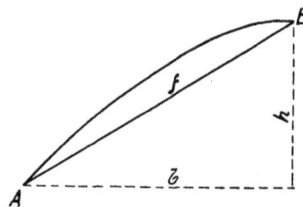

Fig. 6

Bild 87.

Hat man eine ebene Platte zur Verfügung, so kann man auch die Höhenunterschiede, statt mit Lineal, von der Platte aus bestimmen.

Schiffsschraube und Kraftbedarf. Im praktischen Betrieb wird sehr oft die Erfahrung gemacht, daß die Leistung des im Schiff eingebauten Motors gegenüber den Prüfstandsergebnissen mehr oder weniger kleiner ist und die erwarteten Ergebnisse knapp oder nicht erreicht werden.

Unter der Voraussetzung, daß der Motor mechanisch in Ordnung ist, die Wartung entspricht und die Betriebsmittel sich eignen, kann die Minderung der Motorleistung folgende Gründe haben:

Bei im Schiff arbeitenden Motor schwingen Fundamente und Schiffskörper. Durch diese Schwingungen wird ein Teil der Motorleistung verbraucht und geht für die Schiffsschraube verloren. Auch Drehschwingungen verursachen besonders dann einen Kraftverlust, wenn die kritische Drehzahl nahe der Betriebsdrehzahl liegt. Ursachen des Kraftverlustes sind auch ungünstig verlegte Auspuffleitungen sowie Reibungswiderstände, wie z. B. im Drucklager, Wendegetriebe, Stevenrohr und Zwischenlager.

Bei Bestimmung der Abmessungen einer Schiffsschraube wird eine aus dem Schiffswiderstand errechnete Geschwindigkeit zugrunde gelegt. Stimmt der tatsächliche Schiffswiderstand mit den vorausberechneten nicht überein, dann entspricht natürlich auch die Belastung des Motors nicht der Voraussetzung. Dies trifft meist dann zu, wenn ungenaue Angaben über die Wasserverdrängung (Gesamtgewicht des fahrbereiten Schiffes), Tiefgang, Bodenbeschaffenheit des Schiffes, Fahrwasser, Schleppanhang usw. gemacht wurden, oder auch dann, wenn über die Schiffsform keine genaue Zeichnung vorliegt und Annahmen gemacht werden mußten.

Auch der Zufluß des Wassers zur Schraube hat namentlich bei Binnenschiffen manchmal einen sehr großen und unberechenbaren Einfluß. Störungen des Wasserzuflusses können beispielsweise durch schlechte Tauchung der Schraube, Tunnel und Tunnelbleche, besondere Hinterschiffsform und hohe Drehzahlen verursacht werden.

Wechselnde Wassertiefe und besonders beschränkte Wassertiefe beeinflussen den Kraftbedarf ganz wesentlich. Während die Schiffsgeschwindigkeit mit gegebener Antriebsleistung für unbeschränkte Wassertiefe (größer als der 6—10fache Schiffstiefgang) ziemlich genau errechnet werden kann, ergeben sich bei beschränkter Wassertiefe wesentlich andere und nicht vorausbestimmbare Werte.

Bei geringer Wassertiefe und Beibehaltung gleicher Schiffsgeschwindigkeit muß die Maschinenleistung gesteigert werden. Der Mehraufwand an Kraft hängt von der Geschwindigkeit und Wassertiefe ab lund kann, wie Versuche gezeigt haben, bis über 100% der urspüngc hen Maschinenleistung betragen.

3. Richtlinien für den Einbau von Schiffsdieselmotoren.

Die Montierung von Schiffsmaschinen ist wesentlich schwieriger als die ortsfester Anlagen und erfordert eine große technische Erfahrung. Größere Schiffsmaschinen werden aus diesem Grund fast immer durch eigens hierzu geschulte Fabriksmonteure montiert.

Im nachstehenden seien daher nur solche allgemeine Richtlinien angeführt, wie sie beim Einbau von kleinen und mittleren Motoren z. B. für Fischerboote, kleine Warenboote u. a. berücksichtigt werden müssen.

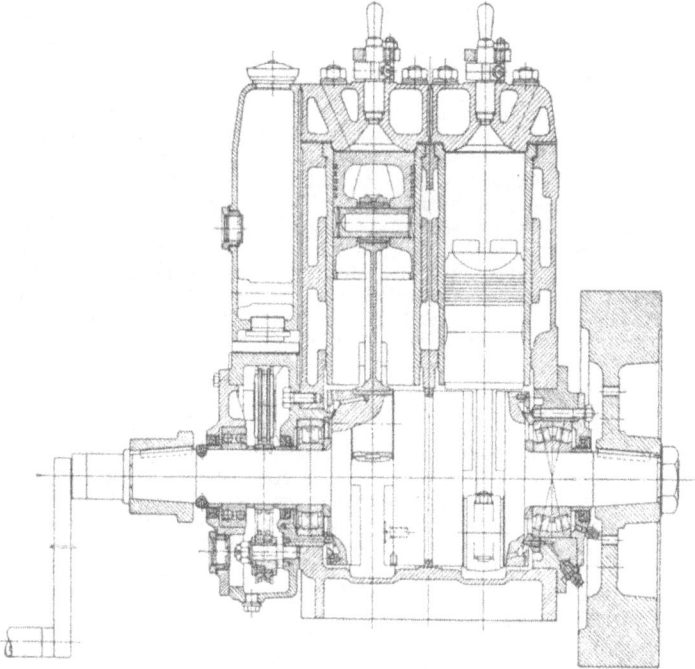

Bild 88. Hatz-Zweitakt-Diesel mit Wälzlager.

Maschinenraum. Der Maschinenraum soll hell sein und darf nicht zu klein bemessen werden. Seine Größe ist so zu wählen, daß der Motor von allen Seiten bequem zugänglich ist. Um den Motor selbst oder größere Maschinenteile, wie Grundplatte, Zylinder, Kolben usw. einbringen zu können, ist es notwendig, die Oberlichte (Oberbau) ziemlich groß zu halten und abnehmbar zu gestalten.

Die Motorfundamente müssen solid durchgebildet werden und es ist empfehlenswert, vor Anfertigung derselben den Rat des Motorlieferanten einzuholen. Schon beim Bau der Fundamente sind alle Rohrführungen rechtzeitig zu berücksichtigen, damit die hierfür notwendigen Ausnehmungen vorgesehen werden.

Einbau des Stevenrohres. Das Stevenrohr (Bild 89) schließt die Propellerwelle nach außen wasserdicht ab. Es besteht aus einem die Propellerwelle umgebenden Eisen- oder Bronzerohr, in welchem an jedem Ende ein Pockholz- oder Weißmetallager sitzt. Außerdem besitzt das Stevenrohr noch eine im Schiffsinnern angeordnete Stopfbüchse. Das Rohr selbst ist im Steven des Schiffes wasserdicht befestigt.

Nach Fertigstellung des Schiffskörpers lassen die Schiffbauer entsprechende Öffnungen für die Ausmittelung der richtigen Lage des Stevenrohres frei. Diese Öffnungen sind kleiner als für das Stevenrohr passend gehalten, um später während des Ausbohrens entsprechend berichtigt zu werden.

Für die Ausmittelung wird vorerst die genaue Lage der Motorwellenmitte an die letzte Schottwand hinter den Motor nach Zeichnung aufgetragen und an dieser Stelle ein Haken zur Befestigung eines dünnen Stahldrahtes angebracht. Außerhalb des Schiffes, und zwar bei Austritt der Propellerwelle, befestigt man am Schiffskörper einen Winkel, der sich, um seine Lage in geringen Grenzen verändern zu können, verschieben läßt. Der eine, und zwar längere Schenkel, dieses Winkels soll etwas über die Mitte der Propelleraustrittsbohrung reichen. Ein in diesen Schenkel gebohrtes Loch von etwa 1—2 mm Durchmesser soll es ermöglichen, den bereits früher an der Schottwand befestigten Zentrierdraht hindurchzuführen, um dann mit Gewichte belastet, entsprechend gespannt zu werden.

Auch außerhalb des Schiffes ist wieder die genaue Wellenmitte nach Zeichnung einzuhalten und der Mitteldraht je nach Bedarf mittels des beweglichen Halters solange zu verschieben, bis die richtige zukünftige Lage der Propellerwelle erreicht ist.

Der ausgemittelte Draht stellt das Mittel der Propellerwelle dar und bietet einen Anhalt für alle späteren Festlegungen.

Vom Draht aus können jetzt alle Bohrungen auf sämtliche Schottwände aufgetragen bzw. aufgerissen werden. Außer den Rissen empfiehlt es sich, auch einen Kontrollriß vorzusehen und anzukörnern. Der Mitteldraht ermöglicht auch die Ausmittelung der Befestigungsschrauben für die Wellenlager.

Sind die entsprechenden Risse angebracht, so wird die von der Werft beigestellte Ausbohrvorrichtung montiert und nach dem Anriß zentriert.

Sollte die Steve nicht winkelrecht zur Ausbohrvorrichtung stehen, so ist an diese ein entsprechend starker Flansch anzubringen, der mit der Ausbohrvorrichtung so weit abgefräst wird, bis er genau mit der Ausbohrvorrichtung winkelrecht ist. Nach dem Ausbohren und seitlichen Abfräsen der Steve sowie Bohren der Schottwände werden das Stevenrohr eingebaut und die Propellerwelle eingezogen. Schließlich wird der Propeller aufgezogen und mittels Mutter entsprechend gesichert.

Einbau der Wellenleitung. Bis zum Einbau des Stevenrohres bleibt der Schiffskörper auf Land. Erst nach durchgeführtem Einbau des Stevenrohres sowie der Propellerwelle wird das Schiff von Stapel gelassen, worauf die Weitermontage fortgesetzt wird.

Bei kleinen Motoren kann die komplette Montage von Stevenrohr, Propellerwelle und Motor an Land erfolgen, weil solche Boote im Ver-

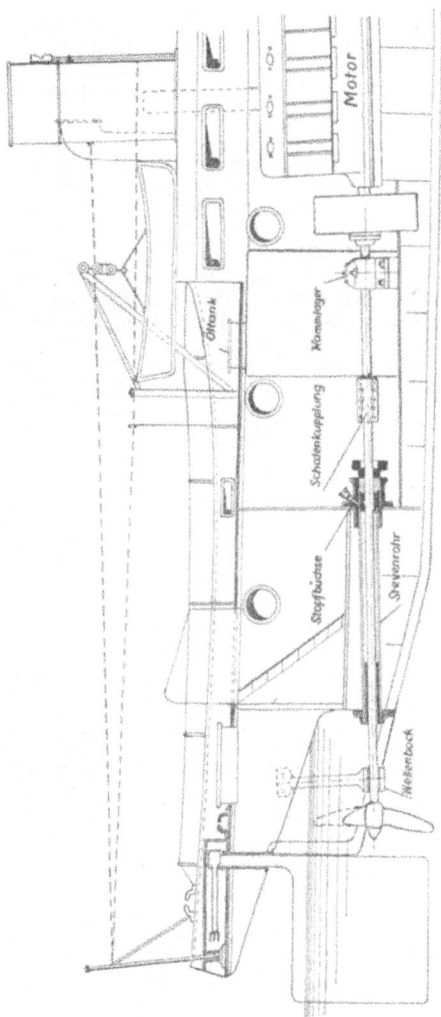

Bild 89. Propellerwellenleitung.

185

hältnis zur Belastung durch den Motor sehr stark gebaut und Formveränderungen des Schiffskörpers nach dem Stapellauf nicht zu erwarten sind.

Bei schweren Motoren ist mit Formveränderungen durch das Gewicht des Motors und der Hilfseinrichtungen zu rechnen, weshalb bei solchen Anlagen die Wellenleitung erst dann ausgerichtet wird, wenn das Schiff im Wasser ist und alle schweren Motorteile sowie die Hilfsmaschinen an ihrem Platz geschafft wurden.

Vor dem Ausrichten der Wellenleitung sollen alle Lager angepaßt, und soferne es sich um Kuppelflanschen handelt, diese bereits auf den Wellenstücken befinden. Das Ausrichten erfolgt von der Propellerwelle aus, wobei Stück für Stück bis zur Brust- bzw. Kammlagerwelle vorgenommen wird.

Die Kupplung der Wellenleitung erfolgt entweder mit Kuppelmuffen (Schalenkupplungen) oder mit Kuppelflanschen (Flanschkupplungen). Das Ausrichten von Leitungsstücken mit Kuppelmuffen gestaltet sich leichter als bei Kupplung mittels Flansch.

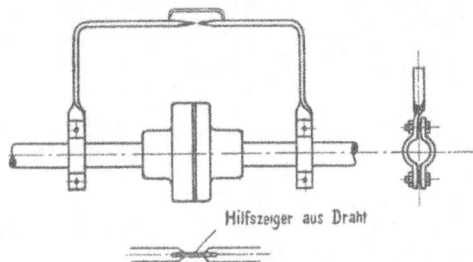

Hilfszeiger aus Draht

Bild 90. Zentriervorrichtung.

Sehr einfach und sicher ist das Zentrieren mit einer Vorrichtung nach Bild 90. Die Zentrierarme wähle man so groß als möglich, weil dann auch sehr kleine Fehler durch einen verhältnismäßig großen Ausschlag der Armzeiger kenntlich gemacht werden. Bei richtiger Zentrierung müssen die Zeigerspitzen bei allen Wellenlagen in gleicher Höhe und gleichen Abstand zueinander stehen.

Das Einstellen und Ausrichten der Welle geschieht durch Heben, Senken oder Verschieben des Wellenlagers. Um dies aber leichter bewerkstelligen zu können, sollen die Lagerfüße mit Gasgewinde versehene Stellschrauben enthalten. Das Unterlegen der Lager mittels Keile oder Unterlagen ist zeitraubend und umständlich.

Nach Zentrierung der einzelnen Wellenstücke sind diese nochmals mittels der Zentriervorrichtung zu überprüfen, worauf die Unterlagen zwischen Lagerfuß und Konsole eingepaßt werden. Bestätigt eine weitere Prüfung, daß nichts verschoben wurde, dann können die Lager niedergeschraubt und prisoniert werden. Nach Anbringung der Kupplungen müssen sich Wellenleitung samt Propellerwelle ohne großen Widerstand drehen lassen.

186

Vorbereitungen für den Einbau des Motors. Die Nieten der Motorauflage am Fundament müssen versenkt und glattgeschliffen sein. Oft erweist es sich als vorteilhaft, für die Motorauflage entsprechende Auflageplatten an das Fundament zu schweißen und nur diese Platten glatt zu schleifen.

Vor Einschiffen des Motors bzw. der schweren Bestandteile, überzeuge man sich, ob die Schotten unterhalb des Motors zum Saugkorb der Lenzpumpe Verbindung haben und ob auch alle Durchgänge für Öl- und Wasserrohre vorhanden sind. Ist der Motorenraum klein, dann bringe man die umfangreicheren Teile, wie Druckluftbehälter, Hilfsmaschinen und Wasserkühler, noch vor dem Motor in den Maschinenraum.

Einbau des Motors. Kleinere Schiffsmaschinen gelangen gewöhnlich zusammengebaut zum Einbau. Größere Maschinen müssen soweit zerlegt werden, daß deren einzelne große Teile noch gut auf ihren Platz gebracht werden können, worauf dann der Zusammenbau der Maschine im Motorraum erfolgt.

Ein zusammengebauter Motor mittlerer Größe wird gewöhnlich ohne Schwungrad in den Motorenraum gehoben. Vor Abhängen desselben wird die ungefähre Lage des Motors eingestellt und provisorische Eisenunterlagen zwischen Grundplatte und Fundamentrahmen gebracht. Nachher wird die Maschine ausgerichtet, und wenn beispielsweise die Kupplung zwischen Motorwelle und Wellenleitung mittels Muffenkupplung (Schalenkupplung) erfolgt, das Ausrichten mittels Lineal und Spion besorgt.

Das Lineal muß auf beiden Wellen, d. h. auf Motor und Wellenleitung und an allen Stellen gut aufliegen. Ist dies erreicht, dann wird die Grundplatte mittels Schraubenzwingen niedergeschraubt und die provisorischen Unterlagen durch neue, erst einzupassende ersetzt. Die endgültigen Unterlagen sollen genauest passen und dürfen weder zu leicht noch zu schwer zwischen Motor und Fundament geschoben werden können. Jede einzelne Unterlage soll aus einem Stück angefertigt sein, weil sonst leicht ein Verspannen der Motorgrundplatte eintreten könnte. Es empfiehlt sich, die Unterlagen als runde Scheiben mit einem Durchmesser von etwa dem dreifachen Durchmesser der Befestigungsschraube auszubilden.

Hat man sich überzeugt, daß sämtliche Unterlagen gut sitzen und in der Lage des Motors zur Wellenleitung keine Änderung eingetreten ist, so kann mit dem Bohren der Gewindelöcher für die Befestigungsschrauben (Stiftschrauben) begonnen werden. Es können alle Schraubenlöcher zu gleicher Zeit gebohrt werden, doch berücksichtigte man, daß zwei davon, und zwar immer solche über Eck angeordnete, als Bohrungen zur Aufnahme von Paßschrauben dienen sollen. Die in der Grundplatte für die Paßschrauben vorgesehenen Löcher sind dann auf Maß aufzureiben.

Nach Einziehen der Befestigungsschrauben kann die Motorgrundplatte festgeschraubt werden. Das Festschrauben erfolge mit Gefühl und über Eck. Sind alle Schrauben gut angezogen und wurde nochmals die richtige Lage des Motors überprüft, dann bringe man das

Schwungrad an. Um die Gängigkeit der Motorwelle überprüfen zu können, drehe man den Motor ungekuppelt von Hand aus durch. Man beachte dabei den fühlbaren Widerstand und darf derselbe nach Ankuppeln der Propellerwelle nicht wesentlich größer sein.

Rohrleitungen und sonstige Einrichtungen. Bei Mündung der Auspuffleitung in einem entfernter liegenden Auspufftopf ist in die Leitung ein Ausgleichsglied (Kompensationsstück) einzubauen. Ferner ist beim Decksdurchgang eine Stopfbüchse vorzusehen. Keinesfalls darf die Auspuffleitung starr mit irgendeiner Wand verbunden sein. Um lästigen Wärmeausstrahlungen zu begegnen sind die durch den Maschinenraum laufenden Auspuffleitungen mit einem geeigneten Isolierstoff zu umkleiden.

Die Kühlwasserleitungen verlege man immer fallend, damit sie bei Stillstand der Anlage und Frostgefahr leicht entwässert werden können. An den tiefsten Punkten sind Entwässerungshähne oder Pfropfen vorzusehen. Das vom Motor abfließende Kühlwasser muß bezüglich Menge und Temperatur leicht beobachtet werden können, weshalb es angebracht ist, dieses über einen Trichter nach Außenbord fließen zu lassen. Die Anbringung eines Absperrorganes in die Kühlwasserdruck- oder Abflußleitung ist womöglich zu vermeiden, da es vorkommen könnte, daß das Absperrorgan auch dann geschlossen bliebe, wenn die Maschine in Gang gesetzt wird. Ein solcher Bedienungsfehler würde schlimme Wirkungen nach sich ziehen. Ist aber aus irgendeinem Grunde die Anbringung eines Absperrorganes erforderlich, dann muß vor dieses ein Sicherheitsventil angeordnet sein.

Alle Rohrleitungen verlege man möglichst übersichtlich und leicht zugänglich. Es hat sich auch als sehr vorteilhaft erwiesen, die den verschiedenen Zwecken dienenden Rohre mit verschiedenen Farben zu streichen.

Den Kraftstoff-Vorratsbehälter bringe man nicht zu weit von der Kraftstoffpumpe an, da bei sehr niederer Raumtemperatur der Treibstoff stocken könnte und lange unzugängliche Leitungen schwer aufzuwärmen sind.

Die Druckluftbehälter sollen möglichst in Nähe des Motors angeordnet sein, um so unnötige Druckverluste zu vermeiden. Das Absperrventil dieser Behälter soll leicht und rasch zugänglich sein. Die Luft für Signalzwecke entnehme man nicht aus dem Anlaßluft-Druckbehälter sondern sehe hierfür eine besondere Luftflasche vor. Sind mehrere Druckbehälter vorhanden, dann treffe man deren Anordnung so, daß alle Druckbehälter von einer Zentralstelle aus leicht bedient werden können und die Behälter untereinander verbunden sind.

Zwecks ungestörter Entnahme des Kühlwassers ist der Wasserkasten so zu gestalten, daß dessen Siebe auch während des Betriebes gereinigt werden können. Man sehe stets ein Grob- und Feinsieb vor. Die Höhe des Wasserkastens soll so bemessen sein, daß dessen obere Kante über die Wasserlinie zu liegen kommt. Befinden sich zwei Motoren im Maschinenraum, dann sind zwei Wasserkasten vorzusehen und deren Anordnung so zu treffen, daß sie untereinander verbunden sind. Vor jedem Wasserkasten ist ein Seehahn anzubringen.

4. Die Kühlung der Schiffsmotoren.

Die Kühlung von Schiffsmotoren erfolgt entweder mittels frischem Süß- oder Seewasser oder auch mit rückgekühltem Süßwasser.

Bei der Frischwasserkühlung wird das notwendige Wasser von einem mit Sieben ausgestatteten Wasserkasten angesaugt und durch die Kühlwasserräume gedrückt. Gewöhnlich sind zwei Wasserkasten, und zwar einer Backbord und einer Steuerbord angeordnet. Durch eine Umschaltleitung kann entweder der eine oder der andere oder auch beide Wasserkasten benützt werden. Das ablaufende Kühlwasser fließt gewöhnlich frei über Bord. Damit im Winter den Motoren nicht zu kaltes Wasser zugeführt wird, ist es angebracht, die Kühlwasserableitung so zu führen, daß ein Teil des warmen Wassers in die Wasserkasten geleitet werden kann.

Bei Kühlung mit Seewasser ist zu beachten, daß dieses mit der Zeit die vom Kühlwasser umspülten Räume anfrißt. Solche Beschädigungen zeigen sich besonders an blanken Eisenteilen und an allen Stellen, die im Betrieb am stärksten erwärmt werden. Das Fortschreiten der Anfressungen wird durch wirbelnde Bewegung des Kühlwassers wie etwa bei Strömung um Ecken oder Kanten unterstützt. Schweißstellen sind gegen Anfressungen besonders empfindlich.

Die Zerstörungen durch Seewasser sind hauptsächlich auf elektrische Ströme zurückzuführen. Eine Vorbeugung besteht darin, daß man versucht, diese Ströme an unschädliche Stellen zu bannen. Als sehr wirksames Mittel hat sich die Anbringung von Zinkschutzplatten, welche vom Kühlwasser umspült werden, erwiesen. Der Zinkschutz wird zweckmäßig in Form von etwa 20 mm starken Platten, welche an die zu schützenden Stellen so angeschraubt werden, daß eine gute metallische Verbindung hergestellt wird, angebracht. Oft genügen auch Zinkgewindepfropfen, welche etwa 20 mm in den Kühlwasserraum ragen.

Die Zinkplatten überziehen sich mit der Zeit mit einem schlammigen, schlecht leitenden Überzug und zersetzen sich. Sie müssen daher von Zeit zu Zeit gereinigt oder durch neue ersetzt werden. Die Reinigung bzw. Ersatz muß nach etwa 300 bis 1000 Betriebsstunden erfolgen. Da der Zinkschutz einer gewissen Pflege und Instandhaltung bedarf, achte man bei dessen Anbringung auf leichte Zugänglichkeit.

Die nicht durch Zink geschützten Stellen werden am günstigsten durch Anstriche (Lacke, Ölfarben, Teer oder sonstige Schutzmittel) geschützt. Kupferne und messingene Teile werden vielfach verzinnt.

Bei stark verunreinigten Flußwasser werden vielfach Wasserrückkühler benützt. Solche Rückkühler sind den Ölkühlern ähnlich gebaut. Wie auch beim Ölrückkühler, enthält der Kühler ein System von Rohren. Durch diese Rohre wird das aus den Wasserkasten gesaugte Frischwasser gedrückt und gelangt wieder ins Freie. Das vom Motor erwärmte Kühlwasser umspült die Rohre und kühlt sich soweit ab, daß es wieder verwendet werden kann.

IX. Messungen.

1. Leistungsmessung.

Für die Leistungsbestimmung ist es nötig, die von der Maschine gelieferte Arbeit bzw. das geleistete Drehmoment in eine meßbare Form zu bringen. Hierzu dienen Bremsmittel verschiedener Bauart. Es kann die gelieferte Arbeit in meßbare elektrische Energie verwandelt werden (elektrische Bremsung) oder aber das Drehmoment gemessen und aus dem Meßergebnis die Leistung errechnet werden.

Drehmoment. Die durch den Verbrennungsdruck über den Kolben auf die Kurbelwelle ausgeübte Kraft K erzeugt ein drehendes Moment, welches auf die Riemenscheibe oder bei Kupplungen auf die Kupplungsstelle übertragen wird. Die Kraft äußert sich am Umfang der Riemenscheibe bzw. an der Kupplungsstelle als Zugkraft (Umfangskraft).

Bezeichnet nach Bild 91 P die Zugkraft in kg, r den Halbmesser der Scheibe in m, so wird das Produkt aus $P \times r$ mit Drehmoment M_d bezeichnet und in mkg (Meterkilogramm) angegeben.

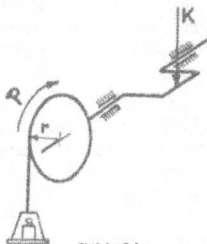

Bild 91.

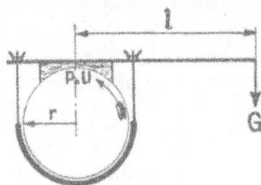

Bild 92.

Das Drehmoment $P \times r$ ist vom Halbmesser der Scheibe unabhängig. Ist der Halbmesser r groß, dann ist die Zugkraft P klein, ist dagegen der Halbmesser r klein, dann ist die Zugkraft P groß, denn das Produkt aus Halbmesser und Zugkraft hat als Drehmoment für jeden Belastungsfall einen bestimmten Wert.

Bedeutet:

N die Motorleistung in PS,

n die Motordrehzahl in der Minute, so ist das Drehmoment aus Leistung und Drehzahl

$$M_d = 716,2 \, \frac{N}{n} \, \text{(mkg)}.$$

Bei der Leistungsbestimmung mittels Bremse wird das unbekannte Drehmoment M_d durch ein bekanntes $G \times l$ ersetzt (Bild 92). Dieser Wert in die Grundgleichung $M_d = 716,2 \cdot \frac{N}{n}$ eingesetzt, ergibt $G \cdot l = 716,2 \cdot \frac{N}{n}$ und errechnet sich hieraus die Motorleistung mit $N = \frac{G \cdot l \cdot n}{716.2}$ (PS), wenn G in kg und l in m eingesetzt wird.

Seilbremse. Die einfachste Form eines Bremsmittels stellt die Seilbremse nach Bild 93 dar. Auf dem Schwungradkranz oder der Riemenscheibe werden ein oder mehrere Hanfseile geschlungen und an deren einem der beiden Enden eine Federwaage F befestigt. Am anderen Ende hängt eine Schale zur Aufnahme der Gewichte G.

Bei Ermittlung der nutzbaren Bremskraft ist stets die Drehrichtung der Maschine nach Skizze zu beachten.

Die Bremsleistung in PS errechnet sich aus Formel

$$N = (G - Z) \cdot \frac{n \cdot r}{716} \; (\text{PS}).$$

Es bedeuten:

G Gewicht in der Waagschale in kg,
Z Anzeige der Federwaage in kg,
n Umdr./min. der Maschine,
r Halbmesser der Bremsscheibe in m.

Beispiel: Die Leistung eines kleinen Benzinmotors soll bestimmt werden. Als Bremsscheibe wird dessen Riemenscheibe benützt, deren Halbmesser 100 mm beträgt. Die Drehzahl während des Gleichgewichtszustandes war $n = 1000$ Umdr./min. In der Gewichtsschale befanden sich $G = 50$ kg und die Federwaage zeigte $Z = 40$ kg an.

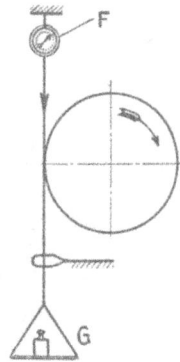

Bild 93. Seilbremse.

Die Motorleistung ist:

$$N = (50 - 40) \cdot \frac{1000 \cdot 0,1}{716} \approx 1,4 \, \text{PS}.$$

Pronyscher Zaun. Eines der einfachsten und oft angewandtes Bremsmittel ist der Pronysche Zaun nach Bild 94. Dieser besteht wie aus Skizze ersichtlich, aus zwei auf einer Bremstrommel T ange-

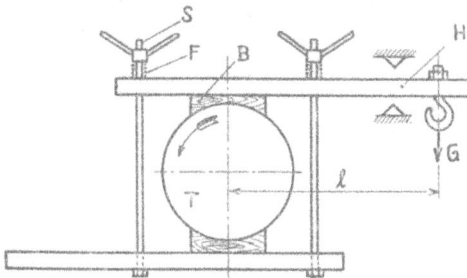

Bild 94. Pronyscher Zaun.

ordneten Holzbacken B, deren Pressung mittels zwei Zugschrauben S über die Federn F reguliert werden kann. Ein Hebel H trägt das Gewicht G. Damit das Gleichgewicht des Zaunes hergestellt wird, verlängert man sehr oft auch die andere Hälfte des Zaunes, bis dieser ausgeglichen ist. Die Untersuchung der Ausgeglichenheit bewerkstelligt man am einfachsten durch Auflage des Zaun-Scheitels (obere Bremsbacke) auf den Rücken eines gleichschenkeligen Winkeleisens.

Die Motorleistung wird so bestimmt, daß man den Zaun auf die Bremstrommel auflegt, mit Gewichten belastet und durch stärkeres oder schwächeres Anpressen der Backen einen Gleichgewichtszustand erstrebt. Ist dieser erreicht, so mißt man die Motordrehzahl und bestimmt aus Gewicht und Drehzahl die Leistung nach folgender Formel:

$$N = \frac{G \cdot l \cdot n}{716} \text{ (PS)}.$$

Es bedeuten:

N Motorleistung in PS,
G Gewicht am Lasthebel in kg,
l Länge des Lasthebels in m, bezogen auf die Wellenmitte,
n Motorumdrehungen in der Minute während des Gleichgewichtes.

Wählt man die Länge des Lasthebels l mit 0,716 m, so vereinfacht sich die Formel auf:

$$N = 0,001 \cdot G \cdot n.$$

Beispiel: Für eine Leistungsmessung wurde ein Pronyscher Zaun mit einem Lasthebelarm von 0,716 m benützt. Das darangehängte Gewicht war $G = 30$ kg. Während der Gleichgewichtslage war die Motordrehzahl $n = 500$ Umdr./min.

Die Bremsleistung ist:

$$N = 0,001 \cdot 30 \cdot 500 = 15 \text{ PS}.$$

Wasserwirbelbremsen zählen zu den bequemsten und genauesten Bremsmitteln. Das Bild 94a veranschaulicht ein Schema einer Junkers-Wasserbremse. Diese besteht aus einem auf Kugellagern

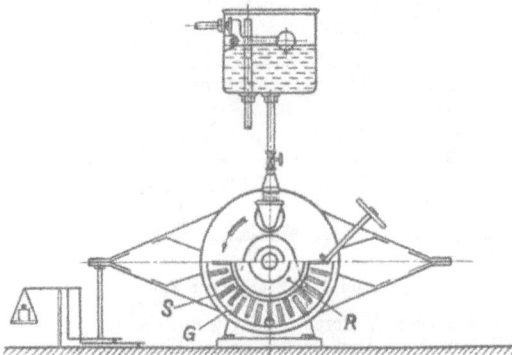

Bild 94a. Wasserwirbelbremse.

ruhenden Gehäuse G, an dessen Innenkante Stifte S angeordnet sind. Im Gehäuse läuft ein ebenfalls mit Stiften aus gestatteter Rotor R. Wird das Gehäuse mit Wasser mehr oder weniger gefüllt, und befindet sich der Rotor in Drehung, so gelangt das Wasser an den Innenkranz des Gehäuses und somit zwischen die dort befindlichen Stifte. Durch das Peitschen des Wassers entsteht eine Widerstandskraft, welche bestrebt ist, das Gehäuse in Drehung zu versetzen. Über Hebel, welche am Gehäuse angebracht sind, kann das Drehmoment mittels Gewichte oder einer Dezimalwaage gemessen werden. Durch mehr oder weniger Wasser wird das Drehmoment verändert und so kann die Leistung von einem Maximum bis auf Null reguliert werden.

Wasserbremsen sind anspruchslos in der Wartung, ermöglichen genaue Messungen und sind ohne Abänderungen für beide Drehrichtungen brauchbar.

Die Leistungsberechnung in PS erfolgt wie beim Pronyschen Zaun nach der Formel:

$$N = \frac{G \cdot l \cdot n}{716}$$

oder bei einem Lasthebelarm von 0,716 m aus

$$N = 0{,}001 \cdot G \cdot n.$$

Bremsflügel (Bild 94 b) werden gewöhnlich bei Motoren mit höherer Drehzahl, wie Automobil, Flugzeugmotoren u. a. verwendet. Die Flügel können starr oder verstellbar angeordnet sein. Bremsflügel werden direkt an die Motorwelle gekuppelt und haben die Eigenschaft, keine größere Leistung als für welche sie bemessen oder eingestellt sind, aufzunehmen.

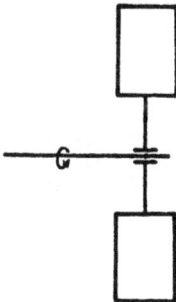

Bild 94 b.

Die Bremsleistung in PS errechnet sich aus:

$$N = K \cdot n^3;\ \text{worin}$$

K eine Konstante, welche für den betreffenden Flügel gerechnet oder durch Eichung bestimmt wird,

n Drehzahl des Motors in der Minute.

Elektrische Leistungsmessung. Für die elektrische Leistungsmessung wird meist die zu untersuchende Maschine mit einem Generator gekuppelt und der erzeugte Strom in regelbare Widerstände geleitet und vernichtet. Zur einwandfreien Leistungsbestimmung ist die genaue Kenntnis des Generator-Wirkungsgrades bei verschiedenen Belastungen (Wirkungsgradkurve) und bei Wechselstrom auch die Größe des Leistungsfaktors $\cos \varphi$ (s. auch S. 240) nötig.

Bei Antrieb des Generators durch Riemen berücksichtige man die Leistungsverluste durch den Riemen mit einem Zuschlag von 2 bis 3% zur erhaltenen Leistung.

Die Leistungsberechnung erfolgt aus den Instrumentablesungen, und zwar:

Gleichstrom. Die Spannung U in Volt und die Stromstärke J in Ampere werden am Schaltbrett getrennt abgelesen.

Die Maschinenleistung in PS ist:

$$N = \frac{U \cdot J}{736 \cdot \eta};$$

hierin bedeuten:

U Spannung in Volt,
J Stromstärke in Ampere,
η Wirkungsgrad des Generators.

Für in Ordnung befindliche und mit Vollast arbeitende Generatoren kann der Wirkungsgrad η mit 0,9 angenommen werden.

Beispiel: Die Meßinstrumente zeigen:

$U = 120$ Volt, $J = 30$ Ampere; der Wirkungsgrad des Generators ist $\eta = 0,9$. Die vom Antriebsmotor abgegebene Leistung beträgt:

$$N = \frac{120 \cdot 30}{736 \cdot 0,9} \approx 5,4 \text{ PS.}$$

Einphasiger Wechselstrom. Bei Wechselstrom ergibt das Produkt Volt × Ampere eine zu große Wattzahl (die scheinbare Leistung). Zur Bestimmung der wirklichen Leistung ist dieses Produkt noch mit einem Leistungsfaktor (cos φ) zu multiplizieren.

Die Leistung in PS wird errechnet aus Formel:

$$N = \frac{U \cdot J \cdot \cos\varphi}{736 \cdot \eta}.$$

Es bedeuten:

U die Spannung in Volt,
J die Stromstärke in Ampere,
cos φ Leistungsfaktor,
η Wirkungsgrad des Generators.

Für Ohmsche Belastung (s. auch S. 241) kann die Größe des Leistungsfaktors am Leistungsschild des Generators abgelesen werden. Bei anderen Belastungsarten muß der Leistungsfaktor durch Messung bestimmt werden.

Beispiel:

$U = 120$ Volt, $J = 30$ Ampere, Leistungsfaktor cos $\varphi = 0,9$, Wirkungsgrad des Generators $= 0,9$.

Die Leistung des Antriebsmotors ist:

$$N = \frac{120 \cdot 30 \cdot 0,9}{736 \cdot 0,9} \approx 4,9 \text{ PS.}$$

Drehstrom. Bei Drehstrom (dreiphasigem Wechselstrom) erfolgt die Berechnung der Bremsleistung wie unter einphasigem Wechselstrom angeführt, nur ist noch die Verhältniszahl 1,732 ($\sqrt{3}$) in die Rechnung einzubeziehen.

Die Leistung in PS errechnet sich aus Formel:.

$$N = \frac{U \cdot J \cdot 1{,}732 \cdot \cos\varphi}{736 \cdot \eta}$$

Es bedeuten:

U die zwischen zwei Linien gemessene Spannung in Volt,
J die in einer Linie gemessene Stromstärke in Ampere,
$\cos\varphi$ Leistungsfaktor,
η Wirkungsgrad des Generators.

Bezüglich Leistungsfaktor und Wirkungsgrad gelten die unter einphasigen Wechselstrom angeführten Werte:

Beispiel: Die Meßinstrumente zeigen:
$U = 120$ Volt, $J = 30$ Ampere. Der Leistungsfaktor $\cos\varphi$ beträgt 0,9 und der Wirkungsgrad η ebenfalls 0,9. Der zu untersuchende Antriebsmotor hat eine Leistung von:

$$N = \frac{120 \cdot 30 \cdot 1{,}732 \cdot 0{,}9}{736 \cdot 0{,}9} \approx 8{,}4 \text{ PS.}$$

Da die Größe des Leistungsfaktors $\cos\varphi$ nicht immer genau bekannt ist, empfiehlt es sich, für genaue Messungen ein Wattmeter zu verwenden. Aus der festgestellten Wattzahl errechnet sich die Brems-leistung für einphasigen Wechselstrom sowie auch Drehstrom aus Formel:

$$N = \frac{\text{Watt}}{736 \cdot \eta} \text{ (PS).}$$

Wasserwiderstand. Nicht immer ist es möglich, den bei der Leistungsmessung erzeugten Strom in das Netz oder in eigens hierfür

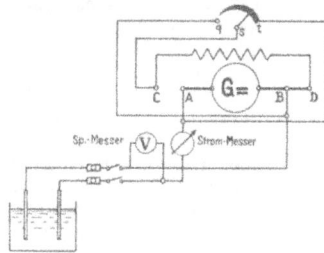

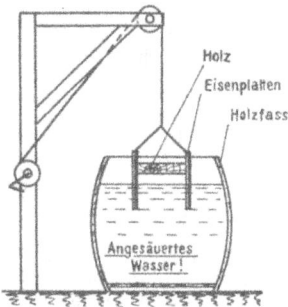

Holz
Eisenplatten
Holzfass

Angesäuertes Wasser!

Drehstrom

Bild 95. Wasserwiderstand.

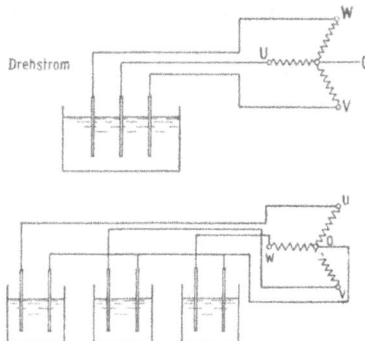

Bild 96. Schaltschema für Flüssigkeitswiderstände.

angeordnete Belastungswiderstände zu leiten. In solchen Fällen benützt man einen behelfsmäßigen Wasserwiderstand nach Schema Bild 96.

Bei Gleich- oder einphasigem Wechselstrom werden zwei Eisenplatten mit der Leitung des Generators so verbunden, daß z. B. bei Gleichstrom eine Platte mit dem Pluspol und die andere mit dem Minuspol in Verbindung steht. Die Stärke der Platten ist je nach der zu vernichtenden Energie mit 3 bis 5 mm zu wählen. Die Größe (Fläche) ist ebenfalls von der aufzunehmenden Leistung abhängig. Als Richtlinie diene: Für Leistungen bis etwa 10 PS, Plattengröße 600 × 250 mm, für 10 bis 30 PS Plattengröße etwa 700 × 500 mm. Die Platten ordne man so an, daß sie über ein darunter befindliches Holzfaß leicht auf- und abgesenkt werden können, und in dieses tauchen. Im Faß befindet sich Wasser mit etwa 14% Sodazusatz. Zu hoher Sodagehalt ist ungünstig, da dadurch der Widerstand des Wassers zu gering wird.

Bei Beginn der Messung sollen die Platten etwa $1/_5$ ihrer Höhe im Wasser tauchen. Die Regelung des Widerstandes erfolgt durch seichteres oder tieferes Eintauchen der Platten oder auch durch Vergrößerung oder Verminderung des Plattenabstandes. Man gehe jedoch mit dem Plattenabstand nicht unter 100 mm. Während der Messung trachte man, die Wassertemperatur durch Zusatz von kaltem Wasser möglichst gleich und die Temperatur unter dem Siedepunkt zu halten.

Verwendet man ein Eisenfaß, so genügt nur eine Eisenplatte, da der zweite Pol an die Wand des Gefäßes befestigt werden kann.

Bei Drehstrom finden drei Platten Anwendung. Bezüglich der Anordnung gilt das oben gesagte.

Will man den Wasserwiderstand für größere Leistungen bemessen, dann sind mehrere Platten anzuordnen und diese parallel zu schalten.

Bild 96 zeigt je ein Schaltschema für Gleich-, einphasigem Wechselstrom und Drehstrom, wie es bei Anordnung eines Wasserwiderstandes benützt werden kann.

2. Indizieren und Auswerten des Diagrammes.

Zur Untersuchung des Arbeitsvorganges in einer Maschine bedient man sich des Indikators. Mit Hilfe des Indikatordiagrammes ist es möglich, die mannigfaltigen Erscheinungen und Vorgänge, die sich in der kurzen Zeit eines Arbeitsspieles vollziehen, entwirren und in ihrer zeitlichen Aufeinanderfolge verfolgen zu können. Aus dem Verlauf der Drucklinie kann die Größe der Drücke, Wirkung der Steuerung, Zündung u. dgl. nachgeprüft werden. Die Arbeitsfläche des Diagramms dient zur Feststellung der indizierten Leistung, welche dann, mit der Bremsleistung in ein Verhältnis gesetzt, die Bestimmung des mechanischen Wirkungsgrades ermöglicht.

Das Indizieren von Dieselmotoren erfordert wesentlich mehr Sorgfalt als das Indizieren z. B. einer Dampfmaschine. Im Dieselmotor spielen sich die Verbrennungs- und Auspuffvorgänge begleitet von hohen Temperaturen mit großer Geschwindigkeit ab, so daß auch an den Indikator besonders hohe Anforderungen gestellt werden.

Normale Indikatoren, d. h. solche, die den Druck direkt ohne Anwendung sonstiger Hilfsmittel durch ein Schreibhebelgestänge auf das Diagrammblatt zeichnen, genügen unter gewissen Umständen zum Indizieren von Maschinen bis etwa 500 Umdrehungen in der Minute. Darüber hinaus machen sich die bewegten Massen durch Verzeichnung von Schwingungen sowie Schnurdehnungsfehler im Diagramm zu stark bemerkbar. Aus diesen Gründen sollte man zur einwandfreien Indizierung von Dieselmaschinen nur hochwertige Indikatoren verwenden.

Indikator. Zur Abnahme von Diagrammen bedient man sich bei Dieselmotoren meist eines Kolben-Federindikators. Bei diesem wirkt der zu indizierende Druck auf einen Kolben und bringt diesen entgegen der Wirkung einer Feder in Bewegung. Mittels einer Geradführung wird die Kolbenbewegung auf einen Schreibstift übertragen, der sich längs einer mit Indizierpapier bespannten Trommel bewegt.

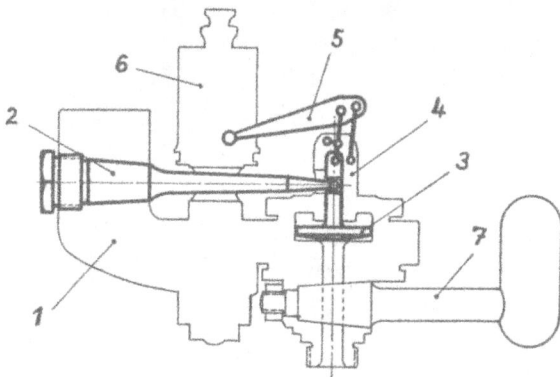

Bild 97. Schema des Maihak-Stabfeder-Indikators.

Die Bewegung des Maschinenkolbens wird mit Hilfe einer Untersetzung (Kurbel, Hebelwerk) auf die Trommel des Indikators zeitrichtig umgesetzt, so daß diese entsprechende Schwingungen ausführt. Bild 97 zeigt im Umriß die Hauptteile des für die Indizierung von Verbrennungskraftmaschinen sehr gut geeigneten Maihak-Stabfeder-Indikator. Dieser Indikator ist bis zu einer Drehzahl von 2500 Umdr./min. geeignet. Die Grundplatte 1 (Trommelträger, Federträger) trägt am rechten Ende den Einsatzzylinder mit dem Kolben 3, den Schreibzeugträger (Zylinderdeckel) 4 und den Schreibhebel 5. Am linken Ende ist die Stabfeder 2 mittels Konus und Überwurfmutter gehalten. Die Schreibtrommel 6 ist in der Mitte auf einer feststehenden Achse gelagert. Das rechte Ende der Stabfeder ist als Kugel ausgebildet. Diese Kugel ist in eine horizontale Bohrung der Kolbenstange leicht beweglich eingeschliffen, so daß kein Spiel zwischen der Feder und der Kolbenstange vorhanden ist.

Vorbereitungen für das Indizieren. An der Maschine, welche indiziert werden soll, muß in erster Linie die Möglichkeit zur Anbringung eines Indikators vorhanden sein. Mit Notbehelfen werden selten brauchbare Diagramme erreicht. Die Anschlußbohrung im Maschinenzylinder sei so weit (ca. 9 mm) und so kurz als möglich. Zu enge Verbindungskanäle verursachen eine Gasdrosselung und daher falsche Druckanzeige. Der Indikatorhahn soll direkt und ohne Zwischenstück auf den zu untersuchenden Raum geschraubt werden. Die Montage des Indikators beginnt mit dem Aufschrauben des Hahnes und dann des Indikators selbst. Für die Verbindung der Schreibtrommel mit der Antriebsvorrichtung benütze man ein Stahlband (Querschnitt 8 × 0,05 mm und achte, daß dieses auf den Leitrollen gut läuft. Stahlbänder besitzen praktisch keine merkliche Dehnung, und so sind Dia-

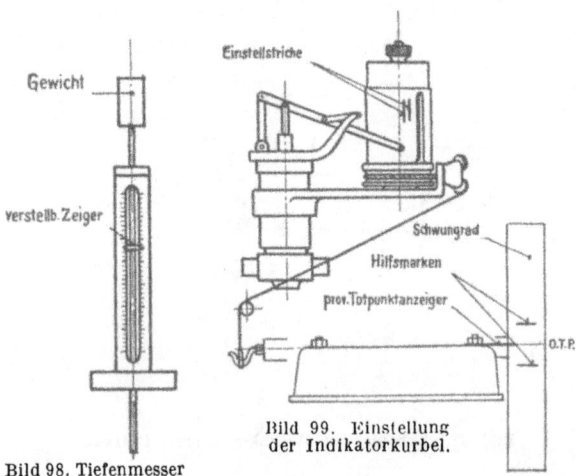

Bild 98. Tiefenmesser

Bild 99. Einstellung der Indikatorkurbel.

grammverzehrungen aus dieser Ursache ausgeschlossen. An den Enden des Stahlbandes befestige man Ösen, in welche kurze Schnüre festgemacht werden, um die Verbindung mit dem Indikator und dem Einhängehaken herzustellen. Im allgemeinen können die Bedingungen für das einwandfreie Indizieren einer Maschine wie folgt zusammengefaßt werden:

Verwendung eines geeigneten Indikators,
Richtige Wahl des Verbindungskanales,
Ruhiger Stand der zu untersuchenden Maschine,
Antrieb des Indikators auf möglichst kurzem Wege,
Vermeidung von mehr als zwei Leitrollen,
Verwendung eines Stahlbandes statt der bisher üblichen Indikatorschnüre,
Genaue Einstellung des Indikators bezüglich Totlagen.

Bestimmung der Maschinenkolben-Totlage. Die Feststellung der obersten Totlage des Maschinenkolbens läßt sich, falls das Einspritzventil oberhalb des Kolbens liegt und nach Entfernung der Kolbenboden zugänglich wird, am einfachsten mittels eines Tiefenmessers nach Bild 98 bewerkstelligen. Zu diesem Zwecke wird das Einspritzventil entfernt und an dessen Stelle der Tiefenmesser eingeführt. Man dreht sodann den Kolben nach der obersten Totlage und verfolgt den Zeiger des Tiefenmessers, bis dieser seine höchste Lage erreicht hat. Unmittelbar vor Umkehrung der Bewegungsrichtung tritt am Zeiger ein Augenblick des Stillstandes ein, welcher der obersten Totlage des Kolbens entspricht. Diese Stellung übertrage man über einen vorher an der Maschine angeordneten und auf den Schwungradkranz weisenden behelfsmäßigen Totpunktzeiger auf den Kranz des Schwungrades. Die in Form eines Striches bezeichnete Stellung ist am Kranz des Schwungrades mit O. T. (Oberer Totpunkt) zu vermerken.

Ist ein Kolben von oben aus nicht zugänglich, so muß zur Festlegung der obersten Totlage der Zylinderdeckel abgenommen und die Totlage des Kolbens durch Messen festgestellt werden.

Einstellung der Indikator-Antriebskurbel. Ist keine Indikatorantriebsvorrichtung vorhanden und die Stirnseite der Motorkurbelwelle zugänglich, so wird in den meisten Fällen an dieser Stelle die Indikator-Antriebskurbel eingeschraubt (Bild 99). Der Motorkolben wird zunächst in die oberste Totlage gebracht und die Antriebskurbel so lange verdreht, bis ihr Schenkel in Richtung der zunächst liegenden Leitrolle zu liegen kommt. Jetzt bringt man auf den Kranz des Schwungrades in einer Entfernung von etwa 100 mm links und rechts der vorher bestimmten Totpunktmarke je eine Hilfsmarke an. Die Indikatorfeder wird entfernt, das Schreibzeug aber im Indikator belassen und das Antriebsband in die Kurbel eingehängt. Nun drehe man das Motorschwungrad so lange, bis der Totpunktzeiger mit einer der Hilfsmarken übereinstimmt, und bezeichnet diese Stellung auf dem Indikatorpapier durch einen senkrechten Strich. Ist dies erfolgt, dann drehe man das Schwungrad über die obere oder untere Kolben-Totlage, bis der Zeiger auf die zweite Hilfsmarke weist und bezeichnet die neue Stellung ebenfalls mit einem Strich am Papier. Zunächst werden die beiden so erhaltenen Striche nicht zusammenfallen. Man versuche durch Verdrehen der Indikatorantriebskurbel und wiederholtem Proben in vorerwähnter Weise die Striche auf dem Indikatorpapier zur Deckung zu bringen. Ist dies erreicht, dann ist die Indikatorantriebskurbel richtig eingestellt und die Totlagen im Diagramm stimmen mit denjenigen des Kolbens überein. Vor endgültiger Abnahme der Diagramme unterziehe man die Einstellung nochmals einer Prüfung durch Abnahme eines Einstelldiagrammes. Zu diesem Zwecke wird bei Dieselmotoren die Brennstoffzufuhr abgestellt und ein Diagramm ohne Zündung genommen. Bei richtiger Einstellung des Indikatorantriebes müssen im Diagramm Verdichtungs- und Ausdehnungslinie fast zusammenfallen.

Winke für das Indizieren. Ein Indikator gibt nur dann gute Diagramme, wenn er sich in tadellosem Zustande befindet. Bei seinem Gebrauch darf nicht vergessen werden, daß er ein Instrument von höchster Genauigkeit ist und daher immer als solches behandelt werden muß. Die Sorgfalt, die man beim Indizieren selbst verwendet, muß sich auch auf die Erhaltung einer dauernden Gebrauchsfähigkeit erstrecken.

Vor der Montage eines Indikators überzeuge man sich, ob dieser im guten Zustande ist. Zunächst wird geprüft, ob dem Schreibzeug keine Mängel anhaften. Hierzu entfernt man die Indikatorfeder und zieht das Schreibzeug samt Kolben heraus. Bei festgehaltenen Kolben faßt man vorsichtig den Schreibhebel am Schreibstiftende und untersucht durch leichtes Hin- und Herschieben, ob die Gelenke keine Lose haben und ob die Bolzen festsitzen.

Die Gelenke dürfen nicht auseinandergenommen werden und sind mit gutem Knochenöl leicht zu ölen. Der Kolben und seine Stange werden mit nicht zähflüssigem Zylinderöl geschmiert.

Die Prüfung auf Dichtigkeit und Leichtgängigkeit erfolgt bei hochgehobenem Kolben derart, daß man mit dem Daumen den Indikatorzylinder unten fest abschließt und nun den Kolben durch leichten Druck am Schreibzeug herunterdrückt. Läßt man dann los, so muß die verdichtete Luft im Zylinder den Kolben wieder in seine Anfangstellung schieben. Das gleiche läßt sich natürlich auch durch Saugwirkung erreichen.

Das Schreibzeug ist mit besonderer Sorgfalt zu behandeln, da hier die geringste Beschädigung erhebliche Fehler im Diagramm zur Folge haben kann. Der Schreibstift muß stets eine schlanke Spitze mit feiner Abrundung (Polierpapier) haben, um scharfe Diagrammlinien zu erhalten. Auch darf er nur mäßig an das Indikatorpapier gedrückt werden. Zu festes Andrücken ergibt besonders bei Schwachfeder-Diagrammen Fehler.

Vor dem Indizieren werden die Verhältnisse der Maschine (Drehzahl, Kolbenhub und -durchmesser usw.) notiert und diese Kennzeichen auf jedes Diagramm geschrieben. Ferner soll die Angabe des Kolbendurchmessers des Indikators und die Federmarke (Federmaßstab) auf keinem Diagramm fehlen.

Das Indikatorpapier wird in üblicher Weise mit der präparierten glatten Seite nach außen um die saubere Trommel gelegt. Hierbei ist zu beachten, daß die Papierhalter im Betriebe einer großen Zentrifugalkraft ausgesetzt sind. Diese Kraft biegt die Blattfedern nach außen, so daß das Papier seinen Halt verlieren würde, wenn dem nicht dadurch entgegengewirkt wäre, daß die Blattfedern mit Vorspannung befestigt sind. Beim Aufstecken des Papiers biegen sich die Blattfedern automatisch nur um den Betrag der Papierdicke nach außen. Besonders das Strammziehen des Papiers soll durch Zug tangential zur Trommel erfolgen. Diese Forderungen erreicht man am besten dadurch, daß die umgebogenen Enden des Diagrammstreifens zwischen die Spitzen des Daumens und des Zeigefingers gefaßt werden und daß man bei dem Herunterziehen des Papiers die Nägel dieser beiden Finger leicht gegen die Blattfedern drückt. Zum Schluß drückt man die beiden Fingernägel stärker gegen die Blattfedern und zieht gleichzeitig durch Abwälzen der beiden Fingerspitzen aufeinander das zwischenliegende Papier stramm.

Die Indikatorfeder. Die Wahl der Indikatorfedern richtet sich nach dem zu indizierenden Höchstdruck. Ist der Höchstdruck noch nicht bekannt, so nimmt man vorsichtshalber zunächst eine Feder für einen Druck, der bestimmt höher liegt als der zu erwartende. Alsdann kann man an der Diagrammhöhe beurteilen, ob eine schwächere Feder genommen werden kann, d. h. ob höhere Diagramme erreicht werden können.

Zum Indizieren hängt man den Antrieb ein, öffnet den Hahn schnell und drückt das Schreibzeug kurz an und wieder ab. Je nach der Drehzahl der Maschine darf der Schreibstift nur sehr kurze Zeit am Papier liegen, da sonst Bündeldiagramme entstehen.

Federmaßstab. An jeder Indikatorfeder ist abzulesen, für welchen Höchstdruck die Feder geeignet ist und wieviel mm der Diagrammhöhe 1 kg/cm² entsprechen. Letztere Angabe bezeichnet man mit Federmaßstab.

Beispiel: Ein Diagramm ist 30 mm hoch. An der Indikatorfeder ist abzulesen 1 kg/cm² = 0,5 mm. Der Höchstdruck ist

$$p = 30:0,5 = 60 \text{ kg/cm}^2.$$

Auswertung des Arbeitsdiagrammes. Aus dem Arbeitsdiagramm kann, außer dem Verlauf des Verbrennungsvorganges, der verschiedenen Drücke u. a. insbesondere der mittlere indizierte Druck p_i, welcher zur Errechnung der indizierten Leistung notwendig ist, errechnet werden. Für die Ermittlung des mittleren Druckes muß der Flächeninhalt des Diagrammes ausgemessen oder berechnet werden. Das Ausmessen erfolgt mittels Planimeter, bei welchem durch Umfahren der Diagrammfläche der Flächeninhalt auf einer Skala abzulesen ist.

Aus dem Flächeninhalt ergibt sich der mittlere Druck mit:

$$p_i = \frac{F}{f \cdot l} \text{ kg/cm}^2$$

wobei: F = Diagrammfläche in mm²,
f = Federmaßstab in mm pro kg/cm²,
l = Diagrammlänge in mm.

Beispiel:
Inhalt der Diagrammfläche 117 mm².
Diagrammlänge l = 48 mm,
Federmaßstab 1 kg/cm² = 0,5 mm.

Mittlerer indizierter Druck $p_i = \dfrac{117}{0,5 \cdot 48} \approx 4,9 \text{ kg/cm}^2.$

Versetzte Diagramme. Beim normalen Arbeitsdiagramm, bei dem also die Endstellungen mit den Kolbenstellungen der Maschine zusammenfallen, verläuft die Zündung und Verbrennung sowie auch der damit verbundene Druckanstieg in einem Zeitraum, in dem der Kolben seine kleinste Geschwindigkeit hat. Dadurch sind alle diese Vorgänge in eine fast senkrechte Linie zusammengedrängt. Versetzt man jedoch die Indikator-Antriebskurbel um etwa 90° gegenüber der Totlage des Arbeitskolbens, so fällt die Aufzeichnung des Verbrennungsvorganges in die größte Geschwindigkeit des Arbeitskolbens und der

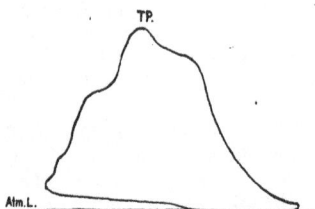

Bild 100. Versetztes Diagramm.

Verbrennungsvorgang wird auseinandergezogen. Bild 100 zeigt ein um 90⁰ versetztes Arbeitsdiagramm.

Zugdiagramme. Nicht immer ist es möglich, eine komplette Indiziervorrichtung zur Verfügung zu haben, um normale Arbeitsdiagramme aufnehmen zu können. Oft interessiert auch nur der Zünd- und Verdichtungsdruck. In solchen Fällen bedient man sich des Zugdiagrammes, bei dessen Abnahme die Bewegung der Indikatortrommel von Hand aus bewerkstelligt wird. Bild 101 zeigt die Aufnahme des Verdichtungsdruckes allein, während bei Bild 102 Verdichtungs- und Zünddruck auf einem Blatt aufgenommen wurden.

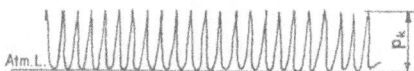

Bild 101. Zugdiagramm.

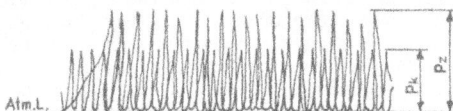

Bild 102.

Erklärung zu Diagramm-Tafel Seite 203.

Bild 1. Normales Einstelldiagramm. Verdichtungs- und Ausdehnungslinie fallen fast zusammen, die Diagrammenden laufen spitz aus.

Bild 2. Der Totpunkt der Indikator-Antriebskurbel läuft dem Totpunkte des Arbeitskolbens voraus. Statt einer Spitze entsteht bei *a* eine Schleife.

Bild 3. Fehler wie unter 2 angeführt, doch ist das Fehlerglied kleiner. Das Diagramm erscheint voller als es bei richtiger Einstellung sein würde (gestrichelte Linie).

Bild 4. Nachbrennen während des Arbeitshubes. Unruhiger Verlauf der Ausdehnungslinie bei *a*.

Bild 5. Nachbrennen im Verbindungskanal zum Indikator oder Vibrieren der Indikatormassen. (Schreibzeug des Indikators zu schwer oder unpassende Indikatorfeder.)

Bild 6. Indikator-Antriebskurbel ist nicht genau eingestellt und eilt dem Arbeitskolben etwas nach. (Einbuchtung bei *a*.)

Bild 7. Starke Vorzündung. Die Zündung setzt scharf an die Verdichtungslinie an und läuft in eine Spitze ohne Arbeitsfläche aus.

Bild 8. Nachzündung. Charakteristisch ist das starke Abweichen des Druckanstieges. Die runde Spitze deutet auf zu langsame Verbrennung.

Bild 9. Zu langsame Verbrennung infolge schlechter Zerstäubung des Kraftstoffes oder entstandenen Luftmangel. (Diagramm oben stark abgerundet.)

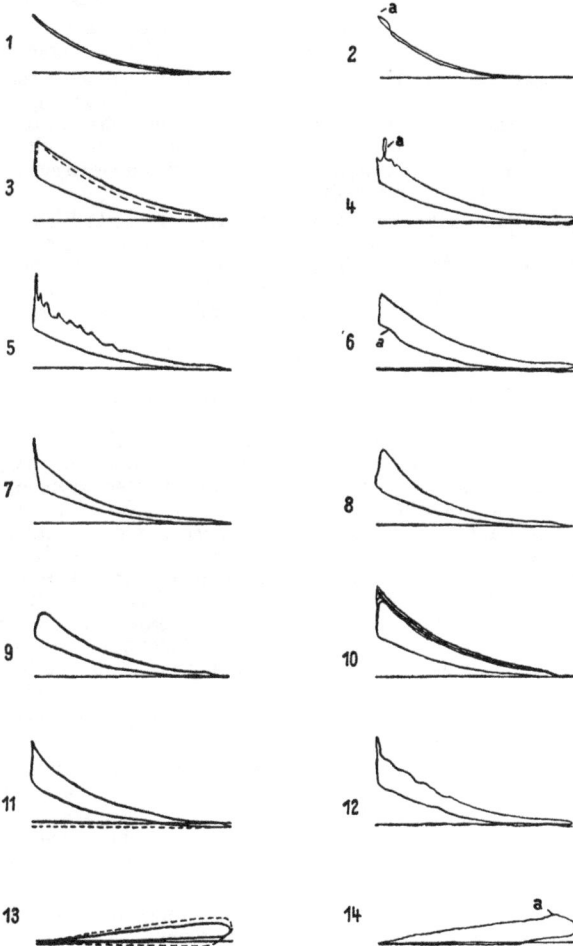

Bild 103.

Bild 10. Bündeldiagramm. Schreibstift wurde zu lange an der Schreibtrommel belassen.

Bild 11. Atmosphärenlinie liegt zu hoch (die richtige Lage ist durch
die gestrichelte Linie angedeutet). Der Indikator wurde nicht
entlüftet oder das Indikatorschreibzeug war nicht fest eingeschraubt.

Bild 12. Unruhiger und unregelmäßiger Verlauf sämtlicher Diagrammlinien verursacht durch Reibung der Antriebsschnur oder des
Bandes an den Leitrollen. Schwingen des Indikatorantriebes.

Bild 13. Schwachfederdiagramm. Druckverlauf im Kurbelkasten eines
Zweitakt-Dieselmotors mit Kurbelkasten-Ladepumpe. Infolge zu starken Andrückens des Schreibstiftes an das Indikatorpapier und dadurch verursachter zu großer Reibung,
wurde das Diagramm stark verzehrt. Den richtigen Druckverlauf zeigt die gestrichelte Linie.

Bild 14. Druckverlauf im Kurbelkasten eines Zweitakt-Dieselmotors
mit Kurbelkastenladepumpe. Die Erhöhung bei a deutet auf
Rückströmen eines Teiles der Auspuffgase in den Spülschlitz.
Diese Erscheinung läßt darauf schließen, daß den Auspuffgasen bei ihrem Entweichen zu großer Widerstand entgegen-
wirkt.

3. Kraftstoff- und Schmierölmessung.

Kraftstoff-Verbrauchsmessung. Die Energieaufnahme, welche beim Elektromotor durch den Wattzähler oder, da die Spannung
meist immer konstant bleibt, durch das Amperemeter angezeigt wird,
läßt sich beim Dieselmotor durch die Kraftstoff-Verbrauchsmessung
feststellen. Eine Verbrauchsmessung, welche mit der früher vorgenommenen Normalmessung verglichen wird, gibt oft darüber Aufschluß, ob irgendeine Störung im Motor, etwa durch Reiben eines
Kolbens, Drücken eines Lagers oder schlecht eingestellter Steuerung
vorhanden ist. Die Störung ist mitunter meist äußerlich oft gar nicht
sofort bemerkbar. Die Drehzahl geht wohl anfangs etwas zurück, wird
aber vom Motorwärter oder automatisch vom Regler nachgestellt
und die Maschine arbeitet vorläufig so lange scheinbar störungsfrei
weiter, bis die Störung bereits einen solchen Umfang angenommen hat,
daß der Schaden schwerwiegende Folgen nach sich zieht.

Für die Messung des Kraftstoffverbrauches erscheinen die verschiedensten Apparate im Handel, doch haftet fast allen der Nachteil
an, daß sie, da abhängig von Temperatur und Zähflüssigkeit des Kraftstoffes, eine unmittelbare Ablesung meist nicht erlauben, sondern daß
die Verbrauchsmessung erst mit Hilfe von Zahlentafeln oder Korrektur-
zahlen zustande kommt.

Das einfachste Meßverfahren ist, den Kraftstoff auf einer Waage
abzuwägen und die Verbrauchszeit mittels Stoppuhr zu bestimmen. Um
den spezifischen Kraftstoffverbrauch, d. h. Verbrauch pro PSh, errechnen zu können, muß die Motorleistung bekannt sein.

Bei ruhig stehendem Kraftstoffbehälter erweist sich nachstehend beschriebene Meßmethode als sehr einfach und genau.

Über dem Behälter liegt eine mit Gewinde versehene und durch Flügelmutter feststellbare Nadel, welche höher oder tiefer geschraubt werden kann. Je nach Menge des zur Messung gelangenden Kraftstoffes wird die Nadel auf einen bestimmten Flüssigkeitsspiegel so eingestellt, daß deren Spitze leicht eintaucht und durch den laufenden Verbrauch des Motors der sinkende Flüssigkeitsspiegel die Spitze bald verläßt. Inzwischen wird eine bestimmte Kraftstoffmenge abgewogen und für die Messung vorbereitet. Mit Hilfe der Stoppuhr (oder Sekundenzeiger einer Taschenuhr) stellt man den Zeitpunkt des Abreißens der Flüssigkeit von der Nadelspitze fest und füllt dann den Behälter mit den bereits eingewogenen und vorbereiteten Kraftstoff auf. Nach Verbrauch der eingebrachten Menge reißt die Flüssigkeit neuerlich von der Nadel ab und wird die inzwischen abgelaufene Zeit an Hand der Uhr festgestellt.

Bei dieser Meßmethode ist lediglich darauf zu achten, daß keine Luftblasen an der Nadelspitze hängen bleiben, da

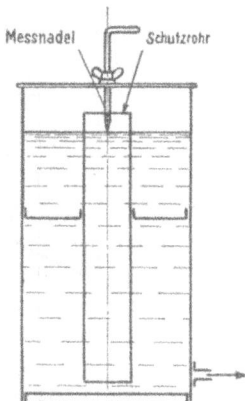

Bild 104. Meßbehälter.

sonst der Augenblick des Abreißens verzögert wird. Zur Vermeidung von Luftblasen empfiehlt es sich, um die Nadel ein Schutzrohr zu legen und den zur Messung gelangenden Kraftstoff außerhalb dieses Rohres einzugießen.

Die Berechnung des spezifischen Kraftstoffverbrauches gestaltet sich nach folgendem Beispiel:

Ein Motor leistet an der Bremse 20 PS. Zur Kraftstoffmessung gelangen 400 g Gasöl, welche in 6 Minuten 38 Sekunden verbraucht werden.

Daraus ergibt sich:

Für 20 PS wurden 400 g in 6 Minuten 38 Sekunden oder in 398 Sekunden verbraucht.

Der Verbrauch für 20 PS in einer Sekunde beträgt $\dfrac{400 \cdot 3600}{398}$ und der Verbrauch je PSh $V = \dfrac{400 \cdot 3600}{398 \cdot 20} = 180,9$ g/PSh.

Bild 105 zeigt die Zusammenfassung von Meßergebnissen in einer Verbrauchsschaulinie.

Schmieröl-Verbrauchsmessung. Da es sich bei Schmierölmessungen immer um kleine Mengen handelt, erreicht man die größte Meßgenauigkeit dadurch, daß man das ganze in der Maschine befindliche Schmieröl vorerst abläßt und durch eine mittels Waage festgestellte Menge ersetzt. Nach einer Betriebszeit von einigen Stunden wird das Öl neuerlich abgelassen und die erhaltene Menge gewogen. Der weitere Rechnungsvorgang ist aus folgendem Beispiel ersichtlich:

Die Nennleistung eines Motors beträgt 100 PS. Der entleerte Ölbehälter wurde vor Beginn der Messung mit 20 kg Öl aufgefüllt. Nach einer Betriebszeit von 7 Stunden und 40 Minuten wurde der Motor abgestellt und das gesamte Schmieröl wieder abgelassen.

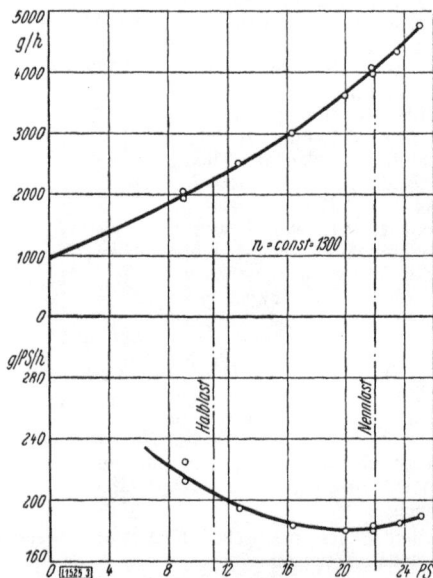

Bild 105. Verbrauchsschaulinie.

Die restliche Menge wurde gewogen und mit 17 kg festgestellt, so daß während der angeführten Zeit 3 kg Öl verbraucht wurden.

Es wurden demnach 3000 g Öl in 7 Stunden 40 Minuten oder in 460 Minuten verbraucht.

Somit ist der Verbrauch pro 100 PS und Stunde

$$\frac{3000 \cdot 60}{460} \text{ und für die PSh } \frac{3000 \cdot 60}{460 \cdot 100} \approx 3{,}9 \text{ g/PSh.}$$

Treib-, Generator- und Holzgasmotor.

1. Treib- und Generatorgasanlagen für Nutzfahrzeuge.

Der Gedanke, auch für Fahrzeuge Gas als Treibstoff zu verwenden, ist nicht neu. In England wurde schon während des Weltkrieges 1914/18 Leuchtgas zum Antrieb von Nutzfahrzeugen benützt. In Deutschland war es der Ruhrbergbau, der sich mit der Verwendung von Treibgas befaßte und das beim Kokereiprozeß anfallende Methangas als Treibgas für Nutzfahrzeuge verwertete. Im Jahre 1934 hat dann der Benzolverband den Treibgasvertrieb in seinen Bereich gezogen, so daß seitdem im Ruhrgebiet eine große Anzahl von Lastkraftwagen auf Gasbetrieb umgestellt wurden und mit bestem Erfolg arbeiten. Schon Mitte 1936 waren über 1000 Wagen auf Methan und Ruhrgasolbetrieb umgestellt, und zwar war das möglich, weil auch die bei der Kunst-

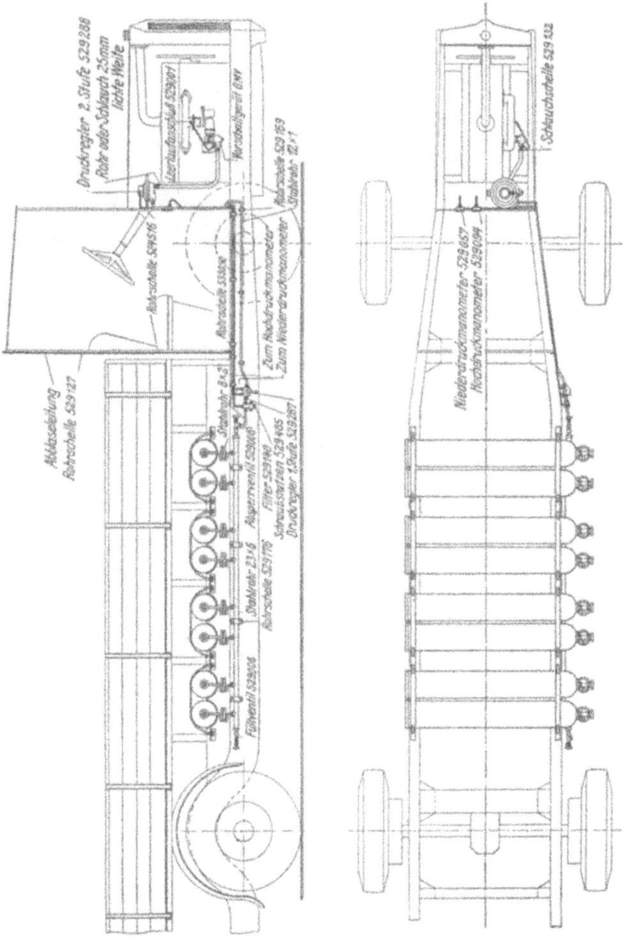

Bild 106. Treibgasanlage für Hochdruckgase: Methan und Stadtgas.

benzingewinnung anfallenden Reichgase (Propan, Butan) ausgedehnte Verwendung fanden.

Seither tritt Gas immer mehr als Treibstoff für Nutzfahrzeuge in Gebrauch und bewährt sich als idealer Kraftstoff. Es verbrennt vollkommen und hinterläßt keine übelriechenden Gase. Da Gas klopffest ist, ist seine Verbrennung im Motor weich. Gas, und zwar besonders Treibgas, hinterläßt auch keine für den Motor schädlichen Rückstände. Ein weiterer Vorteil des Gasbetriebes ist, daß der Motor auch bei

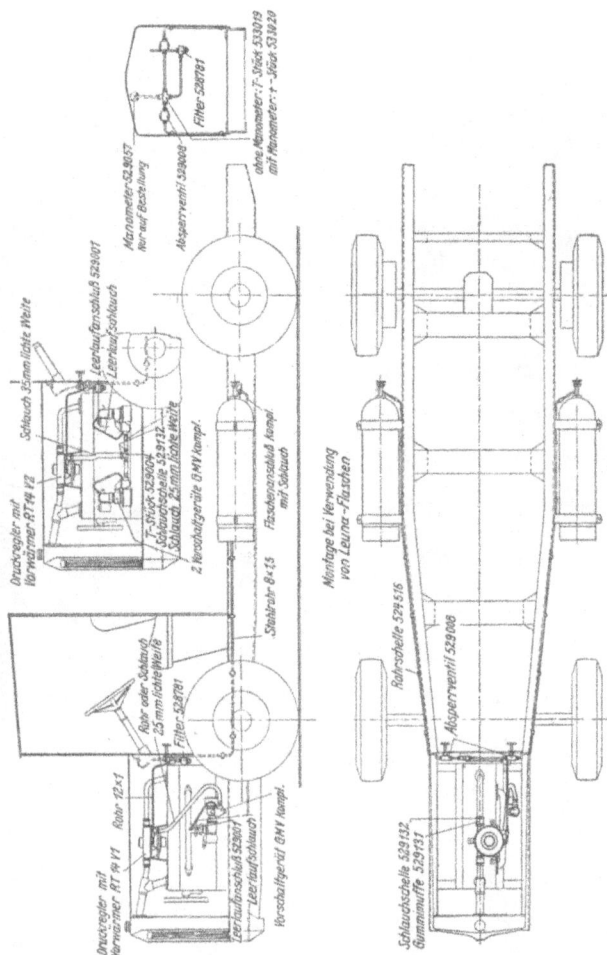

Bild 107. Treibgasanlage für Flüssiggase.

niederer Außentemperatur leicht anspringt. Bei Gasbetrieb wird das Schmieröl nicht verdünnt.

Die Bedienung eines mit Gas betriebenen Motors unterscheidet sich nicht wesentlich von der eines Benzinmotors.

Als Fahrgas, d. h. Gas für den Fahrbetrieb, kommen in Betracht:

    a) Treibgas,

    b) Generatorgas.

Treibgas.

Mit Treib- oder Flaschengas werden solche für den Fahrbetrieb benützte Gase bezeichnet, welche im verdichteten Zustande in Flaschen gespeichert, mitgenommen werden. Man unterscheidet hierbei **Hochdruckgase** und **Flüssiggase**. Zu den Hochdruckgasen zählen hauptsächlich Stadtgas (Leuchtgas) und Methan, welche in den Vorratsbehältern unter einem Druck von 200 bis 250 at gespeichert werden.

Flüssiggase sind solche Gase, die im gespeicherten Zustande flüssig sind und vor Verwendung erst verdampft werden müssen. Die Speicherflaschen enthalten diese Gase unter einem Druck von 6 bis 15 at, je nach Temperatur und Mischung. Wegen ihres hohen Heizwertes werden diese Gase auch als Reichgase bezeichnet. Flüssiggase sind: Ruhrgasol, Butan und Propan sowie Mischungen der letzteren (Leunagas, Deuraggas).

Stadtgas (Leuchtgas) wird meist durch Entgasung magerer Steinkohle in glühenden Retorten gewonnen, wobei die verdampfbaren Bestandteile der Kohle entzogen werden und als Nebenprodukte hauptsächlich Koks, dann auch Teer und Ammoniak anfallen.

Stadtgas hat einen unteren Heizwert von 3860 bis 4200 kcal/m³ oder durchschnittlich 8900 kcal/kg.

Methangas ist ein beim Kokereiprozeß anfallendes Gas. Als Naturgas (Erdgas) wird es besonders in Petroleumländern gewonnen. Innerhalb Deutschlands kommt Erdgas nur an wenigen Stellen vor. Auch Faulschlammgas enthält vorwiegend Methan, und es wurde dieses Gas z. B. im Großklärwerk Berlin schon 1930 aufgefangen und als Treibstoff für Gasmaschinen verwertet. Der untere Heizwert des Methan ist 7800 bis 8560 kcal/m³ oder durchschnittlich 11 900 kcal/kg.

Propan und Butan fallen beim Erbohren und Spalten von Erdölen, bei der synthetischen Herstellung von Benzin aus Braunkohle und Steinkohle und bei der Verkokung und Gaserzeugung aus Steinkohle an. Besonders die Bedeutung des Propangases ist von großer Tragweite. Propan wird mit etwa 15 at und Butan mit etwa 7 at flüssig gespeichert. Der Heizwert des Propan beträgt etwa 22 000 kcal/m³, und der des Butan 28 100 kcal/m³. Durchschnittlich kann der Heizwert der Flüssiggase mit etwa 11 000 kcal/kg angenommen werden.

Hochdruckgasanlage. Die Anordnung einer Hochdruckgasanlage (für Stadtgas und Methan) zeigt Bild 106. Wie ersichtlich, sind die Gasflaschen, welche das Treibgas unter einem Druck von 200 bis 250 at enthalten, an geeigneter Stelle untergebracht und münden in

eine Sammelleitung. Mittels dieser Leitung kann das Gas aus den Flaschen entnommen oder die Flaschenbatterie wieder gefüllt werden.
Aus der Sammelleitung gelangt das hochgespannte Gas über ein Filter in den Hochdruckregler oder Regler erster Stufe und wird hier auf etwa 3,5 at entspannt. Das so vorreduzierte Gas passiert dann einen zweiten Druckregler (Niederdruckstufe oder Regler zweiter Stufe), wo es auf die Gebrauchsspannung von etwa 10 bis 30 mm WS gebracht wird.

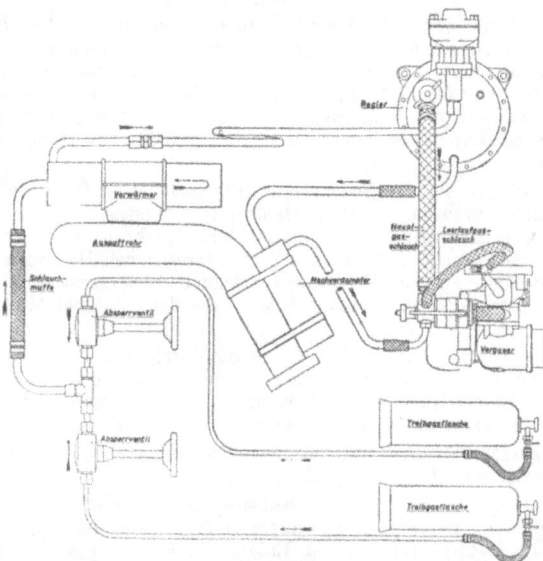

Bild 108. Schematische Darstellung einer Solex-Treibgasanlage mit Nachverdamfer.

Das entspannte Gas gelangt jetzt entweder in ein am Motor eigens vorgesehenes Gasmischventil oder in ein am Vergaser angeordnetes Gasvorschaltgerät und wird hier mit Luft gemischt. Die Gemischmenge regelt wie beim normalen Vergaser eine Gasdrossel oder ein Gasschieber.

Flüssiggasanlage. Bild 107 und 108 zeigen die Anordnung einer Flüssiggasanlage. Da bei Flüssiggasen das Gas im flüssigen Zustande den Flaschen entnommen wird, empfiehlt es sich, die Vorratsflaschen der Gasleitung zu. schwach zu neigen oder die Flaschen auf dem Kopf stehend anzuordnen. Bild 108 zeigt die schematische Darstellung einer Solex-Treibgasanlage. Wie zu ersehen, führt von jeder Flasche eine Leitung zu je einem Absperrventil und von da in den am Auspuffrohr angeordneten Vorwärmer. Im Vorwärmer nimmt das Gas die zur Verdampfung erforderliche Wärme auf und tritt dann in den

210

Druckregler. Das hier entspannte Gas ist auf Betriebsdruck gebracht und gelangt über einem Haupt- und Leerlaufschlauch in den Benzinvergaser. Zur besseren Vorbereitung des Leerlaufgases wird das in die Leerlauftülle des Vergasers geleitete Gas, vorher nochmals in einem Nachverdampfer erwärmt.

Druckregler. Druckregler sind Einrichtungen, welche dazu dienen, das in den Gasflaschen befindliche hochgespannte Gas, auf Betriebsdruck zu bringen. Sie bestehen im wesentlichen aus Scheibennembrane, Drosselventile und auf die Membrane wirkende Federn.

Bei dem in Bild 109 bis 112 im Schema dargestellten Solex-Druckregler, wird das Gas zuerst in der Vorstufe (Stufe I) vom normalen Flaschendruck auf etwa 1,5 kg/cm² entspannt, während die restliche Entspannung in der Niederdruckstufe (Stufe II) erfolgt, wobei Unterdrücke von 5 mm (bei Leerlaufentnahme) steigend bis auf 30 mm WS (bei Vollastentnahme), auftreten.

Die Vorstufe enthält als elastisches Steuer- und Abdichtungsglied eine Membrane aus Gummistoff, die unter dem Einfluß der Membranfeder nach unten durchgebogen wird. Bei dieser Durchbiegung drückt sie auf das Vorstufenventil (Ventil der I. Stufe) und öffnet dasdasselbe. Dieses Ventil ist zwar federbelastet, d. h. seine darunter gezeichnete Feder versucht das Ventil zu schlie-

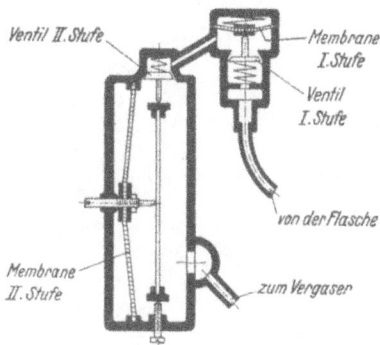

Bild 109. Phase 1 im zweistufigen Druckregler. Der Motor steht, die Gasflasche ist geschlossen.

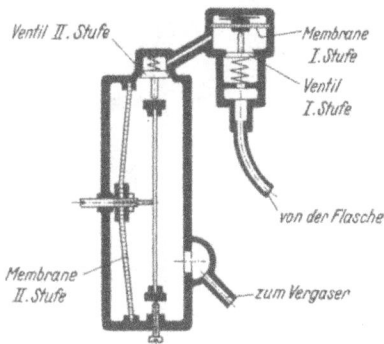

Bild 110. Phase 2 im Druckregler. Der Motor steht, die Gasflasche wird geöffnet.

ßen; doch ist die Ventilfeder wesentlich schwächer als die Membranfeder, so daß beim Fehlen eines Gegendruckes auf die Membrane, das Gas frei einströmen kann. Von der Vorstufe führt ein Überströmkanal zum Ventil der zweiten Stufe, das im Ruhezustand durch eine bügelförmige Feder geschlossen gehalten wird. Dieser Federbügel steht mit der Membrane der zweiten Stufe so in Verbindung, daß das Ventil sich öffnet, sobald die Membrane unter der Einwirkung des vom Motor erzeugten Unterdruckes in Pfeilrichtung Bild 112 bewegt wird.

Das Wechselspiel der beiden elastischen Glieder (Membranen) und der zwei Ventile, vollzieht sich nun während der verschiedenen Phasen in folgender Weise:

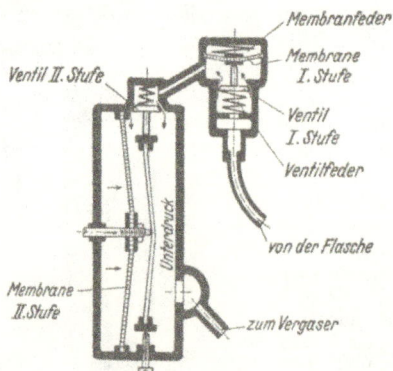

Bild 111. Phase 3 im Druckregler. Der Motor wird gestartet.

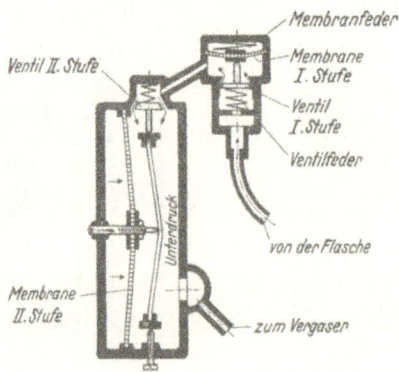

Bild 112. Phase 4 im Druckregler. Die Drehzahl wird gesteigert, aber Motor wird belastet.

Phase 1 (Bild 109). Der Motor steht, die Gasflaschen sind geschlossen und es befinden sich keine Gasreste mehr in den Leitungen.

a) Die Membrane der I. Stufe ist nach unten durchgebogen. Das Ventil der ersten Stufe ist geöffnet.

b) Die Membrane der II. Stufe steht links. Das Ventil der II. Stufe ist geschlossen.

212

Phase 2 (Bild 110). Der Motor steht. Die Gasflasche wird geöffnet.

a) Mit steigender Zuströmung von Gas erfolgt im Raum zwischen Membrane und Ventil der I. Stufe ein Druckanstieg, und die Membrane wird nach oben durchgebogen. Wenn der Gasdruck auf die Membrane die gleiche Höhe erreicht hat wie der Gegendruck der gespannten Membranfeder, hat die Membrane ihre Endlage erreicht. Das Ventil der I. Stufe folgt unter der Einwirkung der Ventilfeder, der Membranbewegung und schließt das Vorstufenventil. Der weitere Zustrom von Flüssiggas ist damit unterbunden.

b) Die Membrane der II. Stufe steht immer noch links. Das Ventil der zweiten Stufe bleibt geschlossen.

Phase 3 (Bild 111). Der Motor wird gestartet.

a) Die Membrane der II. Stufe wird schwach nach rechts durchgebogen.
Das Ventil der II. Stufe wird dadurch entlastet, hebt sich vom Sitz ab und Gas strömt aus.

b) Durch die Abgabe von Gas in der II. Stufe erfolgt ein Druckabfall in der Kammer der I. Stufe. Die Membrane wird nach unten gedrückt.
Das Ventil der I. Stufe folgt der Membranbewegung, öffnet leicht und läßt soviel Gas nachströmen als entnommen wird.

Phase 4 (Bild 112). Die Drehzahl wird gesteigert, der Motor wird belastet.

a) Die Membrane der II. Stufe wird mit zunehmender Drehzahl mehr und mehr nach rechts durchgebogen. Das Ventil der II. Stufe hebt sich weiter vom Sitz ab, der Regler gibt dadurch verstärkt Gas ab.

b) Unter dem Einfluß der verstärkten Gasentnahme bewegt sich die Membrane in der I. Stufe weiter nach unten. Die Gaszufuhr aus der Flasche erfährt eine Steigerung.

Zur Phase 4 ist noch zu bemerken, daß mit steigendem Unterdruck in der II. Stufe, eine stetig zunehmende Gasabgabe erfolgt. Sie erfährt ihre Begrenzung bei völlig geöffnetem Ventil in der II. Stufe. — Sämtliche Durchflußquerschnitte, wie auch die Druckvorgänge beeinflussenden Federn, sind so abgestimmt, daß der Gasdruck in der Vorstufe unter ein bestimmtes Maß, das sind 0,8 bis 1,1 kg/cm², bei Höchstentnahme nicht absinkt.

Das Niederdruckventil (Ventil II. Stufe) ist zugleich ein automatisches Abschlußventil, d. h. sobald der Motor steht und folglich kein Unterdruck auf die Membrane der II. Stufe mehr einwirkt, schließt dieses Ventil die Gaszufuhr ab.

Welche Motoren eignen sich für den Umbau auf Gasbetrieb?

Bei Umstellung vom flüssigen auf gasförmigen Betriebsstoff muß je nach der zur Verwendung gelangenden Gasart unter Umständen

213

mit einem Leistungsabfall gerechnet werden. Dieser Kraftverlust hängt nicht nur von der geringeren Energiedichte des verwendeten Gas-Luftgemisches ab, sondern auch von der Höhe der möglichen Verdichtung.

Um einen Kraftstoff wirtschaftlich ausnützen zu können, ist es nötig, die Verdichtung so hoch zu treiben, als es die Natur des betreffenden Kraftstoffes und die Bauart des Motors noch zuläßt.

Die Erfahrung hat gelehrt, daß für Betrieb mit wasserstoffhaltigen Gasen (Leuchtgas, Generatorgas) ein Verdichtungsverhältnis von 1:8 und bei Betrieb mit wasserstofffreien Gasen ein solches von 1:12 die günstigsten Ergebnisse zeitigt. Höhere Verdichtungsdrücke führen zu unerwünschten Selbstzündungen des Kraftstoffes und gefährden die Sicherheit des Betriebes.

Grundsätzlich kann jeder Vergaser- und vor allem jeder Dieselmotor auf Gasbetrieb umgestellt werden, doch eignen sich mit Rücksicht auf die Erzielung einer höchstmöglichen Verdichtung vorwiegend solche Vergasermotoren, deren Bauart ein höheres Verdichtungsverhältnis ohne technisches Risiko zuläßt. Falsch wäre es, alte, verlotterte Benzinmotoren durch Umbau auf Gasbetrieb wirtschaftlicher

Bild 113. Solex-Mischer für Gasgeneratoren.

gestalten zu wollen.

Der Umbau eines Vergasermotors auf Gasbetrieb gestaltet sich verhältnismäßig einfach, da es nur nötig ist, die Verdichtung zu erhöhen und statt des Vergasers oder auch vor dem Vergaser ein Mischventil anzubringen. Mitunter ergibt sich auch die Notwendigkeit — mit Rücksicht auf die höhere Verdichtung —, die elektrische Zündeinrichtung zu verstärken.

Bei Dieselmotoren, soferne diese nicht schon von vornherein für einen Umbau auf Gasbetrieb eingerichtet sind, gestaltet sich ein Umbau schon wesentlich schwieriger. Hier muß die Verdichtung verringert und der Zylinderkopf zur Aufnahme einer Zündkerze eingerichtet werden. Selbstverständlich muß auch der Brennraum dem Betrieb mit Gas angepaßt sein. Weiterhin ist außer einem Gasmischventil auch eine kräftige elektrische Zündeinrichtung vorzusehen.

Für den Umbau auf Gasbetrieb eignen sich, wegen der günstigeren Ansaugwirkung, vorwiegend Viertaktmotoren. Ein Umbau von Zweitaktmotoren ist in einzelnen Fällen wohl möglich, doch stehen die hierfür aufzuwendenden Kosten meist nicht im Einklang mit dem zu erwartenden Nutzen.

Aus Angeführtem geht hervor, daß bei Umbau jeder einzelne Fall geprüft werden muß. Oft erweist es sich als viel vorteilhafter, von einem Umbau abzusehen und einen eigens für Gasbetrieb eingerichteten und bemessenen Motor zu verwenden.

214

Die Motorleistung nach dem Umbau. Die Vorgänge beim Betrieb von Verbrennungsmotoren mit Gas sind. dank der langen Entwicklungszeit der Gasmaschine, der Berechnung im weiten Maß zugänglich. Es ist daher auch möglich, die bei einem etwaigen Umbau von flüssigen auf gasförmigen Kraftstoff zu erwartende Höchstleistung zu errechnen.

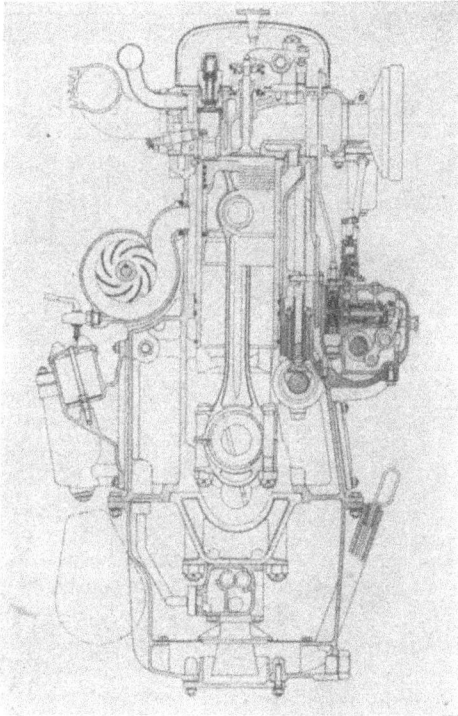

Bild 114. Querschnitt eines Deutz-Fahrzeug-Dieselmotors.

Der Einfachheit halber wird im nachstehenden von dem genauen Rechnungsvorgang abgewichen und eine für Überschlagsrechnungen vereinfachte Formel angeführt. Für solche Rechnungen empfiehlt es sich aber, von den beiden in Zahlentafel S. 41 angeführten Heizwerten den niederen zu wählen, z. B. Stadtgas $H_u = 3680...4200$; gewählt wird $H_u = 3680$ kcal/m³.

Die bei Gasbetrieb zu erwartende Höchstleistung ist überschlägig:

$$N_e = \frac{C \cdot V_h \cdot H_u}{10000 \cdot (L_w + 1)} \ (\text{PS}) \ \ldots \ldots \ (1)$$

Hierin ist:

$C =$ Wert nach Zahlentafel,
$V_h =$ Hubvolumen in m³/min,
$H_u =$ Unterer Heizwert des Gases (s. S. 41),
$L_w =$ Wirklicher Luftbedarf (s. S. 36).

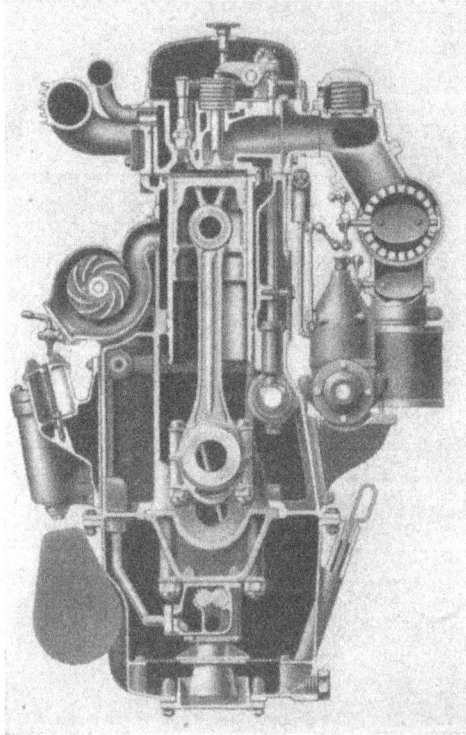

Bild 115. Motor wie in Bild 114 als Gasmotor.

Bedeuten:

$D =$ Zylinderdurchmesser in cm,
$s =$ Hub in cm,
$n =$ Umdr./min,
$z =$ Zylinderanzahl, so ist das Hubvolumen in m³/min

$$V_h = \frac{D^2 \cdot \pi \cdot s \cdot n \cdot z}{4 \cdot 2 \cdot 10^6} \ (\text{m}^3/\text{min}) \ . \ . \ . \ . \ . \ . \ . \ (2)$$

Werte für C.

Motorbauart	Verdichtungsverhältnis			
	$1:4,5$ $C=$	$1:6$ $C=$	$1:8$ $C=$	$1:12$ $C=$
Schnellaufende Otto- und Dieselmotoren	153	169	193	213
Langsamlaufende Otto- und Dieselmotoren	176	195	206	228

Zahlenbeispiele:

1. Die Daten eines Benzinmotors, welcher auf Betrieb mit Gas umgebaut werden soll, sind:

Zylinderdurchm. $D = 115$ mm   Zylinderzahl $z = 4$
Hub $s = 155$ mm   Verdichtungsverh. $= 1:4,5$
Drehzahl $n = 1000$ Umdr./min
Höchstleistg. N_e $= 40$ PS
bei Betrieb mit Benzin.

Es soll untersucht werden:

a) Welche überschlägige gerechnete Höchstleistung bei Betrieb mit Holzgas und unveränderter Verdichtung zu erwarten ist.

b) Wie hoch ist die zu erwartende Höchstleistung bei Verdichtung $1:8$?

c) Welche Höchstleistung ist bei Betrieb mit städtischem Leuchtgas und Verdichtungsverhältnis $1:8$ erreichbar?

Zu a) Aus Formel (2) ist das Hubvolumen

$$V_h = \frac{11,5^2 \cdot 3,14 \cdot 15,5 \cdot 1000 \cdot 4}{4 \cdot 2 \cdot 1\,000\,000} = 3,21 \text{ m}^3/\text{min}.$$

Für Holzgas angenommen $H_u = 1030$ kcal/m³; Wirkl. Luftbed. $L_w = 1,4$ m³.

Bei Verdichtungsverhältnis $1:4,5$ und langsamlaufenden Motor ist $C = 176$; daher Leistung nach Formel (1)

$$N_e = \frac{176 \cdot 3,21 \cdot 1030}{10000 \cdot (1,4 + 1)} \approx 24 \text{ PS}.$$

Zu b) Für Verdichtungsverhältnis $1:8$ ist aus Zahlentafel $C = 206$; damit wird

$$N_e = \frac{206 \cdot 3,21 \cdot 1030}{10000 \cdot 2,4} \approx 28,5 \text{ PS}.$$

Zu c) Städtisches Leuchtgas $H_u = 3800$ kcal/m³; wirkl. Luftbed. $L_w = 4,8$ m³.

Für $\varepsilon = 1:8$ ist aus Zahlentafel $C = 195$, somit die Motorleistung

$$N_e = \frac{195 \cdot 3,21 \cdot 3800}{10000 \cdot 5,8} \approx 41 \text{ PS}.$$

2. Fahrzeugdiesel

$$D = 105 \text{ mm} \qquad\qquad z = 6 \text{ Zylinder}$$
$$s = 140 \text{ mm} \qquad\qquad \text{Höchstleistung } 90 \text{ PS}$$
$$n = 1800 \text{ Umdr./min}$$

soll auf Betrieb mit Methangas umgestellt werden.
Methan-Heizwert $H_u = 7800$ kcal/m³; wirkl. Luftbed. $L_w = 11{,}4$ m³; Verdichtungsverhältnis gewählt 1:12, hierfür $C = 213$.

$$V_h = \frac{10{,}5^2 \cdot 14 \cdot 1800}{4 \cdot 2 \cdot 1\,000\,000} = 6{,}53 \text{ m}^3/\text{min}.$$

Zu erwartende Höchstleistung:

$$N_e = \frac{213 \cdot 6{,}53 \cdot 7800}{10\,000 \cdot 12{,}4} \approx 87{,}5 \text{ PS}.$$

Die angeführten Beispiele zeigen, daß ein Leistungsabfall nur dann eintritt, wenn das verwendete Gas einen geringeren Heizwert als der vorher benützte Kraftstoff aufweist, daß aber durch Erhöhung der Verdichtung ein Teil der Leistungsverminderung ausgeglichen werden kann.

Bei Benützung von Flüssiggasen kann beispielsweise beim Benzinmotor, schon bei normaler Verdichtung, die alte Leistung wieder erreicht werden. Werden Flüssiggase im Dieselmotor verwendet, so ist sogar eine erhebliche Steigerung der Leistung zu gewärtigen.

Gasverbrauch. Der Verbrauch an Treibgas ist von verschiedenen Faktoren, wie Heizwert des verwendeten Gases, Verhältnis der eingestellten Gasmenge zur Frischluft (Einstellung des Mischventils), Verdichtung im Motor, Einstellung der Zündung, Wirkungsgrad des Motors u. a. abhängig. Aus diesen Gründen kann im Nachstehenden nur angeführt werden, wie der zu erwartende Mindestverbrauch überschlägig errechnet werden kann.

Bezeichnen:

$V =$ Gasverbrauch in m³/Gas,
$W =$ Wärmeverbrauch pro PS und Stunde in kcal,
$H_u =$ Unterer Heizwert des Gases in kcal/m³,

so ergibt sich der Gasverbrauch in Kubikmeter aus Formel:

$$V = \frac{W}{H_u} \; (\text{m}^3 \text{ Gas}) \quad \ldots \ldots \ldots \quad (1)$$

Hierin ist:

$$\text{bei } \varepsilon = 1{:}4{,}5 \ldots \ldots \quad W \approx 2400 \text{ kcal-PSh}$$
$$\text{,, } \varepsilon = 1{:}5{,}5 \ldots \ldots \quad W \approx 2250 \quad \text{,,}$$
$$\text{,, } \varepsilon = 1{:}8 \ldots \ldots \quad W \approx 2180 \quad \text{,,}$$
$$\text{,, } \varepsilon = 1{:}12 \ldots \ldots \quad W \approx 2000 \quad \text{,,}$$

Beispiel· Ein auf Stadtgasbetrieb umgestellter Benzinmotor hat ein Verdichtungsverhältnis von $\varepsilon = 1{:}5{,}5$. Der untere Heizwert des verwendeten Gases ist $H_u = 3650$ kcal/m³.

Welcher Gasverbrauch in m³ ist zu erwarten?

Bei $\varepsilon = 1{:}5{,}5$ werden für die PSh $W = 2250$ kcal benötigt.

Der Gasverbrauch ist daher:

$$V = \frac{2250}{3650} \approx 0{,}62 \text{ m}^3 \text{ Gas pro PSh.}$$

Wünscht man den Gasverbrauch in kg zu errechnen, dann gilt ebenfalls Formel (1), nur muß der Heizwert des Gases in kcal/kg eingesetzt werden.

Beispiel: Ein Motor hat ein Verdichtungsverhältnis 1:12 und wird mit Flüssiggas betrieben.
Wieviel kg Flüssiggas werden pro PSh verbraucht?
Flüssiggase haben einen durchschnittlichen Heizwert von 11 000 kcal/kg.
Für Verdichtungsverhältnis 1:12 ist $W \approx 2000$ kcal; somit

$$V = \frac{2000}{11\,000} \approx 0{,}172 \text{ kg Gas.}$$

Vergleiche. Da die Angabe des Gasverbrauches pro PSh für den Kraftfahrer weniger wichtig ist, weil bekanntlich der Kraftwagenmotor sehr vielen und verschiedenen Belastungsschwankungen unterworfen ist, erweist es sich oft als vorteilhafter, den Gasverbrauch in ein Verhältnis zu den gewohnten flüssigen Kraftstoffen, wie etwa Benzin-Benzolgemisch oder Gasöl zu bringen. Dies erleichtert die Beurteilung, welche Mengen Gas für einen bestimmten Zweck erforderlich sind.

Wird für die nachfolgende ebenfalls überschlägige Rechnung ein durchschnittlicher Verbrauch pro PSh an Benzin-Benzolgemisch von 270 g und an Gasöl von 215 g angenommen, so entsprechen der Arbeitsleistung von:

$$1 \text{ kg Benzin-Benzol} \frac{8140}{H_u} \text{ m}^3 \text{ Gas} \quad \ldots \ldots \quad (2)$$

$$1 \text{ kg Gasöl} \ldots \frac{10\,200}{H_u} \text{ m}^3 \text{ Gas} \quad \ldots \ldots \quad (3)$$

Hierin bedeuten H_u unterer Heizwert des verwendeten Gases in kcal/m³ oder kcal/kg, wenn der Verhältniswert in kg Gas ausgedrückt werden soll.

Beispiele:

1. Welche Menge Stadtgas in m³ ist erforderlich, um 1 kg Benzin-Benzolgemisch im Vergasermotor oder 1 kg Gasöl im Dieselmotor zu ersetzen?

$$1 \text{ kg Benzin-Benzol} \frac{8140}{3650} \approx 2{,}3 \text{ m}^3 \text{ Stadtgas}$$

$$1 \text{ kg Gasöl} \ldots \ldots \frac{10\,200}{3650} \approx 2{,}8 \text{ m}^3 \text{ Stadtgas.}$$

2. a) Wieviel kg Flüssiggas ersetzen 1 kg Benzin-Benzolgemisch?
   b) Wieviel kg Benzin-Benzol entsprechen 1 kg Flüssiggas?
   Heizwert des Flüssiggases etwa 11 000 kcal/kg.

Zu a)

$$1 \text{ kg Benzin-Benzol} = \frac{8140}{11\,000} \approx 0{,}74 \text{ kg Flüssiggas}$$

$$1 \text{ kg Flüssiggas} \quad = \frac{1}{0{,}74} \quad \approx 1{,}35 \text{ kg Benzin-Benzol}$$

(entspricht etwa 1,6 l).

Inhalt und Abmessungen von Gas-Speicherflaschen.

Abmessungen		Leuna-Flasche	Deurag-Flasche
Länge	m	1,34	1,24
Durchmesser	mm	317	268
Eigengewicht	kg	41	32
Füllgewicht	kg	33	22

Für Stadtgas werden Flaschen mit 53, 58 und 110 l Inhalt bevorzugt, aber auch andere Größen verwendet.

Flaschendruck und Inhalt. Hat eine Gasflasche beispielsweise 110 l Inhalt und zeigt das Manometer einen Flaschendruck von 200 at, so enthält die Flasche etwa

$$200 \cdot 0{,}11 = 22 \text{ m}^3 \text{ Gas.}$$

Wird angenommen, daß es sich um Stadtgas mit einem Heizwert von 3650 kcal handelt, so würde dieser Inhalt der Menge nach, in Benzin-Benzolgemisch ausgedrückt, ungefähr

$$\frac{22}{2{,}3} \approx 9{,}5 \text{ kg oder in l} \frac{9{,}5}{0{,}84} \approx 11{,}4 \text{ l betragen.}$$

Gasgewicht. 1 m³ Gas wiegt bei 760 mm QS und 15° C kg:

Luft. . . $\approx 1{,}22$	Motorenmethan. $\approx 0{,}9$	Ruhrgasöl . $\approx 2{,}0$
Stadtgas . $\approx 0{,}6$	Koksofengas . . $\approx 0{,}5$	Propan-Butan-
Holzgas . $\approx 0{,}55$		Gemisch . $\approx 1{,}85$

Generatorgas.

Für den Antrieb von Nutzfahrzeugen finden außer Flaschengas auch Generatorgase eine ausgebreitete Verwendung. Mit Generatorgas bezeichnet man solche Gase, die in einem Generator (Gaserzeuger, Vergaser) aus festen Brennstoffen, wie z. B. aus Holz, Kohle oder Torf erzeugt werden. Der Generator befindet sich fast immer in unmittelbarer Nähe der Verbrauchsstelle (Motor).

An sich ist die Vergasung fester Brennstoffe seit langer Zeit in der Praxis angewendet. Daß diese Art der Energieerzeugung jetzt auch für den Betrieb von Nutzfahrzeugen an Interesse gewinnt, ist hauptsächlich darauf zurückzuführen, daß in ölarmen Ländern das Bestreben vorliegt, die Energiewirtschaft so weit wie möglich von ausländischen Bezugsquellen unabhängig zu machen.

Betrieb mit Holzgas. Bei Verwendung von Holzgas als Kraftstoff ist zu unterscheiden zwischen Holz- und Holzkohlengas, wobei einerseits der Gaserzeuger direkt mit Holz, andererseits mit Holzkohle beschickt wird. Für den Antrieb von Nutzfahrzeugen finden beide Gasarten Verwendung.

Holzkohlengas. Die Holzkohlenvergasung hat gegenüber der reinen Holzvergasung folgende bemerkenswerte Vorteile: Holzkohlengas ist teer- und säurefrei. Es genügen einfache Reinigungsanlagen. Die zum Vergasen notwendigen chemischen Umsetzungen vollziehen sich bei Holzkohle schneller, daher ist die Holzkohlenvergasung unempfindlicher gegen Belastungsschwankungen. Im Gegensatz zur Holzvergasung kann der Gaserzeuger kleiner bemessen werden. Nachteilig sind die größeren Betriebskosten zufolge des höheren Holzkohlenpreises.

Der untere Heizwert des Holzkohlengases beträgt 1200 bis 1300 kcal/m³.

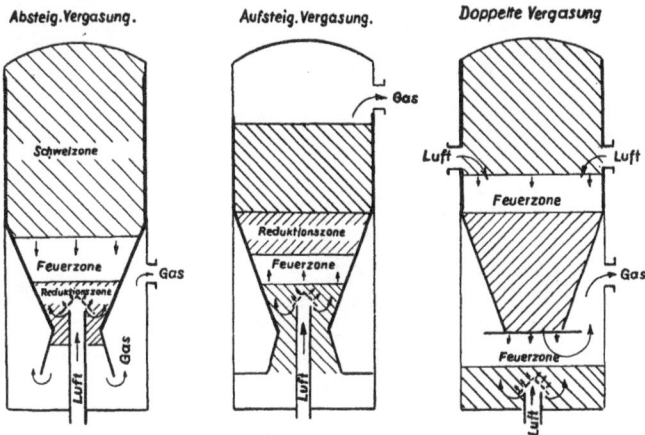

Bild 116. Vergasungsprinzipien.

Die reine Holzvergasung ist trotz der Vorteile des Holzkohlengases zweckmäßiger, weil die Holzkohlenerzeugung einen selbständigen Produktionszweig darstellt und ebensogut in den Holzvergaser verlegt werden kann.

Bei der Holzvergasung wird das Holz vorerst in Holzkohle umgewandelt und die Holzkohlenerzeugung findet im Vergaser selbst statt. Durch den Feuchtigkeitsgehalt des Holzes kann der bei Holzkohlengas erforderliche Dampfzusatz, welcher eine Komplikation des Gaserzeugers darstellt, entfallen.

Der untere Heizwert des Holzgases liegt zwischen 1030 und 1250 kcal/m³.

Vergasungsprozeß. Bezüglich der Art der Vergasung sind hauptsächlich zwei Verfahren in Anwendung, und zwar die Vergasung nach dem Prinzip der absteigenden und aufsteigenden Vergasung

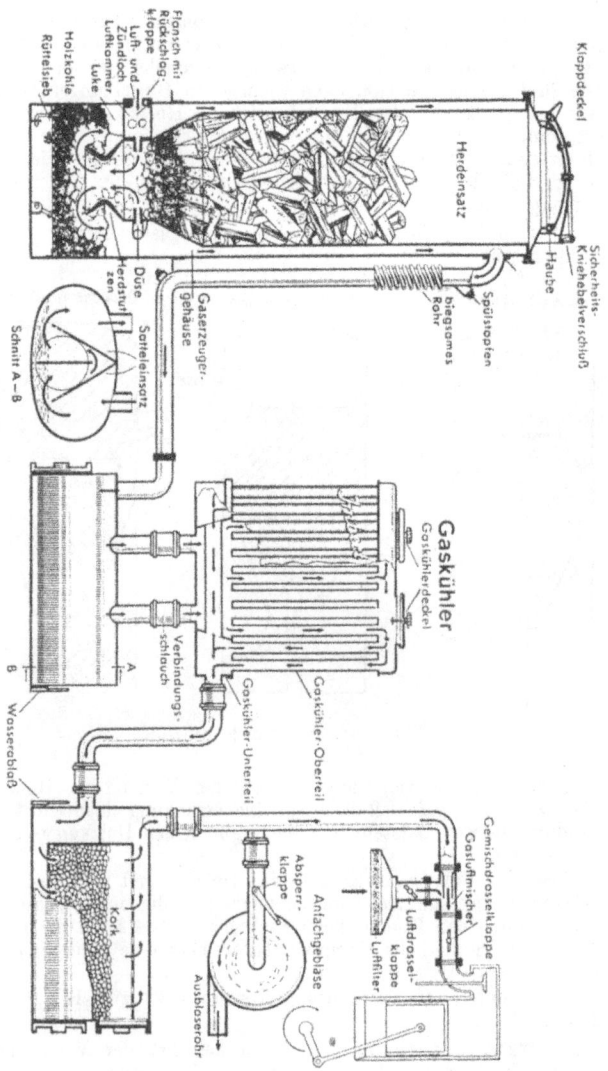

Bild 117. Holzgeneratorenanlage der Firma Imbert-Generatoren G. m. b. H. Köln.

222

(Verbrennung). In manchen Fällen wird auch nach dem Prinzip der doppelten Vergasung (doppelten Verbrennung) (Bild 116) gearbeitet.

Beim Holzvergaser benützt man vorwiegend die absteigende Vergasung. Diese bietet den Vorteil, daß die bei der Vergasung entstehenden teerischen Dünste fast vollständig in nutzbares Gas umgewandelt werden. Außerdem wird auch die Brennstoffeuchtigkeit zur Wassergasbildung herangezogen.

Im Holzvergaser verläuft der Vergasungsvorgang etwa in folgender Weise: Das Holz bildet in der Schwelzone teerige Dämpfe (Schwelqualm), welche nach unten durchgesaugt werden. Auf ihrem Weg kommen die Dämpfe mit der nicht verbrannten Holzkohle und der angesaugten Luft in Berührung und bilden ein brennbares Gas, nebst Teer und Holzessig. Beim weiteren Durchgang durch die Verbrennungsglut werden Teer und Essig zersetzt oder verbrannt. Dann gelangt

Bild 118. Deutz-Fahrzeug-Holzgasanlage.

das Gas über Wasserabscheider in den Reiniger und Kühler, in welchen die Ascheteilchen ausgeschieden werden. Das Gas wird im Kühler mögichst tief herabgekühlt. Vom Kühler weg ist das Gas verwendungsfähig und gelangt zur Verbrauchsstelle (Motor).

Gaserzeuger für Holzgas. Die Bauart eines Holzvergasers zeigt Bild 117, welches das Schema des Imbert-Holzgaserzeugers mit Reinigungsanlage darstellt. Dieser Vergaser arbeitet nach dem Prinzip der absteigenden Verbrennung.

Zum Anblasen dient ein mittels Elektromotor angetriebenes Anfachgebläse, welches nach Anlassen des Motors wieder außer Tätigkeit gesetzt wird. Die Regelung des Brennstoffverbrauches erfolgt im Gaserzeuger selbsttätig, denn es vergast nur so viel Brennstoff, wie der Motor Gas benötigt.

Bild 118 zeigt die Anordnung der Fahrzeugholzgasanlage Bauart Humboldt-Deutz. Das Gas tritt hier nach Verlassen des Gaserzeugers (1) zunächst in zwei Fliehkraftstaubabscheider (2 und 3), in welchen durch Wirbelbildung die schweren Staub- und Ascheteilchen nach außen getrieben werden, wo sie an den Wänden abgleiten. Der Staub sammelt sich in dem unteren Teil des Reinigers und kann bequem von Zeit zu Zeit entleert werden. Von den Fliehkraftreinigern tritt das Gas in einen Rippenkühler (4), der in der Regel vor dem Motorkühler des Fahrzeuges bzw. mit diesem in einem gemeinsamen Gehäuse zusammengebaut wird und somit im Luftstrom des Motorpropellers liegt. Der Gaskühler besteht aus einzelnen ovalen Rippen, die einen guten Wärmeübergang verbürgen und gleichzeitig so große Querschnitte haben, daß die Reinigung durch Ausspülen mit Wasser ohne Schwierigkeiten durchgeführt werden kann. Vom Kühler gelangt das Gas über einen Mischer in die Ansaugleitung des Motors.

Das in dem Gaskühler ausgeschiedene Kondenswasser sammelt sich in einem unter ihm liegenden Wasserkasten (5), der ebenso wie die Staubabscheider einfach zu reinigen ist. Die weitere Anordnung der Einzelteile ist aus dem Bild ersichtlich.

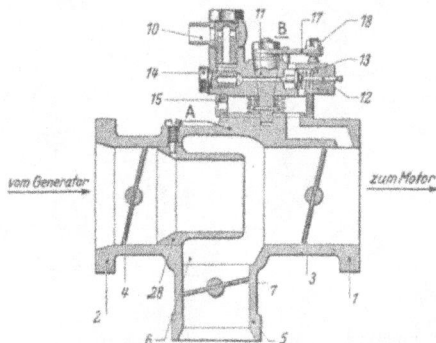

Bild 119. Solex-Mischer.

Mischer. Bild 119 zeigt ein Querschnittsbild des Solex-Mischers, welcher das Starten des Motors entweder vermittels des Gebläses oder auch mit flüssigen Kraftstoff ermöglicht. Der Mischer besteht aus dem Mischkörper (A) für Gasbetrieb und der Sondereinrichtung (B) für flüssigen Kraftstoff (Benzin). Die Sondereinrichtung gestattet auch kurze Fahrstrecken mit flüssigem Kraftstoff zurückzulegen.

Im Mischraum befinden sich zwei Drosselklappen, wovon die motorseitlich befindliche Gemischdrossel (3) das fertige Gas-Luft-Gemisch quantitativ regelt, während die mit 4 bezeichnete Klappe (Gasdrossel) zum Regeln des Unterdruckes beim Anfachen des Generators benötigt wird. Die Abstimmung der dem Gase zugeführten Menge an Verbrennungsluft erfolgt durch die Luftklappe 7 (Luftdrossel), während die Gasmenge für Vollast durch den Gastrichter (28) begrenzt wird.

Erfolgt der Start des Motors mittels flüssigem Kraftstoff, so kommt die Sondereinrichtung (B) in Benützung. Der Zufluß des

Kraftstoffes erfolgt mit leichtem Gefälle durch das Ringlötstück (*10*) zur Kraftstoffdüse (*14*). Zur Aufbereitung des Kraftstoffes wird gleichzeitig Luft zugesetzt, deren mengenmäßige Begrenzung zwei Startluftdüsen (*15*) besorgen. Hinter der Kraftstoffdüse (*14*) passiert der Kraftstoff die als Hahnküken ausgebildete Starterwelle (*11*) und nachher das federbelastete Selbstschlußventil (*12*). Wie aus dem Bild ersichtlich, wird beim Schließen des Starters (*17*) gleichzeitig die Kraftstoffzufuhr durch das Hahnküken abgesperrt. Das Ventil (*12*) verhindert das Auslaufen von Kraftstoff, sobald der Motor zum Stillstand kommt und der Starter versehentlich nicht geschlossen wurde. Dieses Ventil ist so ausgeglichen, daß es schon auf geringe im Saugrohr herrschende Unterdrücke anspricht.

Tankholz, Brennstoffverbrauch. Als Tankholz eignet sich für den Fahrzeugbetrieb am besten Hartholz, und zwar Buchenholz. Das Holz muß gut lufttrocken sein und soll dessen Feuchtigkeitsgehalt nicht mehr als 20% betragen. Weichholz ist für den Fahrbetrieb

Bild 120. Deutz-Fahrzeug-Gasanlage für Anthrazit und Schwelkoks.

weniger gut geeignet, weil zu wenig Holzkohle entsteht. Die Mischung halb Hart- und halb Weichholz ist wohl zulässig, doch ist das erhaltene Gas gegenüber dem aus Hartholz minderwertiger. Die Wahl der Stückgrößen und deren gleichmäßige Einhaltung ist für die Gleichmäßigkeit des Betriebes von Wichtigkeit. Meist verwendet man eine Länge von etwa 8 bis 10 cm bei einer Kantenlänge von 5 bis 6 cm.

Als Brennstoffverbrauch kann angenommen werden, daß 2 bis 2,5 kg Holz 1 l Benzin ersetzen. Die Brennstoffkosten sind an Benzin gemessen $^1/_5$ bis $^1/_{10}$.

Gaserzeuger für trockene Brennstoffe. Die Gaserzeugung aus trockenen Brennstoffen, wie Anthrazit und Koks, erfolgt nach dem Prinzip der aufsteigenden Vergasung, weil im allgemeinen eine Vortrocknung des Brennmaterials nicht notwendig ist und eine Teerbildung bei den in Frage stehenden Brennstoffen nicht erfolgt. Da bei trockenen Brennstoffen die z. B. bei Holz vorhandene Brennstofffeuchtigkeit fehlt, arbeiten diese Vergaser auch mit Dampfzusatz, um so den Wasserstoffgehalt des Gases zu beeinflussen.

Bild 120 zeigt im Schema die Anordnung einer Humboldt-Deutz-Anthrazit-Gasanlage. Im großen und ganzen sind hier dieselben Hauptteile wie sie bei Holzgas bereits erörtert worden. Man sieht den Vergaser (1), die beiden Fliehkraftreiniger zur Staubabscheidung (2 und 3), den Gaskühler (4) mit dem darunter liegenden Wasserabscheider (5) sowie die Gaszuführung mit dem Gasluftmischventil (6) am Motor. Die Lufteinführung erfolgt hier durch Gebläse (7), das die Luft in den Vergaser drückt. Außer diesen Teilen ist weiterhin zu ersehen die Wasserpumpe (8), die unmittelbar vom Motor angetrieben wird. In die Wasserleitung zum Gaserzeuger ist ein Überströmventil (9) eingebaut, das mit dem Gasregulierhebel durch ein Gestänge in Verbindung steht. Je nach der erforderlichen Leistung wird also auch die Wassermenge reguliert.

Um den Wasserstoffgehalt des Gases entsprechend zu beeinflussen, ist der Gaserzeuger im unteren Drittel mit einer Dampfkammer umschlossen, in die die Wasserpumpe eine geregelte Wassermenge einspritzt.

Wirtschaftlichkeit des Anthrazit-Betriebes. Einer umfassenden Einführung des Holzgasbetriebes steht die außerordentlich hohe Wirtschaftlichkeit des Dieselfahrzeuges entgegen, denn der Dieselbetrieb ist dort, wo Holz gekauft werden muß, oft noch günstiger als Holzgasbetrieb. Gegenüber den üblichen flüssigen Treibstoffen ist es bei Holzbetrieb auch nachteilig, daß ein verhältnismäßig großes Gewicht und Volumen des Brennstoffes mitgeführt werden muß.

Wesentlich anders gestalten sich die Verhältnisse bei der Vergasung trockener Brennstoffe, wie z. B. Anthrazit. Auf gleichen Wärmeinhalt bezogen ist z. B. das Volumen des mitgeführten Holzes bei Holzgaserzeugung 9 mal so groß wie das von Dieselöl. Bei Anthrazit aber nur etwa 3 mal größer.

Bezüglich der Brennstoffkosten sei noch bemerkt, daß der Fahrzeugbetrieb mit Anthrazitgas derzeit überhaupt die niedersten Brennstoffkosten verursacht. Unter Zugrundelegung eines Gasölpreises von 18 Pf. je kg und einem Anthrazitpreis von 2,5 Pf. je kg (Vorkriegspreis), ergibt sich beispielsweise folgender Vergleich

100 km Fahrstrecke ca. 33 l Gasöl . . . . . . 6,30 M.
100 „   „   ca. 80 kg Anthrazit . . . 2,— „
somit Ersparnis 4,— M. oder 68%.

Brennstoff und Brennstoffverbrauch bei Betrieb mit Generatorgas. Bei Fahrzeuggasanlagen ist der Brennstoffverbrauch etwa wie folgt:

Holz	0,9 ...1	kg/PSh
Holzkohle	0,45..0,55	„
Torfkoks	0,50...0,55	„
Braunkohlen-Schwelkoks	0,60...0,70	„
Steinkohlen-Schwelkoks	0,45...0,55	„
Anthrazit	0,43...0,50	„

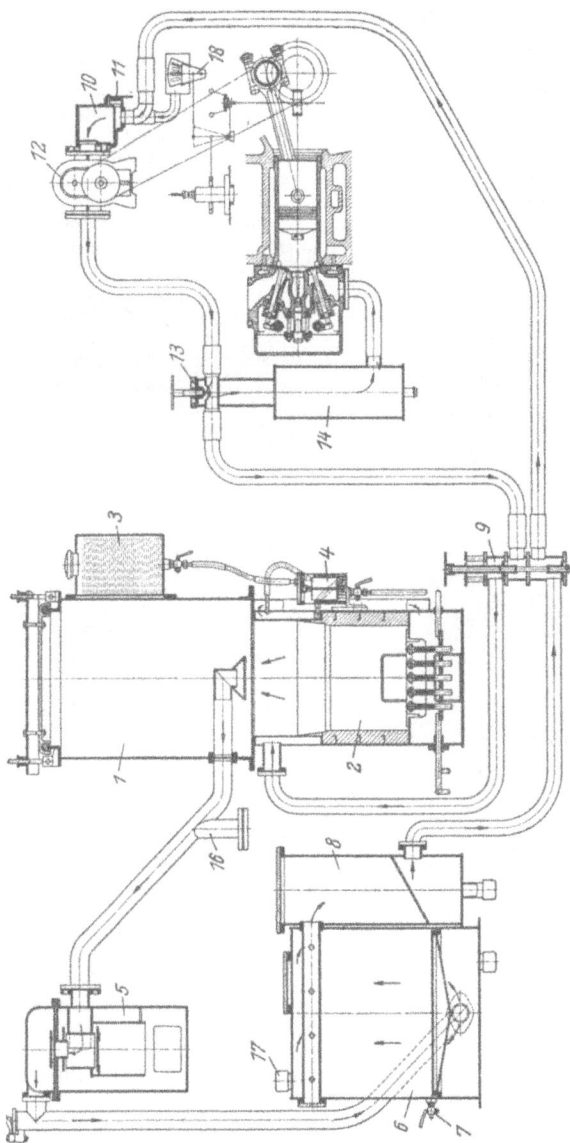

Bild 121. Schematische Darstellung einer Demag-Anthrazit- Gaserzeugeranlage.

1 Generatoroberteil   4 Schwimmer   8 Entwässerungsraum   12 Gebläse   16 Blindflansch
2 Generatorunterteil   5 Entstauber   9 Gasklappe   13 Luftschieber   17 Einfüllstutzen
3 Wasserkasten   6 Naßreiniger   10 Teerabscheider   14 Gasmischtopf   18 Luftregelung v. Regler
       7 Kontrollhahn   11 Luftregler von Hand   15 Verschlußkappe

2. Ortsfeste Holzgasanlagen.

Die Erzeugung von Kraft aus Holz auf dem Umwege über Kessel-
feuerung und Dampf ergibt eine, Energieausbeute von nur 10 bis
15%, je nach Größe der Anlage. Wird aber das Holz vergast und die
Kraft im Verbrennungsmotor erzeugt, dann steigt der Gesamtwirkungs
grad der Anlage auf 25—26%. Werden noch Abgas- und Kühlwasser-
wärme ausgenützt, so kann mit einem Wirkungsgrad von bis über
50% gerechnet werden.

Da bei der Holzvergasung technische Schwierigkeiten kaum mehr
bestehen, bietet der Holzgasbetrieb besonders dort Vorteile, wo Holz
oder Holzabfälle reichlich
vorhanden sind und deren
Verkauf sich .nicht lohnt.

Für die Vergasung im
Gaserzeuger eignet sich in
erster Linie Stückholz, und
zwar in solchen Längen, daß
es im Vergaser noch leicht
nachrutscht. Als Beimen-
gungen können aber auch
alle Holzabfälle, wie Säge-,
Hobel- und Frässpäne oder
auch Rinde und Buschholz
verwendet werden. In be-
sonderen Vergasern können
sogar alle pflanzlichen Ab-
fallstoffe, wie Reishülsen,
Baumwollabfälle, Kokos-
und Kaffeeschalen, Oliven-
reste und ähnliches vergast
und zur Energieerzeugung
verwertet werden.

Den Aufbau eines Klein-
vergasers, System Deutz,
zeigt im Schema Bild 122.

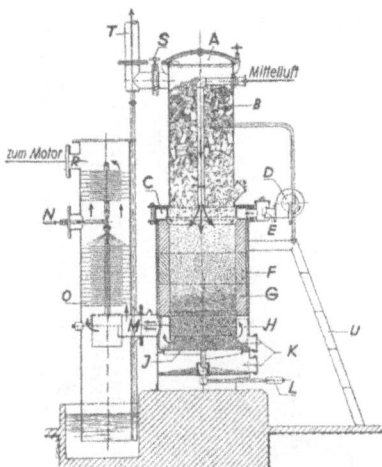

Bild 122. Kleinvergaser, System Deutz.

Der Vergaser besteht aus dem glatten zylindrischen Schacht (B),
welcher durch einen Fülldeckel (A) verschlossen ist. Der untere
Teil des Schachtes (F) ist zur Schonung des Mantels und zur Wärme-
haltung ausgemauert (G). Etwa in der Mitte des Schachtes ist eine
Ringdüse (C) angeordnet, durch die die Frischluft zugeführt wird.

Während des Betriebes saugt der Motor die benötigte Gasmenge
aus dem Vergaser an und gleichzeitig strömt durch die Düse (C) Frischluft nach. Um den Vergaser schnell in Glut zu bringen und eine gleichmäßige Feuerverteilung zu erreichen, wird bei der Inbetriebsetzung
zunächst durch den Anblaseventilator die notwendige Luft eingeblasen.
Unten ist der Vergaser durch den feuerfesten Gasabzugring (H) und
den Rüttelrost (J) abgeschlossen. Das Gas gelangt durch das Rohr
(M) in den Reiniger, dessen Ausführung sich nach den verschiedenen
Bauarten und Größen der Vergaser richtet. Einfache Reiniger werden

trocken mit Luft gekühlt. Das Bild zeigt einen mit Wasserbrause (*N*)
ausgerüsteten Naßreiniger, in dem zunächst die noch im Gas enthaltenen
Staubteilchen niedergeschlagen werden, während dann die weitere
Reinigung auf trockenem Wege erfolgt. Der Reiniger (*O*) ist so ausgebildet, daß er leicht zugänglich ist. Bei Wassermangel kann durch

Bild 123. Kraftanlage mit Holzgas-Generator.

entsprechende Gestaltung der Apparate auch die Staubreinigung auf
trockenem Wege erfolgen. Das Gas gelangt dann durch einen Gas-
absperrhahn und die Leitung (*R*) zur Verbrauchsstelle. Ist z. B. der
Motor nicht angeschlossen, so kann durch Öffnen des Kaminhahns (*S*)
Gas in den Kamin (*T*) abgeleitet werden.

Die Regelung des Brennstoffverbrauches erfolgt im Gaserzeuger
vollkommen selbsttätig, denn es vergast nur soviel Brennstoff, wie der
Motor Gas verbraucht. Wie aus dem Bild auch ersichtlich, fällt die
Asche unmittelbar in eine mit Wasser gefüllte Grube.

Bedienung und Wartung ortsfester Anlagen. Die War-
tung eines Gasmotors unterscheidet sich nicht wesentlich von der eines
Diesel- oder Benzinmotors. Bei der Holzgasanlage kommt jedoch
noch die Wartung des Vergasers hinzu. Obwohl die Ansprüche eines
guten Vergasers im Verhältnis zu den damit erreichten Vorteilen sehr
gering sind, so muß doch bemerkt werden, daß, wenn auf störungslosen
Betrieb Wert gelegt wird, besonders bei größeren Anlagen dem Vergaser einige Stunden im Tag gewidmet werden müssen.

Das zur Vergasung gelangende Holz soll möglichst gleichmäßig trocken sein und höchstens 20% Feuchtigkeit enthalten. Es muß so zubereitet sein, daß es im Vergaser leicht nachrutscht. Wird Abfallholz vergast, so kann bei größeren Gasanlagen die Mischung aus je ⅓ Stückholz, ⅓ Sägespäne und ⅓ Hobelspäne bestehen. Das Nachfüllen des Vergasers erfolgt je nach der Belastung der Anlage in Zeiträumen von ½ bis 3 Stunden. Bei größeren Betriebspausen, nachts und an Feiertagen, braucht nicht nachgefüllt zu werden, denn der Gaserzeuger glimmt mit geringem Abbrand weiter und wird kurz vor Betriebsbeginn neu in Glut geblasen und aufgefüllt. Das Anblasen erfolgt durch einen entweder von Hand oder elektrisch betriebenen Ventilator. Ist der Vergaser im Betrieb, so wird der Rost von Zeit zu Zeit, am besten gelegentlich der Beschickung, durch einige Handgriffe betätigt.

Brennstoffverbrauch bei ortsfesten Anlagen. Um bei Planung einer Holzvergasungsanlage feststellen zu können, wieviel Energie aus einer verfügbaren Holzmenge erzeugt werden kann, ist als Grundlage anzunehmen, daß bei Anlagen über 100 PS, etwa 1 kg Holz eine Pferdekraftstunde ergibt. Zunächst muß also festgestellt werden, welche Holzmengen täglich anfallen. Ist die verfügbare Holzmenge beispielsweise 880 kg je Tag, und rechnet man für den Abbrand 10%, so ist die für die Krafterzeugung vorhandene Holzmenge 880 abzüglich 10% = 800 kg. Dieser Menge Holz entsprechen rd. 800 Pferdekraftstunden. Wird 8 Stunden hindurch gearbeitet, so ergibt dies eine Maschinenleistung von 800:8 = 100 PS.

Bei Unterbelastung steigt der Brennstoffverbrauch, und zwar: bei ¾-Last um etwa 20%, bei Halblast um etwa 50% und bei ¼-Last um etwa 100%.

Bei Planung kleiner Holsgasanlagen nehme man einen durchschnittlichen Brennstoffverbrauch von 1,1 kg Holz für die Pferdekraftstunde an.

3. Dieselgasverfahren.

Für die Umstellung der bereits auf dem Markt befindlichen Dieselmotoren auf Gasbetrieb, mußte ein einfacheres Verfahren gefunden werden, welches keine so großen Veränderungen am Motor erfordert wie beispielsweise beim Wechselmotor.

Bekanntlich läßt sich der als Wechselmotor gebaute Dieselmotor mit Hilfe einiger schon bei der Konstruktion berücksichtigter Teile, je nach Bedarf dauernd oder vorübergehend auf einen Ottomotor umbauen. Da der Ottomotor mit einer niedrigeren Verdichtung als der Dieselmotor arbeitet, ist beim Umbau, außer der Maßnahme zur Verringerung der Verdichtung, auch die Anbringung einer elektrischen Zündanlage zur Einleitung der Zündung erforderlich. Bezüglich der zu erreichenden Leistung ist zu berücksichtigen, daß der so gebaute Ottomotor eine um 25% niedrigere Leistung abgibt, als sie früher der Dieselmotor hatte.

Unter der Bezeichnung „Dieselgasverfahren" wurde ein Verfahren ausgearbeitet, welches unter kleinstem Umbauaufwand gestattet,

Arm und Reichgase im nur wenig veränderten Dieselmotor zu verbrennen. Eine Einrichtung der bereits vorhandenen Verdichtung sowie die Anbringung einer besonderen Zündeinrichtung ist nicht mehr erforderlich. Zur Einleitung der Zündung wird eine kleine Menge flüssiger Kraftstoff eingespritzt, welche von der bereits vorhandenen Kraftstoffpumpe gefördert wird. Die nach der Umstellung abgegebene Leistung steht derjenigen des Dieselmotors nicht nach.

Arbeitsweise. Im Gegensatz zum Dieselmotor, welcher nur reine Verbrennungsluft ansaugt, wird beim Dieselgasmotor das Gas der Einsaugluft zugesetzt und das Gas-Luftgemisch hoch verdichtet. Da aber das auch hochverdichtete Gemisch nicht zündet, wird zur Einleitung der Verbrennung ein zündwilligerer Kraftstoff und zwar Dieselöl eingespritzt. Zum Unterschied der beim Ottomotor gebräuchlichen Kerzenzündung, bewirkt der fein zerstäubte flüssige Kraftstoff, eine heftigere und gleichmässigere Entflammung des Gas-Luftgemisches und demnach eine bessere Verbrenuung.

Der Dieselgasmotor wird wie auch der Dieselmotor elektrisch oder mit Druckluft angelassen. Zunächst wird der Motor normal mit flüssigem Kraftstoff betrieben bis die Maschine warm gelaufen ist und das Gas bei Eintritt in den Zylinder alle Voraussetzungen für ein gutes Durchzünden vorfindet.

Je nach Größe und Bauart der Motoren wird das Gas entweder direkt vom Motor aus dem Gaserzeuger gesaugt oder mittels eines Gebläses diesem zugeführt. Besonders bei kleinen Motoren erweist es sich mit Rücksicht auf den Saugwiderstand als vorteilhaft, das Saugen des Gases und das Mischen mit der Verbrennungsluft, einem Gebläse zu übertragen. In beiden Fällen muß das Gas vor Eintritt in den Motor, durch einen unmittelbar vor den Motor angeordneten Ausgleichstopf und einem Mischorgan (Mischdüse, Gas-Luft-Mischventil) geleitet werden. (Bild 121).

Nach Art der Verwendung des eingespritzten flüssigen Kraftstoffes nur für Zwecke der Zündung oder für Zünd- und Kraftzwecke, spricht man vom Zündstrahlverfahren oder vom Zweistoffverfahren.

Beim Zündstrahlverfahren wird nach Anlassen des Motors und Umstellung auf Gasbetrieb nach allmählichem Öffnen des Gashahnes die Füllung des flüssigen Kraftstoffes zurückgestellt und die Kraftstoffpumpe blockiert. Die so begrenzte Füllung ist in der Regel

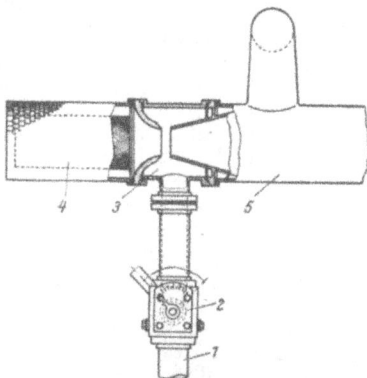

Bild 124. Schnitt durch eine Deutz-Gas-Luft-Mischdüse.
1 Gasleitung; 2 Gasregulierschieber; 3 Mischdüse; 4 Luftfilter; 5 Gemischleitung.

231

erheblich niedriger als die Leerlauftreibsstoffmenge. Mit diesem gleichbleibenden Gasölzusatz wird die Maschine in allen Lastbereichen betrieben. Die Regelung der jeweils nötigen Gasmenge übernimmt ein Regulierschieber, welcher mit dem Motorregler kraftschlüssig verbunden ist, während die Kraftstoffpumpe durch ein elastisches Zwischenglied mit dem Regler in Verbindung steht. Der Regler verändert entsprechend der momentanen Belastung den Gasdurchtrittsquerschnitt des Regulierorganes (Gas-Regulierschieber), ohne daß dabei die Kraftstoffpumpe beeinflußt wird. Durch Aufhebung der Füllungsbegrenzung kann die Kraftstoffpumpenregelung für normalen Dieselbtrieb wieder eingeschaltet werden.

Das Zweistoffverfahren beruht auf der Voraussetzung, daß flüssiger Kraftstoff nicht nur zur Einleitung der Zündung, sondern auch zur Miterzeugung von Maschinenkraft herangezogen wird. Hier darf die einzuspritzende Kraftstoffmenge nicht wie beim Zündstrahlverfahren auf ein bestimmtes Maß begrenzt werden, sondern muß der Beeinflussung durch den Motorregler überlassen bleiben. Besonders kleine Motoren, wie z. B. für Baumaschinen und sonstige Motoren, welche starken Belastungsschwankungen unterworfen sind, würden bei begrenzter Kraftstoffpumpe in ihrer Leistungsabgabe zu sehr davon abhängen, ob der Generator gutes oder schlechtes Gas liefert.

Welches Verfahren jeweilig für einen bestimmten Motor unter gegebenen Verhältnissen in Frage kommt, beurteilt am vorteilhaftesten die Fabrik, von welcher der auszustattende Motor stammt. Dort liegen auch die für solche Umstellungen notwendigen Erfahrungen vor.

Umstellungsmöglichkeit. Für die Umstellung auf das Dieselgasverfahren eignen sich vorwiegend solche Viertaktmotoren, deren Brennraum keine Stellen aufweisen, welche zum Glühen neigen. Es ist auch von Einfluß, nach welchem Einspritzverfahren der umzustellende Motor arbeitet. Die geringsten Veränderungen erfordern Motoren mit direkter, zentraler Einspritzung.

Wenn am Aufstellungsort Leuchtgas zur Verfügung steht, ist eine Umstellung auf Leuchtgas das Nächstliegende, da hier der Umbauaufwand in engen Grenzen gehalten werden kann. Für die Verwertung dieses Gases wird außer der Ergänzung des Dieselmotors mit Anschluß an Gas, eine Gas- und Luftleitung, ein Gasregler und ein Ausgleichsbehälter benötigt. Bei größeren Mehrzylindermaschinen werden vorteilhaft Gas und Luft getrennt zu den einzelnen Zylindern geführt und erst im umgestalteten Einsaugventil (Bild 125) kurz vor Eintritt in den Verbrennungsraum gemischt.

Auf Bohrfeldern wo Erdgas zur Verfügung steht, empfiehlt es sich, dieses Gas für den Bohrbetrieb zu verwerten. Auch eine solche Anlage gleicht im wesentlichen derjenigen für Leuchtgas, nur muß mit Rücksicht auf die starken Druckschwankungen des Erdgases ein zweistufiger Gasdruckregler mit geräumigem Ausgleichsbehälter vorgesehen werden.

Beim Fehlen einer örtlichen Gaserzeugungsanlage ist man auf die Erzeugung des notwendigen Gases durch einen Gasgenerator angewiesen. Zur Erzeugung von Generatorgas eignen sich besonders

Anthrazit, Schwelkoks, Zechenkoks und Holz. Die Bauart und Arbeitsweise der verschiedenen Gaserzeuger wurde bereits früher beschrieben. Eine Anlage für Dieselgasmotoren besteht in dem Hauptteil aus Gaserzeuger mit Anfachgebläse, Gaskühler, Gasregulierschieber, Gas-Luftmischer und dem unmittelbar am Motor angeordneten Ausgleichsbehälter. Je nach Bauart und Größe des Motors wird der Gas-Luftmischer als Gas-Luft-Mischdüse (Bild 124) oder als Gas-Luft-Mischventil (Bild 125) ausgebildet.

Gasöleinsparung. Die Menge der mit dem Dieselgasverfahren erreichten Einsparung an flüssigen Brennstoff, hängt in hohem Maße von der angewendeten Sorgfalt des bedienenden Motorwärters ab. Um eine beträchtliche Einsparung erzielen zu können, ist es wichtig, daß die Einspritzorgane des Dieselmotors stets im guten Zustand gehalten werden und die Pflege des Gaserzeugers genau nach Betriebsanleitung erfolgt.

Im allgemeinen kann gesagt werden, daß mit Sicherheit 70 bis 80% Gasöl eingespart werden können. Versuche an größeren Motoren haben Einsparungen bis zu 90% der früheren Vollastmenge ergeben.

Schrifttum:

1. MAN Dieselmotornachrichten Nr. 18. Mai 1941.

2. Albert Hofmann ATZ, Jahrg. 44, Heft 8. April 1941.

3. Erich Baentsch ATZ, Jahrg. 44, Heft 8. April 1941.

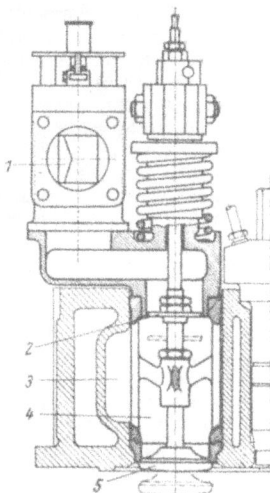

Bild 125. Schnitt durch ein Deutz-Gas-Luft-Mischventil
1 Gaszutritt und Regulierschieber; 2 Gasventil; 3 Lufteintritt; 4 Mischraum; 5 Gemischventil.

XI. Elektrotechnische Grundbegriffe.

1. Aus Elektrotechnik.

Begriffserklärungen.

Stromstärke, Spannung. Diese beiden Begriffe sind mit den Vorgängen in einer Wasserdruckleitung zu vergleichen. Die Menge des durchfließenden Wassers wäre beispielsweise die Stromstärke, und die Flüssigkeitspressung die Spannung.

Induktion. Wird ein in sich geschlossener Leiter durch ein Kraftlinienfeld so bewegt, daß er die Kraftlinien schneidet, so wird in dem Leiter eine Spannung erzeugt bzw. induziert. Die Größe der

Spannung ist abhängig von der Länge des Leiters und der Anzahl der sekundlich geschnittenen magnetischen Kraftlinien.

Werden beispielsweise in der Sekunde 100000000 Kraftlinien geschnitten, so ist die erzeugte elektromotorische Kraft ein Volt.

Generator (Dynamo, Stromerzeuger) ist jede umlaufende Maschine, die mechanische in elektrische Leistung verwandelt.

Anker (Läufer) ist der rotierende Teil des Generators bzw. Motors.

Wechselstrom. Unter Wechselstrom versteht man jene Stromart, deren Größe und Richtung ständig wechselt. Sein Wesen wird durch eine Welle (Periode), Bild 130, dargestellt.

Gleichstrom ändert weder Größe noch Richtung und wird praktisch nur von Elementen oder Akkumulatoren abgegeben.

Der in Gleichstrommaschinen erzeugte Gleichstrom ist eigentlich ein Wechselstrom, welcher erst durch Abnahme der positiven bzw. negativen Höchstwerte durch den Kollektor als Gleichstrom bezeichnet werden kann.

Kollektor (Komutator, Stromwender). Der Kollektor besteht aus einer Anzahl gegenseitig isolierter Lamellen aus Kupfer, an welche die im Anker (Läufer) befindlichen Spulen angeschlossen sind.

Periode, Frequenz. Wechselströme unterscheiden sich untereinander insbesondere durch die Häufigkeit der Wechsel in der Sekunde (Wechselzahl). Zwei Wechsel bilden eine Periode. Die Anzahl der Perioden in der Sekunde heißt Frequenz (Hertz).

Drehstrom besteht aus drei Wechselströmen, deren Pulsationen um je ein Drittel einer Periode gegeneinander verschoben sind.

Linienspannung ist die bei Drehstrom zwischen zwei Hauptleitungen herrschende Spannung. Sie wird auch verkettete Spannung genannt. Die Linienspannung ist gleich der Phasenspannung × 1,73.

Phasenspannung ist die bei Drehstrom zwischen Nulleiter und einem der Hauptleiter herrschende Spannung.

Scheinleistung. Bei Drehstrom stellt das Produkt 1,73 × Spannung × Stromstärke; bei einphasigem Wechselstrom das Produkt Spannung × Stromstärke die Scheinleistung in Voltampere dar.

Effektive Leistung. Die effektive Leistung in Watt ist bei Drehstrom 1,73 × Spannung × Stromstärke × Leistungsfaktor, bei einphasigem Wechselstrom Spannung × Stromstärke × Leistungsfaktor.

Leistungsfaktor. Das Verhältnis zwischen scheinbarer Leistung in Voltampere (VA) (bei Drehstrom 1,73 × Volt × Ampere) und der wirklichen Leistung in Watt stellt den Leistungsfaktor dar. Sein mathematischer Ausdruck ist $\cos \varphi \left(\cos \varphi = \dfrac{\text{Watt}}{\text{Voltampere}} \right)$. Für Überschlagsrechnungen kann $\cos \varphi$ bei Lichtbetrieb mit 1 bis 0,9 bei Motorenbetrieb mit 0,8 angenommen werden.

Wirkungsgrad ist das Verhältnis der abgegebenen Leistung zur aufgenommenen Leistung. Generatoren haben je nach Größe einen Wirkungsgrad von 0,85 bis 0,92, Elektromotoren 0,74 bis 0,91.

Motor. Im Motor wird elektrische Leistung in mechanische Leistung verwandelt.

234

Nebenschlußregler ist ein regelbarer Widerstand, in welchem ein Teil der für die Erregung bestimmten elektrischen Energie vernichtet wird.

Anlasser sind Widerstände, welche z. B. bei Elektromotoren das allmähliche Einschalten des elektrischen Stromes ermöglichen, um etwa durch das plötzliche Einschalten entstehende Stromstöße zu vermeiden.

Umformer sind Maschinen, mit deren Hilfe eine Stromart in eine andere verwandelt werden kann.

Transformatoren (Umspanner) verwandeln Wechselstrom von niederer Spannung in solchen von hoher oder umgekehrt.

Bezeichnungen, Einheiten.

Bezeichnung	Einheit	Zeichen	Formel-zeichen	Sonderbezeichnungen
Elektromot. Kraft	Volt	V	E	Kilovolt (kV) = 1000 Volt
Spannung	Volt	V	U	1 Millivolt = $\frac{1}{1000}$ Volt
Stromstärke	Ampere	A	J	1 Milliamp. = $\frac{1}{1000}$ Amp.
Widerstand	Ohm	Ω	R	1 Megohm (MΩ) = 1000000 Ω
Leistung	Watt	W	N	1 Kilowatt (kW) = 1000 Watt
	Voltampere	VA	N_s	1 Kilovoltamp. (kVA) = 1000 VA
Leistungsfaktor	unbenannte Zahl	—	$\cos \varphi$	$\cos \varphi = \dfrac{\text{Watt}}{\text{Voltampere}}$
Arbeit	Wattsek.	Wsek.	A	1 Kilowattstunde (kWh) = 3600000 Wsek
Frequenz	Hertz	Hz	f	f = 2 Polwechsel 1 Kilohertz (kHz) = 1000 Hertz

Beziehungen.

1 Watt = 1 Volt $\times$ 1 Ampere (bei Gleichstrom),
1 Kilowatt (kW) = 1000 Watt,
1 Wattstunde = Arbeit von 1 Watt während einer Sekunde,
1 Kilowattstunde (kWh) = Arbeit von 1 kW während einer Stunde,
1 PS = 75 mkg/s = 736 Watt,
1 kWh = 1,36 PSh = 1,34 HPh.

Gleichstromgeneratoren.

Bei Gleichstromgeneratoren wird der elektrische Strom in den Wicklungsdrähten des rotierenden Teiles (Anker) erzeugt. Ein Teil der Energie wird benützt, um den feststehenden Magnet zu erregen. (Unter Erregung versteht man die Erzeugung des notwendigen magnetischen Feldes.)

Nach der Art, wie die Magnetwicklung mit dem Anker verbunden ist, unterscheidet man Hauptschluß-, Nebenschluß- und Doppelschlußgeneratoren.

Beim Hauptschlußgenerator sind Anker, Magnetwicklung und äußerer Stromkreis hintereinander geschaltet. Es fließt daher auch der gesamte Ankerstrom durch die Magnetwicklung. Mit Rücksicht auf die große Stromstärke, welche durch die Magnetwicklung fließt, besteht diese aus wenig Windungen aber dickem Draht.

Hauptschlußgeneratoren werden nur selten, und zwar zum Betrieb einer größeren Anzahl hintereinander geschalteter Bogenlampen oder zu Kraftübertragung mit zwei Maschinen auf große Entfernungen angewandt.

Bei Nebenschlußgeneratoren liegt die Magnetwicklung parallel, d. h. im Nebenschluß zum Anker. Infolgedessen fließt nur ein Teil des Ankerstromes durch die Magnetwicklung. Dieser Erregerstrom geht für den äußeren Stromkreis verloren. Da die Stromstärke bei diesem Teilstrom klein ist, besteht bei Nebenschlußgeneratoren die Magnetwicklung aus vielen Windungen dünnen Drahtes.

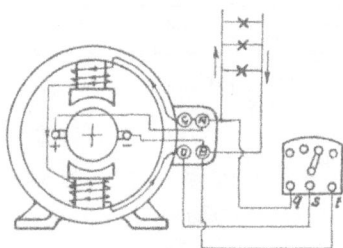

Bild 126. Schaltschema eines Nebenschlußgenerators.

Nebenschlußgeneratoren finden die meiste Anwendung und dienen für elektrotechnische Zwecke, Kraftverteilung in großen Kraftwerken usw.

Die Regelung dieser Maschinen erfolgt durch einen regelbaren Widerstand, der mit der Magnetwirkung hintereinander geschaltet wird. Durch Verschieben der Widerstandskurbel in der einen oder anderen Richtung wird der Magnetwicklungswiderstand zu- oder abgeschaltet. Durch Zuschalten von Widerstand wird die Stromstärke in der Magnetwicklung kleiner und dadurch das magnetische Feld schwächer.

Beim Abschalten des Regelwiderstandes wird der Widerstand im Magnetstromkreis kleiner, die Magnetstärke steigt und damit auch die Spannung des Generators.

Der verwendete Regelwiderstand wird Nebenschlußregler genannt. Er besitzt drei Anschlußklemmen, die mit den Buchstaben q, s, t (Bild 126) bezeichnet werden. Die Klemmen s und t sind Widerstandsklemmen; Klemme s wird mit dem einen Ende der Magnetwicklung und Klemme t mit dem Generatorpol verbunden. Klemme q ist mit dem Anfang der Magnetwicklung zu verbinden, und es kann mit deren Hilfe die Magnetwicklung beim Abschalten kurzgeschlossen werden. Man nennt sie infolgedessen auch Kurzschlußklemme. Das Kurzschließen der Magnetwicklung ist notwendig, um zu verhindern, daß beim Abschalten des Generators durch das Verschwinden des magnetischen Feldes in den Windungen der Magnetwicklung eine hohe Spannung induziert wird. Durch diese hohe Spannung, die wesentlich höher als die Generatorspannung ansteigen kann, würde die Isolation der Magnetwicklung gefährdet; außerdem entstünde am Unterbrecherkontakt des Nebenschlußreglers ein Unterbrechungsfunke, der den Kontakt bald verschmoren würde.

Doppelschlußgeneratoren besitzen zwei Magnetwicklungen. Die eine Wicklung besteht aus vielen Windungen dünnen Drahtes und ist als Nebenschlußwicklung zum Anker parallel geschaltet. Die zweite Wicklung besteht aus wenigen Windungen dicken Drahtes. Sie ist als Hauptschlußwicklung mit dem Anker hintereinander geschaltet. Durch die Anwendung dieser Hauptschlußwicklung wird erreicht, daß auch bei starken Belastungsschwankungen die Generatorspannung konstant, d. h. unverändert bleibt.

Doppelschlußgeneratoren finden daher Verwendung zur Erzielung einer konstanten Klemmenspannung und dienen meist zum Antrieb von Elektromotoren bei elektrischen Bahnen.

Kraftbedarf und Leistung der Gleichstromgeneratoren.

Bedeuten:

N_e = Antriebsleistung in PS,
U = Spannung in Volt,
J = Stromstärke in Ampere,
η = Wirkungsgrad des Generators,

so ist die Antriebsleistung bzw. der Kraftbedarf:

$$N_e = \frac{U \cdot J}{736 \cdot \eta} \ (PS).$$

Die von Gleichstromgeneratoren erzeugte elektrische Energie ist:

$$U \cdot J = 736 \cdot \eta \cdot N_e.$$

Der Wirkungsgrad von Gleichstromgeneratoren kann wie folgt angenommen werden: Bis 10 kW ≈ 0,85; bis 50 kW ≈ 0,89; bis 100 kW ≈ 0,91: über 100 kW 0,92 bis 0,94.

Beispiel: Am Schaltbrett eines Gleichstromgenerators wurden abgelesen: $U = 220$ V, $J = 25$ A.

Der Wirkungsgrad des Generators ist mit 0,85 angegeben.

Es sind zu bestimmen:

a) Die erzeugte elektrische Leistung in Watt,
b) die von der Antriebsmaschine abgegebene Leistung in PS.

a) $220 \cdot 25 = 5500$ Watt oder 5,5 kW.

b) $N_e = \dfrac{220 \cdot 25}{736 \cdot 0,85} \approx 8,8$ PS.

Wechselstrom, Drehstrom.

Wechselstrom ist dadurch gekennzeichnet, daß im Generator und in der äußeren Leitung der Strom periodisch in positiver und negativer Richtung fließt; hierbei wächst bei jedem Impuls die Stromstärke von Null auf ein Maximum und fällt dann wieder auf Null herab. Jeden solchen Impuls nennt man eine Periode, bestehend aus zwei Stromwechseln. Die Zahl der Perioden in der Sekunde heißt Frequenz (Hertz). Gewöhnlich werden die Wechselstromgeneratoren für 30 und 50 Perioden gebaut. Erstere benützt man für Kraftübertragung, letztere vorwiegend für Beleuchtung.

Ordnet man in einem Generator drei getrennte Wechselstromwicklungen (Phasen) derart an, daß die Ströme in ihnen um 120⁰ verschoben sind, und verbindet die drei Wicklungen entsprechend, so erhält man Drehstrom.

Die Speisung der Feldmagnete eines Drehstromgenerators erfolgt mittels Gleichstrom, welcher entweder von einer mit dem Generator gekuppelten Erregerdynamo entnommen, oder aus einer besonderen Gleichstromquelle stammt.

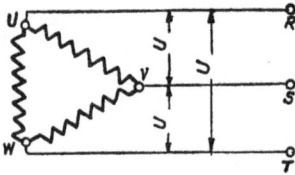

Bild 127. Dreieckschaltung.

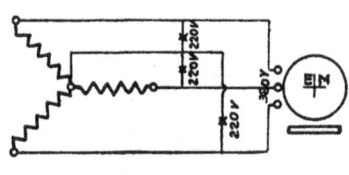

Bild 128. Sternschaltung mit Licht 220 V und Kraft 380 V.

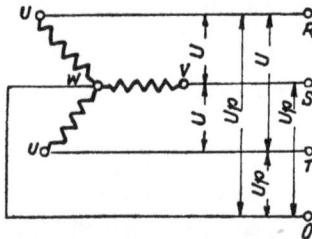

Bild 129. Sternschaltung.

Der Ständer von Drehstromgeneratoren enthält drei Gruppen von Spulen, deren sechs Enden so zusammengefaßt sind, daß sie nur zu drei Klemmen führen. Die Schaltung der drei Wicklungen erfolgt entweder im Dreieck (△) oder im Stern (λ). In der Regel wird die Sternschaltung angewendet.

Bild 127 veranschaulicht eine Dreieckschaltung, während Bild 128 eine Sternschaltung mit angeschlossenem Motor und Lichtbetrieb unter Verwendung verschiedener Spannungen zeigt. Diese Schaltung benützt für Licht die Phasenspannung z. B. 220 Volt und für Motorenbetrieb die verkettete Spannung von 380 Volt.

Während bei Sternschaltung zweierlei Spannungen (Phasenspannung und verkettete Spannung) benützt werden können, kommt bei der Dreieckschaltung nur die Linienspannung vor. Hier ist aber der Leiterstrom 1,73 mal größer als der Phasenstrom der Maschine.

Bei Stern- sowie Dreieckschaltung (Bild 128 und 127) bestehen folgende Beziehungen.

238

Bedeuten:

U_p = Phasenspannung,
U = verkettete Spannung,
J_p = Phasenstrom,
J = verketteter Strom

so ist bei

Sternschaltung

Spannung $uo, vo, wo = U_p = \dfrac{U}{1{,}73}$

Spannung $u_v, u_w, v_w = U = U_p \cdot 1.73$

Strom $J_p \qquad\quad = J.$

Dreieckschaltung

Spannung $u_v, u_w, v_w = U = U_p,$

Strom $J_p \qquad\quad = J.$

Drehstrom wird für große Zentralanlagen bevorzugt, weil er sich auf große Entfernungen übertragen läßt, ohne daß dabei starke Leitungsdrähte verwendet werden müssen oder große Spannungsverluste auftreten. Je nach der Entfernung wird die Betriebsspannung entsprechend hoch gewählt (für Freileitungen 30—100000 Volt, in geschlossenen Gebieten, wie Städten 30—10000 Volt). Übliche Spannungen an den Verbrauchsstellen sind 380/220 Volt. Das ist so zu verstehen, daß 380 Volt die verkettete Spannung (für Kraft) und 220 Volt die Phasenspannung darstellt.

Drehzahl bei Wechselstromgeneratoren. Die Drehzahl bei Wechselstromgeneratoren ist von der Anzahl der Polpaare und der Periodenzahl des zu erzeugenden Wechselstromes abhängig und errechnet sich aus Formel:

$$n = \frac{60 \cdot f}{p}.$$

Es bedeuten:

n = Umdrehungszahl pro Minute,
f = Periodenzahl,
p = halbe Polzahl.

Beispiel:

Periodenzahl = 50; Anzahl der Polpaare 6,

Drehzahl des Generators $n = \dfrac{60 \cdot 50}{6} = 500$ Umdr./min.

Phasenverschiebung, Leistungsfaktor. Solange es sich bei Wechselstrom um eine induktionsfreie Belastung handelt (induktionsfreie Belastung ist nur bei Ohmschem Widerstand, z. B. Glühlampen, möglich), sind die Werte des Stromes J und die Werte der Spannung U gleich, d. h. sie sind zeitlich gebunden. Ist z. B. die Spannung U gleich Null, so ist der Stromwert J ebenso gleich Null. Man sagt Strom und Spannung sind in Phase.

Durch induktive Belastung, z. B. nach Anschaltung von Motoren, Transformatoren u. a. wird die zeitliche Bindung von Strom und

Spannung gelöst, weil sich dem Strom ein induktiver Widerstand entgegensetzt. Dieser Widerstand ist eine Folgeerscheinung der elektromotorischen Kraft der Selbstinduktion. Die Selbstinduktion wieder kommt dadurch zustande, daß durch fortwährende Stromänderung ein magnetisches Feld entsteht und dessen Kraftlinien das Eisen schneiden.

Durch den induktiven Widerstand erreicht der Strom nicht gleichzeitig mit der Spannung seinen höchsten Wert, sondern er eilt der Spannung nach, und zwar um den Phasenverschiebungswinkel φ (Bild 130).

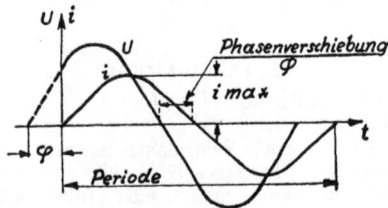

Bild 130.

Je größer der induktive Widerstand ist, desto größer ist der Phasenverschiebungswinkel, und je kleiner der induktive Widerstand, desto kleiner der Phasenverschiebungswinkel. Diese Phasenverschiebung bewirkt, daß nicht der volle in die Leitung fließende und vom Strommesser gemessene Strom nutzbare Arbeit leistet, sondern nur noch derjenige Teil, welchen man sich in gleicher Phase mit der Spannung fließend denkt. Der vom Strommesser (Amperemeter) abgelesene Strom ist demnach nur ein S c h e i n s t r o m J. Man kann sich diesen in zwei Teilströme zerlegt denken, und zwar in einen, der mit der Spannung in Phase liegt, dem Wirkstrom J_w, und einen zweiten, der zur Spannung verschoben ist, den Blindstrom J_b (Bild 131).

Rechnerisch läßt sich die Größe dieser Ströme aus dem Phasenverschiebungswinkel feststellen und ist:

Wirkstrom = Scheinstrom $\times$ cos φ; $J_w = J \cdot$ cos φ.
Blindstrom = Scheinstrom $\times$ sin φ; $J_b = J \cdot$ sin φ.

W i r k l e i s t u n g, B l i n d l e i s t u n g. Das Produkt aus Wirkstrom und Spannung ist die Wirkleistung $N_w = J_w \cdot U$ oder $N_w = U \cdot J$ cos φ. Es ist dies die Leistung, welche die Leistungsmesser (Wattmeter) anzeigen.

Das Produkt aus Blindstrom und Spannung ist die Blindleistung $N_b = J_b \cdot$ sin φ oder $N_b = U \cdot J \cdot$ sin φ. Die Blindleistung ist, wie schon die Bezeichnung sagt, keine wirkliche Leistung und wird auch nicht vom Leistungsmesser angezeigt.

E i n f l u ß d e s L e i s t u n g s f a k t o r s. Arbeitet beispielsweise ein vollbelasteter Wechselstromgenerator mit 220 V und 100 A in ein Netz, aus welchem nur Glühlampen gespeist werden, so handelt es sich, abgesehen von der Leitungsinduktivität, welche in diesem Falle vernachlässigt wird, um Ohmschen Widerstand. Es liegen hier Strom und Spannung in Phase, so daß der Leistungsfaktor mit cos φ = 1 in Rechnung gestellt werden kann. Die vom Generator abgegebene Leistung ist $N = U \cdot J \cdot \cos \varphi = 220 \cdot 100 \cdot 1 = 22$ kW. Ändert sich aber der Belastungswiderstand, und zwar so, daß nur mehr wenige Lampen an dieses Netz angeschlossen sind, dafür aber schwach belastete und auch leerlaufende Motoren mit Strom versorgt werden, so wird nun der aus dem Erzeuger entnommene Strom der Spannung stark nacheilen und auch der Phasenverschiebungswinkel groß werden. Die Größe des Leistungsfaktors cos φ würde nicht mehr wie vorher den Wert 1 haben, sondern beträchtlich unter diesem Wert liegen.

Unter der Annahme, daß jetzt cos φ = 0,5 betrage, erhielten wir unter gleichen Verhältnissen wie früher (Volt = 220, Ampere = 100) als kW-Leistung nicht mehr 22 kW, sondern $220 \cdot 100 \cdot 0{,}5 = 11$ kW, trotzdem der Generator auch vollbelastet ist.

Aus vorstehendem geht hervor, daß zur einwandfreien Größenbestimmung eines Wechselstromgenerators die genaue Kenntnis des Leistungsfaktors cos φ notwendig ist. Aus diesem Grunde wird die Generatorleistung bei Whecselstrom bzw. Drehstrom auf dem Leistungsschild nur in kVA (Scheinleistung s. S. 234) angeführt.

Bild 131.

Es ist die Generatorleistung in Kilo-Voltampere

$$kVA = \frac{N_e \cdot 0{,}736}{\cos \varphi};$$

hierin ist N_e die Leistung der Antriebsmaschine und cos φ der Leistungsfaktor. Die für Überschlagsrechnungen anzunehmenden Werte für cos φ sind auf S. 234 angeführt.

· Bestimmung des Leistungsfaktors. Der Leistungsfaktor cos φ ist das Verhältnis von Wirkleistung N_w (in kW oder W) zur Scheinleistung N_s (in kVA oder VA). Zur Messung der Wirkleistung dient der Leistungsmesser (Wattmeter). Die Scheinleistung ergibt sich bei einphasigem Wechselstrom aus dem Produkt Volt × Ampere oder bei Drehstrom aus 1,73 × Volt × Ampere.

Der Leistungsfaktor ist somit:

$$\cos \varphi = \frac{\text{Watt}}{\text{Voltampere}} \quad \text{oder} \quad \cos \varphi = \frac{N_w}{U \cdot J} \quad \text{bei Einphasenstrom und}$$

$$\cos \varphi = \frac{N_w}{1{,}73 \cdot U \cdot J} \quad \text{bei Drehstrom.}$$

Bei Drehstrom erfolgt die Messung der Wirkleistung in der Regel mittels zwei Wattmeter. Die Summe der beiden Wattmeterangaben ergibt die Leistung. Soll die Messung nur mit einem Wattmeter durchgeführt werden, dann ist durch einen besonderen Umschalter das

Wattmeter rasch nacheinander aus der einen in die andere der drei Zuleitungen umzuschalten.

Beispiel: In einer Drehstromanlage zeigt der Spannungsmesser (Voltmeter) $U = 380$ V, der Strommesser (Amperemeter) $J = 20$ A. Die Ablesung am Wattmeter war $N = 1000$ W.

Der Leistungsfaktor ist

$$\cos \varphi = \frac{1000}{1{,}73 \cdot 380 \cdot 20} = 0{,}76.$$

Kraftbedarf von Wechselstromgeneratoren.

Bedeuten:

kVA = Kilo-Voltampere,
N_e = Antriebsleistung bzw. Kraftbedarf des Generators in PS,
U = die zwischen zwei Linien abgelesene Spannung in Volt,
J = die am Schaltbrett abgelesene Stromstärke in Ampere,
η = Wirkungsgrad des Generators,
$\cos \varphi$ = Leistungsfaktor; so ist für

Einphasen-Wechselstrom

$$N_e = \frac{U \cdot J \cdot \cos \varphi}{736 \cdot \eta} \ \text{(PS)}$$

oder

$$N_e = \frac{\text{kVA} \cdot \cos \varphi}{0{,}736 \cdot \eta} \ \text{(PS)}.$$

Drehstrom

$$N_c = \frac{U \cdot J \cdot \cos \varphi \cdot 173}{736 \cdot \eta} \ \text{(PS)}$$

oder

$$N_e = \frac{\text{kVA} \cdot \cos \varphi \cdot 1{,}73}{0{,}736 \cdot \eta} \ \text{(PS)}.$$

Beispiele:

1. Ein Einphasen-Wechselstromgenerator wird durch einen Dieselmotor angetrieben und leistet 25 kVA. Der erzeugte Strom dient zur Speisung von Glühlampen. Angaben über Leistungsfaktor und Wirkungsgrad des Generators liegen nicht vor.

Es soll die Antriebsleistung überschlägig bestimmt werden. Angenommen werden Leistungsfaktor $\cos \varphi = 1$, Wirkungsgrad 0,9.

Die Antriebsleistung ist:

$$N_e = \frac{25 \cdot 1}{0{,}736 \cdot 0{,}9} = 37{,}8 \ \text{PS}.$$

2. An der Schalttafel eines Drehstromgenerators werden abgelesen: $U = 380$ V, $J = 65$ A. Der erzeugte Strom dient für gemischte Belastung (Licht und Kraft). Der Leistungsfaktor $\cos \varphi$

ist mit 0,8 und der Wirkungsgrad des Generators mit 0,92 angegeben.

Wie groß ist die von der Antriebsmaschine abgegebene Leistung?

$$N_e = \frac{380 \cdot 65 \cdot 1,73 \cdot 0,8}{736 \cdot 0,92} \approx 50,4 \text{ PS.}$$

Das Parallelschalten von Wechselstromgeneratoren.

Ein Wechselstromgenerator kann zu einem im Betrieb befindlichen Generator erst dann parallel geschaltet werden, wenn folgende Bedingungen erfüllt sind:

1. Beide Generatoren müssen gleiche Spannung haben,
2. beide Generatoren müssen dieselbe Frequenz haben,
3. beide Generatoren müssen phasengleich sein, d. h. die Spannungen beider Generatoren müssen im gleichen Augenblick ihren positiven höchsten Wert erreichen, im selben Augenblick durch Null gehen (ihre Richtung wechseln) und im selben Augenblick ihren negativen höchsten Wert erreichen.

Sind nach der Zusammenschaltung diese Forderungen erfüllt, dann sagt man, die Generatoren laufen „synchron".

Zur Feststellung des Synchronismus benützt man eine Synchronisiervorrichtung, die auch Phasenindikator genannt wird. Eine solche Einrichtung besteht aus einer oder mehreren Glühlampen (gewöhnlich zwei), die entweder für Hell- oder Dunkelschaltung angeschlossen werden können. Häufig wird noch ein Phasenvoltmeter mit angeschlossen.

Die gebräuchlichere Schaltung ist die Dunkelschaltung. Der Vorgang des Parallelschaltens ist folgender: So lange Phasengleichheit noch nicht erreicht ist, schwankt der Zeiger des Phasenvoltmeters zwischen Null und dem Höchstwert hin und her. Gleichzeitig leuchten die Lampen bis zu ihrer vollen Leuchtkraft auf und verlöschen wieder. Diese periodischen Schwankungen werden um so langsamer, je mehr sich die Maschinen dem Synchronismus nähern. Laufen sie genau gleichmäßig, so zeigt das Phasenvoltmeter kurze Zeit auf Null und die beiden Lampen verlöschen. In diesem Moment muß der Hebelschalter der zuzuschaltenden Maschine eingeschaltet werden.

Bei Hellschaltung und Synchronismus zeigt das Phasenvoltmeter die volle Lampenspannung an.

Wie aus der Schilderung des Parallelschaltens hervorgeht, ist für die Durchführung des Zusammenschaltens eine Veränderung der Drehzahl der Antriebsmaschine notwendig. Diese Veränderung muß während des Betriebes erfolgen können. Für die Durchführung der Drehzahländerung benützt man eine Drehzahlverstellvorrichtung, die meist so beschaffen ist, daß ein kleiner Elektromotor den Regler der Antriebsmaschine beeinflußt und dessen Schalter an der Schalttafel angebracht ist.

Für ein gutes Parallelschalten mit Drehstromgeneratoren ist ferner auch der Ungleichförmigkeitsgrad der Antriebsmaschine maßgebend. Je schwerer das Schwungrad der Antriebsmaschine ist, desto kleiner werden auch die Geschwindigkeitsänderungen pro Umdrehung, d. h. desto kleiner der Ungleichförmigkeitsgrad. Der Ungleichförmigkeitsgrad soll auch für den Einzellauf nicht zu groß gewählt werden, um nicht flackerndes Licht zu erhalten.

Lastverteilung bei parallelgeschalteten Drehstromgeneratoren.

Bei parallelgeschalteten Drehstromgeneratoren wird die im Netz verbrauchte Leistung so auf die einzelnen Maschinen verteilt, daß jeder Generator seiner Größe entsprechend belastet ist. Um die Größe der Belastung jedes einzelnen Generators jederzeit feststellen zu können, muß für jeden Generator ein besonderer Leistungsmesser (Wattmeter) angeschlossen werden.

Bei Wechselstromgeneratoren kann die Leistung nur dadurch vergrößert oder verringert werden, daß die Leistung der Antriebsmaschine vergrößert oder verringert wird. Dies erfolgt bei Antrieb durch Verbrennungsmotoren durch Veränderung der Drehzahl. Wird z. B. die Drehzahl erhöht, so versuchen Antriebsmaschine und Generator schneller zu laufen, d. h. vorzueilen, wodurch die Leistung des Generators gesteigert wird.

Das Abschalten eines im Betrieb befindlichen Generators erfolgt in der Weise, daß die Drehzahl der Antriebsmaschine so weit erniedrigt wird, bis die Generatorleistung auf Null gesunken ist. Ist dies der Fall, dann schaltet man den Generator vom Netz ab.

2. Akkumulatoren.

Akkumulatoren speichern elektrische Energie auf und geben sie an die Verbrauchsstellen wieder ab; sie sind nur für Gleichstrom verwendbar. Bei der Aufladung wird elektrische Energie in chemische Energie verwandelt, die sich bei Entladung wieder in elektrische Energie umsetzt. Hauptsächlichste Anwendung finden Bleibatterien. Nickel-Eisenbatterien werden seltener verwendet.

Bei Bleibatterien spielt sich der Wechselprozeß zwischen den braunen positiven und grauen negativen Platten ab, die durch verdünnte, chemisch reine Schwefelsäure leitend verbunden sind.

Kapazität. Das Fassungsvermögen (Kapazität) von Batterien wird gewöhnlich auf eine Entladezeit von 10 h bei 20⁰ (in den V. St. 20 h bei 27⁰) bezogen in Amperestunden (Ah) gemessen. Der Wirkungsgrad einer Batterie (Verhältnis der abgegebenen zur aufgenommenen Energie) beträgt bei 10stündiger Entladung etwa 70%, bei stoßweiser Entladung durch starke Ströme etwa 50%.

Ladestrom, Ladespannung. Der höchstzulässige Ladestrom ist gleich dem 3stündigen, bei Pufferbatterien gleich dem 2stündigen Entladestrom. Die erforderliche Ladespannung in Volt ist Zellenzahl × 2,72. Die Spannung einer Zelle ist am Ende der Ladung 2,75 V, im Ruhezustande 2 V und am Ende der Entladung im Mittel 1,8 V.

Akkusäure. Akkumulatorensäure besteht aus mit destilliertem Wasser verdünnter Schwefelsäure. Die Säuredichte ist ein Maß für den Ladezustand der Batterie. Sie wird in Einheitsgewicht (spez. Gew.) oder auch Beaumé-Grade angegeben.

Säurewerte. Batterie geladen, Säure 1,285 (32 Bé); Batterie halbgeladen, Säure 1,23 (27 Bé); Batterie entladen, Säure 1,18 — 1,14 (22 — 18 Bé).

Die Umrechnung von Beaumé-Grade in Einh.-Gew. erfolgt nach der Formel: Einh.-Gew. = 144,3 : (144,3 — n^0Bé).

Beispiel:

32^0 Bé sind wieviel kg/l?

$$kg/l = \frac{144,3}{144,3 - 32} = \frac{144,3}{112,3} = 1,285.$$

Mischung frischer Akkusäure.

Dest. Wasser .	820	800	780	760	740	720	700	680	660 cm³
Konz. Schwefel- säure 96% .	180	200	220	240	260	280	300	320	340 cm³
ergeben 1 l . .									
Akkusäure von:	1,20	1,22	1,24	1,26	1,28	1,30	1,33	1,35	1,38 kg/l
oder	24	26	28	30	32	34	36	38	40^0 Bé

Verdünnung zu dichter Akkusäure bei geladener Batterie.

1 l Säure von der Dichte:	1,297	1,308	1,332	1,357	1,383 kg/l.
oder	33	34	36	38	40^0 Bé
destilliertes Wasser: . . .	42	81	165	263	343 cm³

ergeben Akkusäure von der Dichte 1,285 kg/l oder 32^0 Bé.

Erforderliche Zellenzahl. Die erforderliche Zellenzahl berechnet sich:

Gebrauchsspannung in Volt dividiert durch 1,8. Für Spannungsverluste im Netz sind entsprechend mehr Zellen einzustellen.

Gewichte von Batterien. Durchschnittlich kann angenommen werden: Je 1 kg Batteriegewicht leistet bei ortsfesten Batterien etwa 6 Wh, Boots-Lok und Triebwagenbatterien etwa 15 Wh, Automobilbatterien etwa 28 Wh.

Pflege von Batterien. Akkumulatorenbatterien werden geschont, wenn sie im richtigen Ladezustand gehalten, niemals ganz entladen oder dauernd überladen werden. Den Säurespiegel halte man stets 10—20 mm über der Plattenoberkante. Entladene Batterien sind mit dem vorgeschriebenen Strom zu laden, bis die Zellen eine halbe Stunde gegast haben, die Spannung nicht mehr weiter steigt und die Dichte 1,85 erreicht hat. Zeigt sich auf den Platten nicht benützter Batterien nach längerem Stehen ein weißer Niederschlag (Bleisulfat), so ist 40 h mit ¼, dann mit ⁴/₄ der Ladestromstärke zu laden. Unbenützte Batterien sind monatlich zu entladen und zu laden. Angefressene Polklemmen wasche man mit heißer Sodalauge (es darf keine Lauge in die Batterien gelangen), worauf mit kaltem Wasser nachgespült wird. Die Polklemmen sind mit Säurefett einzufetten.

XII. Werkstoffe und ihre Prüfung.

1. Werkstoffe des Motorenbaues.

Stoff	Zugfestigkeit σ_B (im Mittel) kg/mm²	Kennzeichnende Eigenschaften	Verwendungsbeispiele
Eisen- und Baustähle			
Gußeisen (Grauguß)	20	gut gießbar, spröde, billig	Gehäuse, Zylinder. Kolben, Kolbenringe
Stahlguß	50	gut gießbar	Hebel, Kleinteile
Weicher Stahl	30...40	weich	Schweißzwecke
Chr-Ni-Einsatz-stahl EN 15	60...80	im Wasser härtbar (1,5 % Ni)	Kraftfahrzeugbau, Bolzen, Zahnräder,
ECN 35	90...120	im Öl härtbar (3,5 % Ni, 0,75 % Chr)	Getriebeteile
Chr-Ni-Vergütungsstahl	80...130	sehr zäh, sehr verschleißfest	Für mech. hoch beanspruchte Teile, Kurbelwellen, hoch beanspruchte Schrauben
Einsatzstahl	40	Nach Einsetzen glasharte Oberfläche bei weichem Kern	Bolzen, Zahnräder, Getriebeteile
Automatenstahl gezogen	60	gut bearbeitbar	Muttern
Federstahl	150...200	hohe Elastizität	Federn
Hochlegierter Ni.-Stahl	80...90	gute Festigkeit bei hohen Temperaturen zunderbeständig	Ventile
Kugellagerstahl	70	ölhärtbar, sehr hart	Kugellager
Temperguß	35	weich, zähe hämmerbar	Für dünne, zähe Gußteile
Nichteisenmetalle			
Kupfer	20	stromleitend, gut dehnbar, leicht bearbeitbar	Elektr. Leitungen, Rohre, Kühler
Messing	40	gießbar, bearbeitbar	Armaturen
Deltametall	50	hohe Festigkeit, korrosionsbeständig	Schnecken, Zahnräder
Phosphorbronze	55	sehr hohe Festigkeit	Zahnräder
Gußbronze	22	sehr verschleißfest	Spurlager, Armaturen
Walzbronze	40	gute Laufeigenschaft	Lagerbüchsen
Weißmetall	5	gute Laufeigenschaft	Lager
Leichtmetalle			
Silumin (Alpax)	25	chemisch beständig Einh.-Gew. 2,66	Gehäuse
Kupfer-Silumin	20	gut gießbar Einh.-Gew. 2,6 ... 2,8	Kolben, Gehäuse
Gamma-Silumin	30	chemisch beständig Einh.-Gew. 2,6 ... 2,75	Gehäuse
Duraluminium	40	hochfest, schmiedbar Einh.-Gew. 2,8	Leichtmetall-Konstruktionen
Bonalite	—	gut wärmeleitend Einh.-Gew. 2,8 ... 3,1	Kolben
Elektronguß	15	gießbar, bei Weißglut feuergefährlich	Motorgehäuse

Nichteisenmetalle und ihre Legierungen.

Stoff	Kupfer	Zink	Blei	Zinn	Antimon	Aluminium	Eisen	Nickel	Phosphor	Mangan	Sonstiges
										Gewichtsteile in %	
Aluminiumbronze	98...82	—	—	—	—	2...18	—	—	—	—	—
Antifriktionsmetall	5	—	85	—	10	—	—	—	—	—	—
Bronze	80...83	—	—	20...17	—	—	—	—	—	—	—
Deltametall	56	—	2	40	—	—	1	—	—	1	—
Gußbronze	86	—	—	14	—	—	—	—	—	—	—
Phosphorbronze	88	0...4	—	7...12	—	—	—	—	0,1...0,8	—	—
Lagerbronze	82	—	16,5	1	—	—	—	0,5	—	—	—
Walzbronze	94	—	—	6	—	—	—	—	—	—	—
Messing	80...57	20...43	—	—	—	—	—	—	—	—	—
Weißmetall WM 80	6	—	2	80	12	—	—	—	—	—	} Schmelzpunkt 200...250°
Weißmetall WM 42	3	—	41	42	14	—	—	—	—	—	
Britaniametall	3	—	—	87	10	—	—	—	—	—	—

Zulässige Werkstoffbeanspruchungen in kg/cm².

Zulässige Beanspruchungen für den Maschinenbau nach J. Bach. I für ruhende Belastung, II für wiederkehrende Belastung nach einer Richtung, III für wechselnde Belastung nach beiden Richtungen.

Werkstoff	Zug σ_s			Druck σ		Biegung σ_b			Schub τ_s			Drehung τ_d		
	I	II	III	I	II	I	II	III	I	II	III	I	II	III
Schweißstahl	900	900...	300	900	600	900...	600	300	720	480	240	360	240	120
Schmiedbarer Stahl	900...	600...	300...	900...	600...	900...	600...	300...	720...	480...	240...	600...	400...	200...
Flußstahl	1200	800...	400	1200	800...	1200...	800...	400...	960...	640...	320...	840...	560...	280...
	1200...	1000	500	1200...	1000	1500	1000	500	1200	800	400	1200	800	400
Gußeisen	300	200	100	900	600	150	—	—	300	200	100	480...	320...	160...
Stahlguß	600...	400...	200...	900...	600...	750...	700	250...	480...	320...	160...	840	560	280
Federstahl, gehärtet	—	—	—	1200	800	1050	500...	350	840	560	280	6000	4000	—
	—	—	—	—	—	7500	5000	—	—	—	—	—	—	—

Anmerkung: Für Überschlagsrechnungen wird für Flußstahl bei gleichzeitiger Drehungs- und Biegungsbeanspruchung $\tau = 110...150$ kg/cm² angenommen.

Hölzer (zulässige Beanspruchung in kg/cm²).

Holzart	Zug	Druck	Schub
Eschenholz	110	66	—
Eichen- und Buchenholz .	100	80	20
Kiefernholz	100	60	10
Tannenholz.	60	50	—

Steine und Mauerwerk (zulässige Druckspannung in kg/cm²).

Basalt	75	Klinkermauerwerk .	
Basaltlava	40	in Zementmörtel .	14...20
Granit	45	Mauerwerk aus porösen	
Sandstein je nach Härte	15...20	Steinen	3... 6
Kalksteinmauerwerk		Marmor	24
in Kalkmörtel . .	5	Künstlicher Sandstein	45
Gew. Ziegelmauerwerk		Rammpfähle je nach.	
in Kalkmörtel . .	7	Bodenart	20...40
in Zementmörtel .	12	Beton	5...10
Klinkermauerwerk, .		Guter Baugrund . .	2.5... 5
bestes	12...14		

2. Werkstoffprüfung.

Die Ergebnisse der Werkstoffprüfung bieten einen Anhalt für das Verhalten der Werk- und Baustoffe bei verschiedenen Beanspruchungen und ermöglichen so die Beurteilung der zulässigen Beanspruchung. Während man früher sich hauptsächlich mit dem Zerreißversuch begnügte, wird heute die Werkstoffprüfung möglichst den tatsächlichen Betriebsbeanspruchungen angepaßt, um so das zur Verfügung stehende Material wirtschaftlich besser auszunützen. Solche Untersuchungen erfordern gründliche Kenntnisse der physikalischen Zusammenhänge, und deren Durchführung ist daher erfahrenen Fachleuten vorbehalten.

Im nachstehenden wird nur auf solche Untersuchungsmethoden hingewiesen, die mit einfachen Mitteln ausgeführt werden können und hauptsächlich zur Kontrolle von Lieferungen zwischen Käufer und Verkäufer dienen.

Prüfmaschinen. Das Verhalten der Werk- und Baustoffe bei verschiedenen Beanspruchungen wird auf besonderen Prüfmaschinen untersucht. Mittels dieser Maschinen kann der Probestab (Rund- oder Flachstab) je nach Prüfung bis zum Bruch zerrissen, verdrückt, verbogen, geknickt, verdreht oder abgeschert werden. Die erforderlichen Belastungen mißt man mit einer Waage oder sie können an einem Druckmanometer abgelesen werden. Aus den Meßergebnissen kann dann die zulässige Höchstbeanspruchung ermittelt werden.

Probestab. Der Probestab (Bild 132) kann als Rund- oder Flachstab ausgebildet werden und verschiedener Länge sein. Um aber die Versuchsergebnisse miteinander vergleichen zu können, ist es zweckmäßig, genormte Stäbe (Normalstäbe) zu benützen. Beim Zerreißversuch verwendet man z. B. Rundstäbe von 20 mm Durchmesser. Bei deutschen Normalstäben ist die Meßlänge l_0 das 10fache, bei amerikanischen das 5fache des Durchmessers. Wegen der billigeren Herstellung werden oft die in Bild 132, Fig. 2, dargestellten Proportionalstäbe, und zwar als Rund- und Flachstäbe mit beliebigem Querschnitt f, bei welchen aber die Gleichung $l_0 := 11,3 \sqrt{f}$ erfüllt bleiben muß, benützt.

Zug- oder Zerreißversuch. Beim normalen Zugversuch beschränkt man sich darauf, den Dehnungsverlauf des Probestabes bei langsam wachsender Belastung zu verfolgen, wobei der Stab bis zum Bruch belastet wird. Das zugehörige Zerreißdiagramm wird meist von der Prüfmaschine selbsttätig aufgezeichnet. Der Zerreißversuch ermöglicht die Bestimmung der Elastizitätsgrenze E, Proportionalitätsgrenze P, Streckgrenze S, Bruchfestigkeit σ_B, Zerreißfestigkeit σ_z, Dehnung δ, Einschnürung ψ. Weiters kann der erfahrene Fachmann aus der Beschaffenheit des Bruches noch auf verschiedene Eigenschaften des Materials schließen.

Der Verlauf des Zerreißdiagrammes ist bei den Metallen verschieden. Bild 133 zeigt ein Zerreißdiagramm von weichem Eisen und läßt folgende Vorgänge erkennen:

Elastizitätsgrenze E. Bis zu diesem Beanspruchungspunkte verhält sich der Probestab vollkommen elastisch.

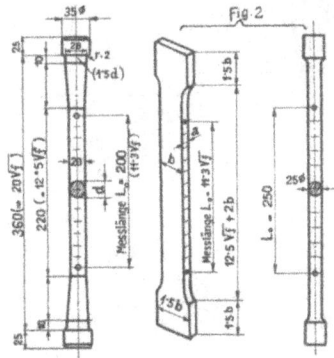

Bild 132. Normal- und Proportionalzerreißstab.

Hinter E tritt bleibende Formveränderung ein. Die Elastizitätsgrenze ist die höchste Beanspruchung, von welcher der Stab in seine ursprüngliche Lazurückkehrt.

Proportionalitätsgrenze P. Bis zu dieser Grenze verlängert sich der Probestab bei steigender Belastung nur wenig aber gleichmäßig. Hinter P nimmt die Verlängerung verhältnismäßig schneller zu, so daß die Kurve von der bisher geraden Richtung abweicht.

Streckgrenze (Fließgrenze). Bei S_0 beginnt der Stab zu fließen, d. h. er verlängert sich, ohne daß die Belastung gesteigert wird. Auch bei Verringerung der Belastung auf S_u wird die Verlängerung nicht aufgehalten. Bei glatter Oberfläche zeigen sich feine unter 45 und 60° sich schneidende Linien, welche bei höherer Belastung wieder verschwinden. Wenn die Streckgrenze nicht am Fließen des Werkstoffes zu erkennen ist, gilt praktisch die Grenze als Streckgrenze, nach welcher der Stab im entlasteten Zustand 0,2% bleibende Dehnung zeigt (ideelle Fließgrenze).

Bruchgrenze B. Ist das Material wieder in einem Gleichgewichtszustand gekommen und erhöht man abermals die Belastung, so nimmt die Stabverlängerung im Verhältnis zur Belastung rasch zu; gleichzeitig entsteht eine Abnahme des Stabquerschnittes. Bei B ist die höchste Belastung erreicht. Der Stab beginnt an der späteren Bruchstelle sich einzuschnüren. Selbst bei einer erheblichen Herabminderung der Belastung schreitet die Einschnürung fort, so daß bei Erreichung der Zerreißgrenze Z der Bruch eintritt.

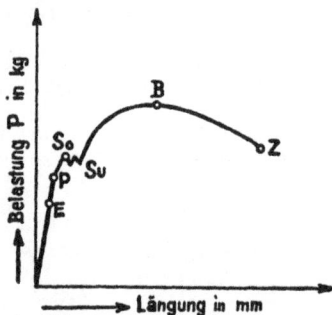

Bild 133. Zerreißdiagramm von weichem Eisen.

Spannung. Da die Belastung gleichmäßig auf den Flächenquerschnitt des Probestabes verteilt ist, ergibt sich die auf die Flächeneinheit bezogene Belastung (Spannung, Beanspruchung), aus der jeweiligen Belastung, geteilt durch den jeweiligen Querschnitt. Der so erhaltene Wert entspricht der tatsächlichen Spannung σ_w und ist im Diagramm (Bild 134) gestrichelt eingezeichnet.

Für die Bestimmung der Spannung kommt für den praktische Gebrauch nur der ursprüngliche Querschnitt in Betracht und man errechnet die Spannung aus Formel:

$$\sigma = \frac{P}{F_0} \left(\frac{\mathrm{kg}}{\mathrm{mm}^2} \right);$$

worin P die Belastung und F_0 den ursprünglichen Stabquerschnitt bedeuten.

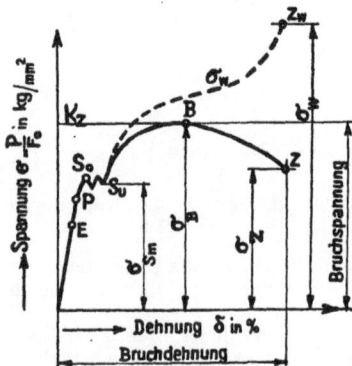

Bild 134. Reduziertes Zerreißdiagramm.

Dehnung. Die Dehnung eines Probestabes wird in Hundertteilen (%) der Meßlänge l_0 ausgedrückt. Bedeutet l_0 die ursprüngliche Meßlänge, l die Länge nach dem Versuch, so ist die Dehnung in %

$$\delta = \frac{l-l_0}{l_0} \cdot 100 \ (^0/_0).$$

Da sich der Einfluß der Meßlänge bei der Bestimmung der Dehnung bemerkbar macht, ist es bei Auswertung des Versuches unerläßlich, mit der Dehnung δ auch die ursprüngliche Meßlänge anzugeben (z. B. δ_{10}, d. h. $l_0 = 100$ mm).

Bild 134 zeigt ein aus den Belastungen P in kg und der Verlängerung des Probestabes in mm auf die Spannung σ in kg/mm² und die Dehnung δ in % reduziertes Zerreißdiagramm. Daraus ist u. a. zu erkennen, daß die Zugfestigkeit σ_B nicht der Spannung im Augenblick des Bruches entspricht, sondern (bezogen auf den ursprünglichen Querschnitt) die höchste Spannung darstellt, welche der Werkstoff vor dem Bruch ausgehalten hat.

Einschnürung (Kontraktion). Aus der Größe der Einschnürung bzw. des Bruchrandes, sowie aus dem Aussehen des Trichtergrundes, ob grob- oder feinkörnig, ob gleichmäßig oder verschieden, kann der Fachmann viele Eigenschaften des Materiales mit ziemlicher Sicherheit angeben. Die Art der Einschnürung ermöglicht in vielen Fällen einen besseren Anhalt zur Beurteilung der Zähigkeit als die Bruchdehnung.

Bedeutet F_0 den ursprünglichen Stabquerschnitt, F den Querschnitt des Probestabes nach dem Versuch, so ist die Querschnittsveränderung in Hundertteilen:

$$\psi = \frac{F - F_0}{F_0} \cdot 100 \ (\%).$$

Druckversuch. Für die Untersuchung von Metallen hat der Druckversuch eine geringere Bedeutung, und es werden nur solche Werkstoffe auf Druck geprüft, welche sich praktisch nur auf Druck beanspruchen lassen (Gußeisen, Lagermetall). Die Hauptanwendung des Druckversuches erfolgt im Bauwesen zur Prüfung von Holz, Steinen, Zement, Beton u. a.

Die Proben haben für Metalle Zylinderform und für Baustoffe Würfelform. Die Druckprobe ist die Umkehrung der Zerreißprobe. Der Verlauf des Spannungs-Stauchungs-Diagrammes entspricht bei Metallen im allgemeinen dem Verlauf des Zerreißdiagrammes. Auch beim Druckversuch ist eine Proportionalitäts- und Fließgrenze, die mit Quetschgrenze bezeichnet wird, zu beobachten. Hinter der Quetschgrenze steigt die Belastung bis zum Bruch. Während bei spröden Werkstoffen der Bruch plötzlich eintritt, lassen sich weiche Stoffe bis zur Plattenform quetschen und erfordern schließlich unendliche Belastungen.

Wie beim Zerreißversuch wird auch beim Druckversuch aus dem Belastungs-Verkürzungsdiagramm, durch Umrechnung das Spannungs Stauchungs-Diagramm entwickelt. Im Diagramm Bild 135 ist — E die Elastizitätsgrenze und — P die Proportionalitätsgrenze. Bei — S_0 liegt die obere und bei — S die untere Quetschgrenze.

Biegeversuch. Die Biegeprobe findet hauptsächlich bei Gußeisen und anderen spröden Werkstoffen Verwendung. Für die Gußeisen-Biegeprobe soll der Probestab einen Durchmesser von 30 mm und eine Länge von

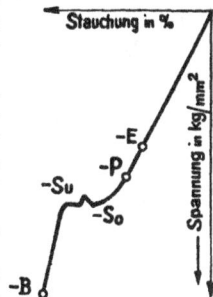

Bild 135. Druckdiagramm.

650 mm haben. Meist werden die Probestäbe direkt am Gußstück angegossen und mit Gußhaut untersucht.

Für die Prüfung wird der Stab mit einer Stützweite von 600 mm auf zwei Rollen gelegt und in der Mitte belastet. Bedeutet P die Belastung, l die Stützweite, so errechnet sich für die angegebenen Zahlenwerte die Beanspruchung aus der Formel:

$$\sigma_B = 5,66 \, P \cdot 0,01 \, (\text{kg/mm}^2).$$

Die Durchbiegung der Stabmitte kann mit einer guten Meßuhr gemessen werden.

Biegeprobe, Faltversuch. Soll die Biegeprobe als Abnahmebedingung ausgeführt werden, so muß der Querschnitt der zu untersuchenden Probe angegeben werden. Ferner ist festzulegen, um welchen Dorndurchmesser D das Probestück gebogen werden soll und bis zu welchem Winkel α die Prüfung durchgeführt werden muß.

Zur Beurteilung der Biegbarkeit hat man die Tetmajersche Biegegröße $Bg = \dfrac{50 \, a}{r}$ eingeführt. Hierin ist, wie aus Bild 136 ersichtlich, a die Dicke des Probestückes und r der Biegehalbmesser.

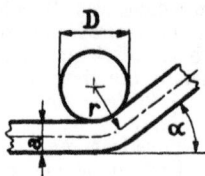 

Bild 136.   Bild 137.

Beim Faltversuch nach Bild 137 wird das Probestück um einen Dorn von beliebigem Durchmesser vorgebogen und dann, durch Druck auf die Schenkelenden, bis zum Anbruch gefaltet.

Zur Beurteilung der Warmbearbeitbarkeit des Werkstoffes wird die Biegeprobe im rotwarmem Zustand durchgeführt (Rotbruchversuch).

Schweißversuch. Der Schweißversuch dient zur Beurteilung der Schweißbarkeit eines Werkstoffes. Die Probestäbe werden leicht überlappt zusammengeschweißt und dürfen sich beim Biegen im kalten oder warmen Zustand nicht trennen.

Hin- und Herbiegeversuch. Die zu untersuchenden Bleche, Drähte u. a. spannt man zwischen zwei Klemmbacken und biegt sie dann nach jeder Seite um 90^0. Die gezählten Biegungen bis zum Bruch sind ein Maß für die Biegbarkeit des betreffenden Stoffes.

Härtebestimmung. Härte ist ein Maß für den Widerstand, den ein Körper dem Eindringen eines anderen entgegensetzt. Die Härteprüfung erfolgt auf verschiedene Weise:

Brinell-Härteprobe. In eine glatt bearbeitete Fläche wird eine gehärtete Stahlkugel vom Durchmesser D (10, 5 oder 2,5 mm) eingedrückt. Die dabei erforderliche Belastung P der Kugel muß stoßfrei 15 s ansteigen und 30 s mit ihrem Höchstwert wirken. Aus dem Eindruckdurchmesser d (in mm) wird die Brinellhärte H nach folgender Formel ermittelt:

$$H = \frac{0{,}637\ P}{D^2 - D\sqrt{D^2 - d^2}}.$$

Mit den ermittelten Zahlenwerten. H werden gleichzeitig die Versuchsbedingungen angegeben. Ist beispielsweise $D = 5$ mm, $P = 750$ kg, und die Zeit der Lastwirkung 30 s, so ist zu schreiben:

$$H\ 5/750/30.$$

Normale Versuchsbedingungen für Stahl sind: $D = 10$ mm, $P = 3000$ kg, $t = 30$ s. Die Brinellhärte wird in diesem Fall angegeben als $H = 10/3000/30$ oder Hn. Bei starkfließenden Stoffen wie Blei, Zink usw. beträgt t bis zu 3 min.

Dicke der Probe und Kugeldurchmesser D.

Dicke des Probestückes in mm	Werkstoff		
	Gußeisen Stahl	Bronze Messing	Weiche Metalle
	Kugeldurchmesser D in mm und Belastung P in kg		
über 6	10/3000	10/1000	10/250
6 bis 3	5/750	5/250	5/62,5
unter 3	2,5/187,5	2,5/62,5	2,5/15,6

Rockwellhärte. Ein Diamantkegel von 120° Spitzenwinkel (Rockwell „C"), bei weichen Stoffen eine gehärtete $^1/_{16}$"-Stahlkugel (Rockwell „B"), wird mit bestimmter Vorlast (meist 10 kg) auf den Prüfkörper aufgesetzt und allmählich bis zu einer bestimmten Kraft P belastet. Die Eindringtiefe ist ein Maß für die Rockwellhärte (0,002 mm Eindringtiefe in eine Rockwell-Einheit).

Vickershärte. Diese Härteprüfung ist ähnlich wie bei Brinell. Eine vierseitige Diamantpyramide mit 136° Kantenwinkel wird mit bestimmter Kraft P (zwischen 5 und 50 kg) eingedrückt. Die Diagonale E (in mm) des quadratischen Eindrucks ist ein Maß für die Vickers-Härtezahl H_v

$$H_v = \frac{1{,}85\ P}{E^2}.$$

Skleroskophärte. Ein Körper mit Diamant- oder Hartmetallspitze fällt aus bestimmter Höhe in einer senkrechten Führung auf den zu prüfenden Stoff. Die Rücksprunghöhe ist ein Maß für die Skleroskophärte Hs.

Die Härtestufen z. B. nach Mohs, Breithaupt usw. sind so abgestuft, daß jeweils ein Stoff den vorhergehenden gerade noch ritzt. Die Härteskala nach Mohs (Breithaupt) ist folgende:

Talk 1 (1), Gips 2 (2), Glimmer (3), Kalkspat 3 (4), Flußspat 4 (5), Apatit 5 (6), Hornblende (7), Feldspat 6 (8), Quarz 7 (9), Topas 8 (10), Korund 9 (11), Diamant 10 (12).

Härte und Festigkeit. Zwischen Brinellhärte $Hn = H\,10/3000$ /30 und Zugfestigkeit besteht bei Metallen ein bestimmtes Verhältnis; es ist bei

Kohlenstoffstahl $\sigma_B \approx 0{,}36\,Hn$ Kupfer ⎫ geglüht $\sigma_B \approx 0{,}55\,Hn$
Chromnickelstahl $\sigma_B \approx 0{,}34\,Hn$ Messing ⎬ kalt bearbeitet
Aluminiumguß $\sigma_B \approx 0{,}26\,Hn$ Bronze ⎭ $\sigma_B \approx 0{,}40\,Hn$
Elektron $\sigma_B \approx 0{,}40\,Hn$ Lagerweißmetall $\sigma_B \approx 0{,}22\;Hn.$

Härtemaße[1]).

Stahl

Nichteisenmetall und Weicheisen

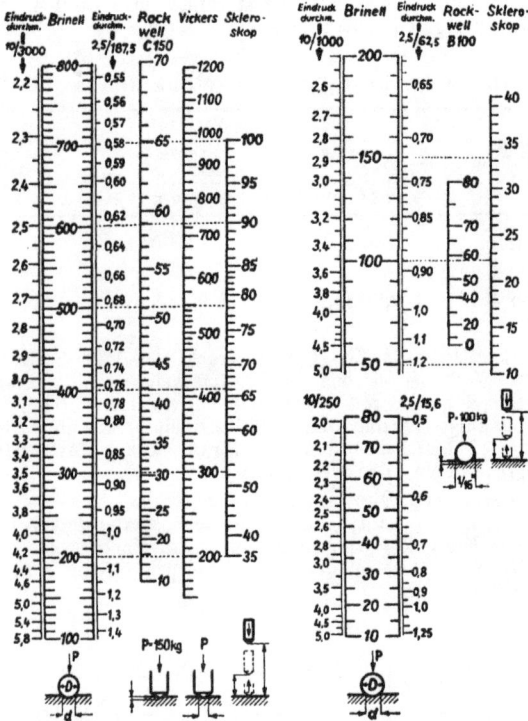

Bei Brinell ergibt bei sonst gleichen Prüfungsbedingungen:
halbe Prüflast $\longrightarrow$ halber Kugel $\phi \longrightarrow$
halbe Härtezahl,   halben Eindruck ϕ.

---

[1]) Aus Bosch Kraftfahrtechnisches Taschenbuch 6. Aufl. 1938.

XIII. Anhang.

1. Löten.

Hartlöten. Für das Hartlöten wird eine gut blasende Lötlampe oder ein Schweißbrenner benötigt. Auf die zu lötenden Stellen wird bei Rotglut Boraxpulver gestreut und dann Schlaglot in Körner oder Silberlot in Körner oder Blechstreifen hinzugetan.

Bleilöten. Das Löten von Blei erfordert besondere Sorgfalt, da Blei bei 327⁰ schmilzt. Meist wird Blei unter Zusatz von Kolophonium mit dem über den Schmelzpunkt des Bleis erhitzten Kolben überlappt geschweißt. Bei Zusammenlöten von Bleirohren ist das eine Rohrende trichterförmig aufzutreiben und das andere Ende so einzuschieben, daß es im Trichter aufsitzt. Die Lötstelle muß metallisch rein sein. Mit der Gebläseflamme (Lötlampe) müssen kreisende Bewegungen quer zur Naht ausgeführt werden. Als Lot dient gewöhnliches Blei, welches unter Zusatz von Kolophonium mit der Lötstelle verschmolzen wird.

Lote.

Weichlot	Verwendung	Schmelz- punkt	Zinn %	Blei %
Lötzinn 30 . .	Klempnerarbeiten	257⁰	30	70
Lötzinn 40 . .	Messing und Weißblech	235⁰	40	60
Lötzinn 60 . .	Leichtschmelzende Metalle	184⁰	60	40
Hartlot Schlaglot				
Schlaglot 42 .	Messing mit über 60% Cu	820⁰	42	58
Schlaglot 51 .	Kupferleg. mit 68% Cu	850⁰	51	49
Schlaglot 54 .	Kupfer Rotguß Bronze Bandsägen	875⁰	54	46

2. Rezepte.

Glimmpapier ist nitriertes Löschpapier. Für die Herstellung solchen Papieres eignet sich nur gutes etwa 1 mm starkes Löschpapier, welches vor der Nitrierung in Streifen entsprechender Breite geschnitten wird. Die Nitrierlösung besteht aus:

75 g Natriumnitrat (Natrium nitricum pur cryst.) und
75 g Ammoniumnitrat (Ammonium nitricum pur cryst.) gelöst in 1 l Wasser.

Zur Nitrierung werden die vorbereiteten Löschpapierstreifen durch die Lösung gezogen und je nach Zweck im feuchten Zustande zu Rollen entsprechenden Durchmessers gedreht (Glimmstifte) oder als Streifen (Glimmpapier) verwendet.

Die feuchten Rollen bzw. Streifen sind an einem warmen Orte zu trocknen, wobei wegen der Feuergefährlichkeit Vorsicht anzuwenden ist. Da das Papier stark Luftfeuchtigkeit anzieht, verwahre man es in gut verschlossenen Blechdosen.

Lötwasser für Weichlote. Lötwasser dient zur Reinigung der Lötstelle und besseres Anhaften des Lötzinns. Es entsteht durch Auflösen von Zinkabfällen in Salzsäure unter Zusatz von etwas Salmiak. Lötwasser mit Zusatz von 1 Teil zitronensaures Ammonium und 2 Teile Glyzerin sowie etwas Salizylsäure greift Metalle nicht an.

Rostschutz. Blanke Eisenteile können vorübergehend durch Überziehen mit Fetten oder Ölen gegen Rost geschützt werden. Zweckmäßig verwendet man hierfür die unverseifbaren Mineralfette, wie Rostschutzfett, Vaseline oder auch Staufferfette.

Kitt zum Abdichten von Behältern besteht aus einer gut verriebenen Mischung von Wasserglas mit Schlemmkreide oder Zinkweiß. Diese Mischung kann auch zum Abdichten von Rissen in Metall und Stein dienen.

1. Fachausdrücke.

deutsch	englisch	französisch	italienisch
Motor	**Engine**	**Moteur**	**Motore**
Benzinmotor	petrol engine	moteur à explosion	motore a carburatore
Rohölmotor	heavy or crude oil (injection) engine	moteur à combustible lourd ou à huile lourde	motore ad olio pesante
Dieselmotor	Diesel or oil engine compression ignition engine	moteur Diesel	motore Diesel
Zweitaktmotor	2 stroke engine	moteur à 2 temps	motore a 2 tempi
Viertaktmotor	4 stroke engine	moteur à 4 temps	motore a 4 tempi
Typ	type, model	type, modèle	tipo
Bohrung	bore	alésage	alesaggio
Hub	stroke	course	corsa
Hubraum	piston diplacement	déplacement de piston	cilindrata
Umdr./min	revolutions per minute (R. P. M.)	tours-minute	giri al minuto
Motorleistung	engine performance or output; horspower	puissance du moteur	potenza del motore
Bremsleistung	brake horspower	puissance à frein	potenza sul freno
Dauerleistung	continnous output	puissance continue	potenza continua
Drehmoment	torque	couple	coppia motrice
Verdichtungshub (Kompressionshub)	compression stroke	course de compression	corsa di compressione
Arbeitshub; Ausdehnungshub	power or working or expansion or firing stroke	course motrice ou de détente	corsa utile o di lavoro o di espansione

deutsch	englisch	französisch	italienisch
Saughub; Einström(ungs)hub	suction or induction or admission or intake or inlet stroke	course aspirante ou d'aspiration ou d'admission	corsa di aspirazione o di ammissione
Motorprüfung Prüfstand; Bremsstand	**Engine Test(ing)** (brake) test stand or bench or bed; torque stand	**Essai du moteur** banc ou poste d'essai ou d'epreuve	**Prova del motore** banco di prova
Leistungsprüfung	performance test(ing)	essai de preformance ou de puissance	prova di rendimento o di potenza
den Motor abbremsen (prüfen)	to test the engine	essayer le moteur	provare il motore
Abnahmeprüfung	acceptance test of the engine	essai de reception du moteur	prova di collaudo del motore
Dauerprüfung; Dauerbremsung	endurance (or continuous) test	essai d'endurance	prova di durata
Verbrauchsprüfung	consumption test	essai de consummation	prova di consumo
Drehzahlmessung	tachometry; revolution	mesure du nombre de tours	misura del numero del giri
den Motor einlaufen lassen	to let the motor run itself in	roder le moteur	lasciar funzionare il motore
den Motor auseinandernehmen oder zerlegen	to dismantle or to strip or to tear down the engine; to disassemble the engine	démonter le moteur	smontare il motore
den Motor reinigen	to clean the engine	nettoyer le moteur	pulire il motore
den Motor überholen	ti overhaul the engine	faire une vérification ou contrôle du moteur	controllare il motore
Motorstörung	engine failure or trouble; break down of the engine	panne ou avarie de moteur	panne del motore
der Motor setzt aus	the engine quits or gives out or is missing	le moteur a des ratés	il motore si ferma

deutsch	englisch	französisch	italienisch
der Motor oder die Drehzahl läßt nach	the engine loses revs; the revolutions drop	le nombre de tours du moteur diminue; le moteur fléchit	il motore rallenta; i giri del motore diminuiscono
den Motor nachsehen	to inspect the engine	visiter ou vérifier ou contrôler le moteur	verificare od inspezionare o controllare il motore
Den Motor auspacken	**To unpak the engine**	**Déballer le moteur**	**Sballare il motore**
Ölpapier	greased (oiled) paper	papier huilé	carta oleata
Anlasser; Anlaßvorrichtung; Starter; Startvorrichtung	starter; starting device or gear	Démarreur; Dispositif de démarrage	avviatore; dispositivo od apparecchio di avviamento
Druckluftanlasser; Preßluftanlasser	compressed air starter; pneomatic starting device	démarreur à air comprimé	avviatore ad aria compressa
einen Motor einbauen	to install or to mount an engine	monter ou installer un moteur	installare o montare un motore
Motorlagerung	engine mounting (mount)	bâti moteur	basamento del motore
den Mot r zusammenbauen oder zusammensetzen	to fit up or to erect or to assemble the engine	assembler ou monter le moteur	montare il motore
den Motor verpacken oder einpacken	to pack the engine	emballer le moteur	imballare il motore
Zylinder	**Cylinder**	**Cylindre**	**Cilindro**
Zylinderblock	cylinder block	bloc de cylindres	blocco di cilindri
Zylinderbüchse	cylinder liner	chemise de cylindre	corona di cilindri riportati
Wassermantel; Kühlmantel; Kühlwassermantel	cooling or water jacket	chemise d'eau	camicia d'acqua

17*

deutsch	englisch	französisch	italienisch
Zylinderkopf	**Cylinder head**	**Culasse**	**Testa di Cilindri**
Verdichtungsraum (Kompressionsraum)	compression chamber or space	chambre de compression	camera di compressione
Verdichtungsverhältnis; Verdichtungsgrad (Kompressionsverhältnis)	compression ratio; ratio or degree of compression	taux ou degré ou rapport de compression	rapporto o grado di compressione
Ventil	valve	soupape	valvola
Ventilschaft	valve stem	tige de soupape	asta di valvola
Ventilteller	valve head	tête de soupape	piatello di valvola
Ventilverschraubung	valve adjustment	bouchon de soupape	toppo sopra le valvole
Einlaßventil	intake valve	soupape d'admission	valvola di ammissione
Auslaßventil	exhaust valve	soupape d'échappement	valvola di scarico
Glühkerze	glower plug; heater pflug	bougie incandescente	candele ad incandescenza
Glühspirale	glowing filament	spirale incandescente	spirale ad incandescenza
Kurbelgehäuse	**Crank case**	**Carter moteur**	**Coppa del motore**
Kurbelgehäuseoberteil	upper half or top of crank-case	couvercle ou chapeau de carter; carter supérieur	parte superiore del carter (dell'asse a manovelle)
Kurbelgehäuseunterteil	lower half or bottom of crankcase	fond de carter; carter inférieur	parte inferiore del carter (dell'asse a manovelle)
Ölsumpf; Ölwanne; Ölmulde	crankcase sump; oil pan or reservoir	carter à huile; puisard	vasca d'olio
Kurbelwelle	**Crank shaft**	**Arbre-vilebrequin**	**Collo d'oca**
Kurbelwellenzapfen	crankshaft pin; crank pin or throw	maneton; soie ou boulon d'arbremanivelle	perno o bottone dell'asse a manovelle
Keilnut	key-way (or-slot)	rainure de clavetage	scanalatura o incasso della chiavetta

deutsch	englisch	französisch	italienisch
Ölnut; Schmiernut	oil groove	rainure de graissage	scanalatura di lubricazione
Kurbelwellenlager	crank shaft bearing	palier de vilebrequin	sopporto dell'albero a mano vella
Lagerdeckel	bearing cap or cover bearing bolt	chapeau de palier	coperchio del cuscinetto
Kugellager	ball bearing	roulement à billes	cuscinetto a sfere
Rollenlager	roller bearing	roulement à rouleaux	cuscinetto a rulli
Kurbelwellenflansch	crank shaft flange	bride de vilebrequin	flangia dell' albero a mano-velle
Schwungrad	flywheel	volant	volano
Andrehkurbel	crank	manivelle de mise en marche	manovella per l'avviamento
Kurbeltrieb	**Crank shaft**	**Embiellage**	**Albero a gomito**
Kolben	piston	piston	pistone
Kolbenboden	piston head or crown or top	tête ou fond de piston	fondo dello stantuffo
Kolbenmantel (Kolb-nlauffläche)	body of piston	corps du piston	parte cilindrica dello stantuffo
Kolbenbolzenauge;	gudgeon pin or piston or wrist pin bearing	bossage du palier d'axe de piston	cuscinetto o boccola del pernotto dello stantuffo
Kolbenbolzenlager Kolbenbolzenbuchse	gudgeon pin or piston or wrist pin bush (or bushing)	douille de goujon	boccola da stantuffo
Kolbenbolzen	piston or gudgeon pin	axe ou tourillon de piston; axe de pied de bielle; goujon	pernoto o perno o spinotto dello stantuffo
Kolbennut	piston groover, piston ring groove	rainure ou gorge annulaire du piston; gorge pour segment de piston	scanalatura dello stantuffo

261

deutsch	englisch	französisch	italienisch
Kolbenring	piston ring	segment de piston; anneau de garniture	fascia elastica; anello di guarnizione o da stantuffo
Ölabstreifring; Ölabstreifer	oil wiper (or oil scraper or oil control ring)	segment racleur; racloir ou racleur d'huile; égoutteur	raschiatore d'olio
den Kolben einsetzen	to insert the piston	enfoncer ou engager le piston	introdurre lo stantuffo
Pleuelstange; Schubstange	connecting rod	bielle	biella
Pleuelstangenkopf	small end of connecting rod	petite tête de bielle; pied de bielle	testa o piede di biella
Pleuelstangenschaft	body or shank of connecting rod	corps de bielle	corpo della biella
Pleuelstangenlager	connecting rod big or bottom end and bearing	coussinet de tête de bielle	sopporto o cuscinetto di biella o della testa di biella
Steuerung	**Timing gear**	**Distribution**	**Distribuzione**
Nockenwelle	cam shaft	arbre à cames	albero a camme
Totpunkt	dead centre	point mort	punto morto
oberer Totpunkt; obere Totlage	upper dead centre; top-centre	point mort supérieur ou haut	punto morto superiore
unterer Totpunkt; untere Totlage	bottom or lower dead centre	point mort inférieur	punto morto inferiore
Stößel	push rod	taquet	punteria
Schwinghebel	arm-rocker	culbuteur	bilancere
Nockensteuerung	cam control gear	commande par came	distribuzione a camme
Schlitzsteuerung	distribution by means of ports	distribution par lumières	distribuzione a feritoie

deutsch	englisch	französisch	italienisch
Auslaßnocken	exhaust or outlet cam	came d'échappement	camma od eccentrico di scappamento
Einlaßnocken	admission or inlet cam	camme d'admission	camma od eccentrico di ammissione
umsteuerbare Nockenwelle	reversible cam shaft	arbre à cames réversible	albero a camme reversibile
Stirnrad	spur wheel (gear)	roue dentée droite ou cylindrique	ruota dentata cilindrica
Kegelrad	spur bevel wheel (gear)	roue ou pignon conique	ruota dentata conica; ingranaggio conico
Zwischenrad	intermediate gear wheel	roue intermédiaire	routa (dentata) intermedia
Einspritzpumpe	**Fuel injection pump**	**Pompe d'injection**	**Pompa d'iniezione**
Einspritzdüse	injection nozzle	injecteur; gicleur	iniettore
Düsenbohrung	bore of jet (nozzle)	forage ou alésage de l'ajutage ou du gicleur	foro dell' ugello
Düsenhalter	nozzleholder	porte-injecteur	portapolverizzatore
Druckleitung	delivery piping	tuvauterie de refoulement	tubazione de mandata
Kraftstoffreiniger (Reinigungs)-Sieb	fuel filter (cleaning) strainer	filtre a carburant tamis (de nettoyage)	filtro per combustibile reticella (di pulizia)
Saugleitung	inlet piping	tuyaut d'aspiration	tubazione di alimentazione
Druckventil	delivery valve	soupape de refoulement	valvole di mandata
Saugventil	suction valve	soupape d'aspiration	valvole di aspirazione
Auspuff	**Exhaust**	**Echappement**	**Scappamento; Scarico**
Auspuffleitung	exhaust pipe	tuyau d'échappement	tubazione di scarico
Auspuffgas; verbranntes Gas	exhaust or burnt gas	gaz brûlé ou d'échappement	gas combusti; gas di scappamento

263

deutsch	englisch	französisch	italienisch
Auspuffgeräusch	noise of the exhaust	bruit d'échappement	rumore dello scappamento
Schalldämpfer	silencer	silencieux	silenziatore
Zahnradgetriebe	**Toothed wheel gear**	**Commende par roues dentées**	**Meccanismo od ingranaggi**
Stirnradgetriebe	spur wheel gear	transmission pour roues dentées droites	meccanismo ad ingranaggi cilindrici
Umlaufgetriebe; Planetengetriebe	sun and planet gear	(commande par) engrenage planétaire	cambio di velocità planetario
Vorgelege	lay shaft; countershaft	transmission intermédiaire; renvoi	rinvio
Kraftstoff	**Fuel**	**Carburant**	**Combustibile**
Gasöl	gasoil	huile lourde	nafta leggera
Benzol	benzole, benzene	benzol	bonzolo
Benzin	petrol (gasoline)	essence	benzina
Schmierung	**Lubrication**	**Lubrification; Graissage**	**Lubrificazione**
Ölzufluß; Ölzufuhr	oil inlet (or feed)	entrée ou arrivée d'huile	entrata od arrivo dell' olio
Ölbehälter; Öltank	oil tank	réservoir d'huile ou à huile	serbatoio di olio
Öldruckleitung	pressure oil pipe	conduite d'huile sous pression; tuyau de refoulement d'huile	condotta dell' olio sotto pressione
Frischölpumpe	fresh oil suction or delivery or feed pump	pompe d'aspiration d'huile fraîche	pompa dell' olio nuovo
Staufferfett	Stauffer grease	graisse de Stauffer	grasso da Stauffer

deutsch	englisch	französisch	italienisch
Werkzeug	**Tools; implements**	**Outil**	**Utensile**
Schraubstock	vice; jaw-vice	étau	morsa
Doppelschraubenschlüssel	double endet spanner	clef double	chiave doppia
Schraubenzieher	screw-driver; turn-screw	tournevis	cacciavite
Schaber	scraper	grattoir	raschietto
Hammer	hammer	marteau	martello
Feile	file	lime	lima
Flachmeißel	flat chisel	burin	scalpello piano
Kreuzmeißel	bold chisel	bec d'âne	unghietta
Flachzange	flat pliers	tenaille plate	tanaglia piatta
Rundzange	round pliers	tenaille ronde	tanaglia, pinzetta
Lötkolben	soldering copper	fer à souder	saldatoio
Lötlampe	soldering lamp	lampe à braser	lampada per saldare
Lot	solder	matière à souder	piombo
Lötwasser	soldering water	eau à soudure	acqua per saldare
Spiralbohrer	twist drill	foret hélicoïdal	mecchia spirale
Bogensäge	bow-saw	scie en archet	sega ad arco
Schublehre	sliding caliper	pied à coulisse	calibro a corsoio
Tiefenlehre	depth gange	pied à profondeur	calibro per profondità
Spitzzirkel	compasses	compas diviseur	compasso diritto ad arco
Reißnadel	marking tool	point à tracer	punta da segnare
Anschlagwinkel	back square	équerre épaulée	aquadra con spalla
Wasserwaage	water-level	niveau à bulle d'air	livello a bolla d'aria
Umlaufzähler	tachometer	compteur de tours	contagiri

Gewerbliche Benennung	chemische Benennung	chemische Formel
Alaun	Kaliumaluminium-sulfat	$KAl(SO_4)_2 \cdot 12\ H_2O$
Azeton	Aceton	$(CH_3)_2 \cdot CO$
Alkohol	Alkohol-Äthyl	C_2H_5OH
Äther	Äthyläther	$(C_2H_5)_2O$
Bleiglätte	Bleioxyd	PbO
Bleiweiß	bas. Bleikarbonat	$2\ PbCO_3 \cdot Pb(OH)_2$
Blutlaugensalz, gelb	Kaliumeisen(2)zyanid	$K_4Fe(CN)_6 \cdot 3\ H_2O$
Blutlaugensalz, rot	Kaliumeisen(3)zyanid	$K_3Fe(CN)_6$
Borax	Natriumtetraborat	$Na_2B_4O_7 \cdot 10\ H_2O$
Chilesalpeter	Natriumnitrat	$NaNO_3$
Chlorkalk	Chlorkalk	$CaCl(OCl)$
Dest. Wasser	Dest. Wasser	H_2O
Flußsäure	Fluorwasserstoff	HF
Gips	Kalziumsulfat	$CaSO_4 \cdot 2\ H_2O$
Glyzerin	Glyzerin	$C_3H_5(OH)_3$
Graphit	Graphit	C
Kalisalpeter	Kaliumnitrat	KNO_3
Kalk, gebrannt	Kalziumoxyd	$CaCO$
Kalk, gelöscht	Kalziumhydroxyd	$Ca(OH)_2$
Kalkstein	Kalziumkarbonat	$CaCO_3$
Kohlensäure	Kohlendioxyd	CO_2
Lötwasser	Wäßrige Lösung von Zinkchlorid	$ZnCl_2$
Mennige	Blei(2, 4)oxyd	Pb_3O_4
Natronlauge	Natriumhydroxyd	$NaOH$
Salmiaksalz, Salmiak	Amoniumchlorid	NH_4Cl
Soda (Kristall-)	Natriumkarbonat	$Na_2CO_3 \cdot 10\ H_2O$
Schwefelsäure	Schwefelsäure	H_2SO_4
Salzsäure	Chlorwasserstoffsäure	HCl
Wasserglas (Natron)	Natriumsilikat	Na_2SiO_3

	Gewerbliche Benennung	
englisch	französisch	italienisch
Alum	Alun	Allume
Acetic acid; acetone	Acide acétique; acétone	Acido acetico; acetone
Ethyl alcohol	Alcool éthylique	Alcool etilico
Ether	Ether	Etere
Lead oxide	Litharge	Litargirio
White lead	Blanc de céruse	Biacca di piombo
Yellow prussiate	Ferrocyanure de potassium	Ferrocianuro potassico
Sesquiferrocyanate of potash	Ferricyanure de potassium	Ferricianuro potassico
Borate of sodium	Borate de soude	Borato sodico, Borace
Nitrate of sodium	Nitrate de soude	Nitrato di soda
Calcium chloride	Chlorure de chaux	Cloruro di calcio
Distilled water	Eau distillée	Acqua distillata
Hydrofluorii acid	Acide fluorhydrique	Acido fluoridrico
Gypsum	Plâtre	Gesso
Glycerine	Glycérine	Glicerina
Graphite	Graphite	Grafite
Nitrate of potash	Nitrate de potasse	Nitrato potassico
Burnt lime	Chaux vive	Calce viva
Slaked lime	Chaux éteinte	Calce spenta
Lime-stone	Calcaire	Carbonata di calcico
Carbonic acid	Acide carbonique	Anidride carbonica
Soldering fluid	Esprit de sel	Soluzione cloruro di zinco
Red lead	Minium	Minio
Solution of sodium	Lessive de soude	Lisciva di soda
Hydrochlorate of ammonia	Chlorure d'ammonium	Cloruro d'ammonio
Soda salt	Carbonate de soude	Soda cristallizzata
Suphurie acid	Acide sulfurique	Acido solforico
Hydrochlorid acide	Acide chlorhydrique	Acido cloridrico, acido muriatico
Water glass	Silicate de soude	Silicato di soda

Sachwort-Verzeichnis.

271

DER KESSELWÄRTER

Ein Lehrbuch für Wärter von Dampfkessel- und Heizanlagen.

Herausgegeben von Obering. Dipl.- Ing. Heinz **Huppmann**, Ing. Georg **Zeller**. Überwachungs-Ingenieure des Technischen Überwachungsvereins, München.

2. verbess. Auflage, 280 Seiten mit 227 Abb. Gr. 8⁰. 1942 brosch. RM. 5.-

Auf Grund der bei den Kesselwärterlehrgängen und der gelegentlich der Kesselprüfung in den einzelnen Betrieben gemachten Erfahrungen ist hier das für den Kesselwärter Wissenswerte an Hand der vom Reichs- und Preußischen Wirtschaftsminister herausgegebenen Richtlinien übersichtlich dargestellt.

—

GRUNDRISS DER CHEMIE

Eine Darstellung auf Grund einfacher Versuche

Von Dr. Ing. Friedrich **Popp**.

Teil I: 144 S., 34 Abb. und 1 Tafel. 8⁰. 1941. Kart. RM. 2.50 (Vergriffen)

Mit einfachen Mitteln ausführbare Versuche bilden den Leitfaden. Zwei weitere Teile (Anorganische und Organische Chemie) die demnächst erscheinen, vertiefen das Verständnis. Die Beziehungen zur Wehrchemie und zur Sicherung der Unabhängigkeit des deutschen Volkes (Vierjahresplan) sind berücksichtigt. Das Buch ist bei Sonderkursen zur Vorbereitung auf die Reifeprüfung eingeführt, beim Lehrlings-Unterricht erprobt und vielseitig empfohlen.

—

Mathematik für Ingenieure und Techniker

Ein Lehrbuch von Richard **Doerfling**, Ingenieur.

3. erweiterte Auflage. 633 Seiten, 306 Abb. 1942. Halbleinen RM. 9.60

Es werden nur die Anfangsgründe der Arithmetik und Algebra und der Elementargeometrie vorausgesetzt. Die Darstellung beschränkt sich nicht auf die Differtial- und Integralrechnung, sondern bezieht auch die Elementarmathematik, Determinanten und Hyperbelfunktionen, Fouriersche Reihen ein, gibt außerdem eine Einführung in die Differentialgleichungen und Vektoranalyse. Die dritte Auflage ist um eine elementare Abhandlung über unendliche Reihen und um einen umfangreichen 8. Teil, „Ausgleichungsrechnung nach der Methode der kleinsten Quadrate" erweitert.

—

Taschenbuch für Fernmeldetechniker

Von Obering. H. W. **Goetsch**

9. Auflage. 802 Seiten, 1222 Abbild. 1942. In Leinen geb. RM. 16.—

Hauptabschnitte: Theoretische Grundlagen, Stromquellen usw. Signaltechnik. Verkehrstelegraphie. Fernsprechtechnik. Montage und Überwachung.

R. Oldenbourg · München u. Berlin